改变人类历史的植物

〔葡〕若泽·爱德华多·门德斯·费朗　著

时　征　译

商务印书馆
The Commercial Press

涵芬楼文化 出品

目
录

Canellier

起源于非洲的植物

起源于美洲的植物

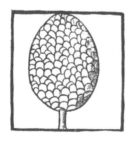

卷首语

在里斯本热带农学院近半个世纪的教学研究中，我曾试着从文化研究的角度，对植物的起源、传播、地理分布和经济效益进行归纳总结。

通过研究现有的文献，我发现在15世纪至17世纪的大航海时代，不同的欧洲国家在很多植物的传播过程中都扮演着举足轻重的角色。这些植物有的被引进到了欧洲，有的则在不同的热带地区之间完成了迁移。众所周知，葡萄牙人在这一领域绝对可以称得上是先驱者，他们极大地改变了世界上许多地区的农业、饮食和经济结构。但我也注意到，由于葡萄牙语长期以来在欧洲和美国都不够普及，导致相关资料无法有效传播，所以在那个时期的文献中，来自葡萄牙的参考资料很少。当然，西班牙语的文献资料也面临同样的问题。于是，我们失去了很多珍贵的一手信息，而这些信息恰恰能够有效验证某些流行书籍中的观点是否属实。

多年来，我阅读了大量资料，尝试收集和整理了大量从未或极少被人提及的碎片化信息，正是这些信息成就了本书，但我却并不敢说它已经足够完整了。我希望通过自己的尝试，为历史学家们开辟一条全新的研究之路，毕竟他们所学与我不同，如果能够更系统广泛地研究文献资料，必能促进和深化这个领域的发展。

除了旅行和航海故事之外，我还经常关注那些在当时最早编写有关新发现领土的植物、药剂及医学等方面内容的作者及其著作和手稿。下面，我简单为大家列举几位对本书意义重大的人物。在葡萄牙方面，包括：为我们描绘过非洲大陆的瓦伦廷·费尔南德斯（约1506年）；在马六甲撰写了《东方概览》的托梅·皮莱资（约1515年）；杜阿尔特·巴尔博扎（约1516年）；西芒·阿尔瓦雷斯（1547年）；

在果阿邦发表了著名的《印度香药谈》的加西亚·达奥尔塔（1563年）；加布里埃尔·雷贝洛（1561年），克里斯托旺·达科斯塔（1578年），曼努埃尔·戈迪尼奥·德埃雷迪亚（约1612年）介绍了远东地区。在巴西方面，包括：法国人安德烈·泰韦（1557年）；曼努埃尔·达诺布莱卡神父（1568年）；佩罗·德·麦哲伦·冈达沃（1576年）；农场主及大型糖业生产商加布里埃尔·苏亚雷斯·德索萨（1587年）；耶稣会士费尔南·卡丁（约1585年）；弗雷·克里斯托旺·德利斯博阿（约1627年）。在西班牙方面，包括：贡萨洛·费尔南德斯·德奥维多（1526年）；皮特·马特·德安吉拉（1530年）；马丁·德拉克鲁斯（1552年）；尼古拉斯·莫纳德斯（1565年至1574年）；弗朗西斯科·埃尔南德斯（约1580年）；贝尔纳迪诺·德萨阿贡（约1590年）。当然，除了上面提到的各位之外，还有很多其他人。他们大部分都会出现在本书的参考书目部分。我也查阅了众多卷宗和通信资料，主要涉及殖民领土的执政当局与葡萄牙王国，以及传教士与他们的上级之间的沟通往来。这些资料已经相当完善，但却很少被用到。此外，葡萄牙档案馆还提供了一些原始文件作为补充，这些都为我编写本书提供了很大便利。

必须要强调的是，对于书中的每一种植物，我所提及的日期、年代甚至是关联事件，所依据的都是目前所掌握的信息。但毕竟我们还有大量文献资料未曾深入了解，所以书中的所有描述都有可能会随着新资料的出现而被确认或修改。

除了油桐、橡胶树、麻风树、蓖麻和红木等少数几种植物之外，我把精力主要都集中在了可食用植物上面。因为无论是在原产地或是被引进到世界各地的过程中，这些植物都曾体现出重要的经济价值。

若泽·爱德华多·门德斯·费朗

2015年5月

引言

在大航海时代出现的不同大陆之间以及岛屿与大陆之间的植物迁移现象，在科学、技术、经济和社会方面都具有极其重要的影响，但却很少有人会从农学的角度加以研究。

早在15世纪，葡萄牙人就在大西洋上发现了无人居住的岛屿，并在那里建立了定居点。国王将它们馈赠给一些拥有王室血统的亲贵。于是，他们便将日常饮食所需的粮食作物带到了岛上。同时，他们还被准许从非洲沿海地区捕获奴隶，这些奴隶也将他们日常食用的粮食作物带到了岛上。

在其他被发现的海外土地上，欧洲人通过与当地的原住民接触，很快摸清了当地植物的情况，并将那些具有农业、医疗或观赏价值的植物带回欧洲大陆。

其中一些植物成功适应了温带气候，并使我们的农业结构发生了巨大的变化：这其中最具代表意义的就包括马铃薯、番茄、玉米、豆类作物、某些品种的南瓜和烟草。

更多的植物则是被从它们的故乡引种到了气候相似的其他热带地区，并为当地带来了深远的影响。想想看吧，木薯在非洲已经占据了举足轻重的地位，因为它已成了当地人的主食；当然，还有被引进到非洲和东方国度的玉米；在整个远东地区占据重要地位的番薯；在非洲西海岸和美洲大陆被广泛种植的香蕉；在亚洲无处不在的椰子树；已遍布世界各地的柑橘、凤梨、芒果和很多其他水果；晚些时候被引进到非洲西海岸的可可和小果咖啡；以及近期在印度尼西亚和马来西亚因大面积单一种植而导致当地森林生态被破坏的油棕，等等。

其实，欧洲人也一直努力将本土的可食用植物推广到海外。为此，先行者们既考虑过水果和蔬菜混合种植，也尝试过广泛的单一品种栽培。有些尝试并不尽如人意，也有些收获了成功。比如，在热带地区种植大多数谷物时都遇到了困难，而种植甘蔗却效果显著。在这方面，葡萄牙人进行过大量尝试，种植品种几乎涉及了所有他们已知的可利用植物：典型的地中海植物、经由地中海传入伊比利亚半岛的植物、从北方国家带来的植物等，还有一些植物是历经千辛万苦从远方带来，并在地中海沿岸成功种植的，这些植物的历史甚至可以追溯到葡萄牙成立之前，其中就包括了甘蔗、柠檬、柑橘、水稻和香蕉。

大航海时代

在中世纪末期的西方，日益频繁的商业活动激发了人们对旅行和与远方国度建立联系的兴趣。

在遭受百年战争严重破坏的欧洲大陆上，作为尚未完成统一的西班牙的邻国，葡萄牙算是一个相对和平的避风港。虽然贸易得到了飞速发展，但由于自身领土面积很小，再加上当地贵族自1249年穆斯林军队被驱逐以后终日无所事事，葡萄牙将目光转向了马格里布地区，并很快向非洲海岸派出了船队。

1415年8月21日，葡萄牙海军征服了位于摩洛哥海岸的休达，这标志着大航海时代正式拉开序幕。不久之后，年轻的唐·恩里克（在19世纪时被历史学家称为"航海家亨利"）被任命为基督骑士团的团长，并负责国家的扩张政策。

他们的目标有很多：对穆斯林军队反戈一击，找到神话中的祭司王约翰这位潜在的盟友，寻找可供运送粮食的港口，攫取毛里塔尼亚的黄金，增进贸易多样化，为贵族开辟新的封地，等等。随后，他们在1419年至1421年间占领了圣港岛和马德拉群岛，并在此设立定居点；在1427年发现了亚速尔群岛；然后又在1434年至1460年期间逐步探索和开发西非海岸地区，足迹直至塞拉利昂。1455年左右，他们意外

发现了佛得角，不过很快便放弃了那里。

　　在短暂修整之后，在未来的若昂二世的推动下，葡萄牙于1469年重启了大航海之路。除了此前的目标，他们还希望通过这次航行找到连接大西洋与印度洋的路径。这将为他们运输那些奇异的东方香料开辟出一条直达的海上航线。在此之前，这些香料都不得不经过长途跋涉，穿越阿拉伯地区、红海和地中海，抵达热那亚和威尼斯等意大利沿海城镇，然后在那里进行贸易。

　　在1471年至1472年之间，葡萄牙人在几内亚湾发现了圣多美岛和安诺本岛；1482年，迪奥戈·康进入了扎伊尔（现

巴西水果

让-巴普蒂斯特·德布雷，《历史名胜之旅》，1834年
在这幅画作中出现了好几种外来的水果：凤梨、香蕉、甘蔗、芒果、椰子。

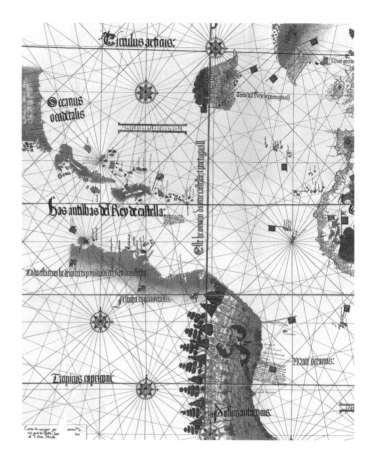

坎迪诺地图上的大西洋
（1501-1502 年）

此时，巴西刚刚被发现。在1434年至1488年间，葡萄牙人在新大陆与西非海岸之间发现了一片岛屿密布的广阔空间，这里很快就成了两大洲之间以及两大洲与其他地区之间植物频繁交流的中转场所。

刚果民主共和国）境内；1488年，巴尔托洛梅乌·迪亚士两次踏上了好望角的土地：这几乎已经打开了通往印度之路。在这个时期，首次出现了"左舷"这一航海词汇，本意为"正确的船舷"，指的是当船只沿着非洲海岸前行时船体的左边部分，因为在这里可以将海岸一览无余。

1492年，克里斯托弗·哥伦布在向西航行时发现了一处群岛，他和当时的其他所有人一样，都认为那里就是亚洲大陆。1493年，教皇建议西班牙和葡萄牙这两个当时实力雄厚

改变人类历史的植物

的伊比利亚国家在最终成功抵达印度后，便将新发现的陆地一分为二，各自在相应范围内进行探索，以避免冲突。于是，两国于1494年6月7日在托尔德西里亚斯达成双边协议：在佛得角最西端岛屿以西370英里（约600公里）处划界，分界线从北向南纵贯大西洋。西班牙人可以自由探索加勒比及中美洲地区，而葡萄牙人则可以向东方派驻他们的无敌舰队。

1498年，瓦斯科·达伽马途经莫桑比克抵达了卡利卡特（在喀拉拉邦当地被称为科泽科德），正式打开了通往印度的航线，也由此开启了一段长达二十年的辉煌时期。1500年，葡萄牙的船队先后抵达了位于他们势力范围内的巴西和纽芬兰；1501年，他们又来到了佛罗里达；1502年，他们沿着马达加斯加前行，发现了圣赫勒拿岛。

在完成对印度洋沿岸及岛屿的探索和地图绘制之后，他们开始向远东地区进发。他们此行的目的，就是跳过中间商直接从源头购买香料。很快，他们就造访了锡兰（1506年）、马六甲（1509年）及大巽他群岛和摩鹿加群岛（1512年）。船队曾于1507年首次抵达霍尔木兹。此后，阿方索·德·阿尔布克尔克占领了果阿邦（1510年）、马六甲（1511年）和霍尔木兹（1515年）。1517年前后，他们又来到了帝汶岛。1543年，葡萄牙的船队抵达了日本，此后，他们的足迹遍布中国与帝汶岛之间的所有海域。

弗雷·若昂·多斯桑托斯曾这样描述葡萄牙人在16世纪最后二十五年间在东方的蓬勃发展：

在印度果阿邦的港口，各国各地的船只都停靠于此，这些船只来自葡萄牙、埃塞俄比亚、红海、波斯、阿拉伯、信德、肯帕德、第乌、日本、中国、马鲁古、马六甲、孟加拉、科罗曼德尔、锡兰以及周边其他许多岛屿和王国，无法一一列举。所有这些船只都满载着商品和财富：金银、珍珠、宝石、精致的纺织品、大量的丝绸和棉布、各种香料和调味料、瓷器和各式珠宝，这些货物

最终都会被运往葡萄牙。（《东埃塞俄比和东方非凡之物的各种故事》，1609年）

葡萄牙人在非洲、巴西以及东方国家的沿海地区和岛屿上建造堡垒和商行，打造出了第一个由单一国家掌控的全球化贸易网络。所有堡垒都建在具有战略意义的位置，在可调配军队范围内派驻适量军士把守，从而保障整个贸易网络的运转。

这个贸易网络在包括巴西、安哥拉、莫桑比克、佛得角、几内亚比绍、圣多美和普林西比群岛、印度果阿邦、澳门和帝汶岛在内的所有热带地区维持了数十年，甚至是几个世纪，使得各地的植物（尤其是可食用植物）从16世纪起一直处于广泛而频繁的交流之中，极大程度上重塑了世界各地的农业生产和食物格局。

欧洲绝大部分"新植物"都来自于美洲大陆。受到横跨大西洋的奴隶贸易影响，三大洲之间的海上往来日益密切，因此，这些植物很快也被传到了非洲西部。于是，沿海地区的人们放弃了大量传统作物，转而种植这些新植物，使这些植物的耕种范围逐渐向非洲大陆深处延伸。随后，不少亚洲植物也出现在这片土地上，它们主要是被欧洲人引进的，但也有些是经由非洲东部辗转至此。正因如此，在19世纪，菲卡略伯爵宣称当时栽种的大多数植物都是由海外引进的，"引进的年代则有远有近，各不相同"。1907年，维尔德曼发表的一项研究给出了更具体的数据：在比属刚果最常见的500种植物中，484种是外源植物。其中377种来自东方，107种来自美洲大陆，只有16种来自非洲本土……

在16世纪的大部分时间里，葡萄牙打造的海上帝国的势力范围从美洲大陆一直可延伸到日本，将各地的众多商行编织在一起，形成了一张复杂的商贸网络。里斯本处于这个海上帝国的中心，而美洲的巴西、非洲的佛得角、圣多美、安哥拉和莫桑比克、东印度首府果阿邦及远东地区的澳门和马六甲都是网络流通的主要中转站。在这个时期，包括凤梨、椰子、番薯、腰果、香蕉等在内的许多物种已经在其他大陆安家落户；而丁香、肉豆蔻、胡椒等一些物种则被保留在了原产地，以确保它们的垄断地位。

不过，这座美丽而脆弱的擎天巨厦很快就倾覆了。这一幕出现在1578年，年轻的国王塞巴斯蒂昂一世在凯比尔堡猝然离世，没有留下子嗣，导致葡萄牙的王权和军事力量都大大被削弱了。

1580年，西班牙将葡萄牙并入自己的版图，这一局面直至1640年葡萄牙重新独立才被打破。16世纪90年代开始，荷兰挣脱了西班牙国王腓力二世的枷锁，但商人们无法在里斯本和塞维利亚的港口进行贸易，这促使他们组建了自己的舰队。1596年，荷兰人率舰队抵达爪哇，驱逐了葡萄牙人，并掠夺了大量财富。随后，英国人和法国人也加入了这一行列。

这种新格局所导致的后果之一就是，越来越多的植物在新殖民列强所占领的土地上和仍归属葡萄牙的广阔大陆上加快了适应新环境的脚步。比如，葡萄牙统治者曾下令在巴西种植中美洲植物和一些东方香料，而这些东方香料通常会先被移植到圣多美或佛得角。就这样，植物种植的全球化进程又迈出了一步。

在刚刚抵达炎热而潮湿的热带地区时，摆在伊比利亚人面前的是以"原始森林"为代表的茂密植被。在他们看来，这些肥沃的土地拥有取之不尽用之不竭的能量。这种无知且无畏的想法导致了很严重的后果，但最初取得的效果却让他们坚信自己的判断：森林被砍伐后，用空闲的土地来进行耕种，产量往往非常可观，这些殖民者最初甚至可以每年获得两到三次收成。可惜，兴奋只是短暂的。这些热带土壤在失去了原有的植被保护后变得非常脆弱，很快就枯竭了。

事实上，在低纬度地区，最炎热的季节往往伴随着最强降水，独特的气候条件使这里的生态环境与地处北温带的国家非常不同。雨水在炎热的空气中升温，落到原本就灼热的土壤中，会产生更强的溶解能力，使土壤中矿物质严重流失。在森林被砍伐后，富含矿物质和有机物的表层土壤由于循环再生能力下降而快速消失；大量的雨水反复冲刷，使土地很快变得干旱。来到此处的欧洲人，已经习惯了侵占更广阔的空间和肆意挥霍资源，他们长期采用季节交替性耕种的传统方式，久而久之导致了土壤的枯竭。这对现在的自然形态造成了不可估量的后果。

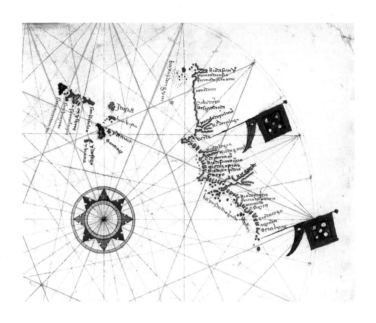

佛得角群岛

弗朗西斯科·罗德里格斯
地图集
约1511—1515年

在这段世界历史中，葡萄牙人和西班牙人是最早开始探索未知世界和殖民的国家，而荷兰人、英国人和法国人则紧随其后，他们用很特别的方式完成了第一次农业及食品的全球化。经过几个世纪的发展，一些亚洲或非洲的可食用植物早已在欧洲落户生根，而一些欧洲植物也在亚洲和非洲开花结果。但当美洲植物也加入其中之后，农业及食品全球化无论在速度还是产量上都获得了前所未有的发展。

在16世纪之前，世界上其他民族是否对此也做出过贡献目前尚无定论。与美洲大陆东海岸建立联系的波利尼西亚人可能会带来某些植物，例如某些书中提到的椰子树，甚至香蕉；同时，他们也很早就把番薯带回了太平洋上的波利尼西亚群岛，这一点是近期才得到确认的。当然，我们不能否认那些从非洲迁移至新大陆的人对此的影响，也不能忽视那

改变人类历史的植物

些穿越白令海峡来到此处的亚洲移民的作用。此外，我们到现在都无法确定各种葫芦科植物是如何从旧大陆来到美洲的。

大西洋岛屿，具有战略意义的中转枢纽

自《托尔德西里亚斯条约》（1494年）签署以来，在葡萄牙所属领土上构建的庞大海上商业网络中，大西洋上的岛屿发挥着非常重要的作用。包括佛得角群岛、圣多美和普林西比、马德拉群岛和亚速尔群岛在内的这些岛屿，都具有易守难攻的共同特点，正因如此，它们也成了葡萄牙舰队加油补给的供应站和船员休息的避风港。同时，这里还是那些欧洲和热带的植物加速适应全新环境的园圃和被引进到其他大洲的中转平台。

对于船队来说，他们最基本的需求就是储备足够的新鲜食物，以便抵御因长时间航行缺乏维生素而引起的坏血病。于是，人们便开始在这些荒岛上种植各种柑橘、甜瓜、石榴和香蕉等水果，同时也会养殖一些家畜。

马德拉岛、圣港岛和亚速尔群岛是这些岛屿中最早有人口定居的几个地方。起初，人们在这里尝试种植小麦。不过几年之后，他们发现种植甘蔗能获得更高的回报，就改变了策略。亚速尔群岛是葡萄牙远征佛罗里达或纽芬兰岛的起点，也是从美洲大陆和印度返航的所有船只的必经之处，这里也种植着种类丰富的热带植物：比如番薯，在被引入欧洲之前就曾在这里种植；当然，还有在葡萄牙广受欢迎的各种柑橘。

佛得角群岛也是一个非常重要的交通枢纽：这里气候干燥，但其中一些岛屿土壤肥沃，且溪流众多，非常利于植物种植。从1545年开始，人们引进了山羊，它们在所有岛屿上自由繁殖，很快就对当地植物造成了明显影响。直到这里栽种了山羊不喜欢的麻风树，问题才得以缓解。葡萄牙人从东方的穆斯林人那里发现了一种最新鲜且便于携带和保存的食物——椰子。人们可以把它们整颗带上船，在需要时打

在佛得角储备航行所需
的饮用水

亚历克西斯·诺埃尔根据
1826年圣松在迪蒙·迪尔
维尔去往星盘号群礁的旅
行中所创作的画作进行的
再度创作

开食用，而且椰子壳的纤维能够有效抵抗盐水的侵蚀，可以
用来制作绳索。于是，人们在往返印度的航程中的所有经停
地都栽种了椰子树，最初是在佛得角，紧接着是圣多美，船
队从这里便可顺利抵达巴西。

在1471年12月21日被发现时，圣多美岛是一个无人居住
的小岛。从1485年开始，葡萄牙开始派人到此定居。该岛位
于赤道地区，气候炎热多雨，林地肥沃。小麦在这里颗粒无
收，但甘蔗却生长得很好。由于气候条件不佳，人类要在岛
上生活并不容易。一直以来，人们在这里都只种植单一作
物。起初，岛上的甘蔗产量超过了马德拉岛的生产水平。不
过，由于土壤的日趋贫瘠、周边环境的不安定、法国和荷兰

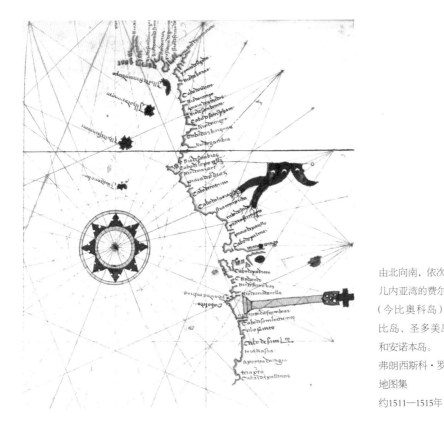

由北向南，依次为：
几内亚湾的费尔南多波岛
（今比奥科岛）、普林西
比岛、圣多美岛（蓝色）
和安诺本岛。
弗朗西斯科·罗德里格斯
地图集
约1511—1515年

船只的反复侵扰、当地奴隶的大型起义以及当局执政者之间的不和谐等因素，这样的好光景在16世纪末逐渐消失。随后，岛上的绝大多数耕种开发者陆续动身前往巴西。

在接下来的两个世纪左右，这个岛屿成了隶属于巴西巴伊亚州的一个奴隶仓库，但随后这里又开始进行其他植物的大范围单一种植：人们先是从美洲引进了可可，之后又将小果咖啡带到了这里。要知道，20世纪初时，这里的咖啡豆产量位居世界首位。而从16世纪开始，来自亚洲的生姜和肉桂在被带到巴西之前，也在这里落户生根；同时，番薯在被成功引进到非洲大陆之前，也曾在这里种植。

作为往返印度航线上的主要中转站和连接巴西与安哥拉之间的跨大西洋枢纽，

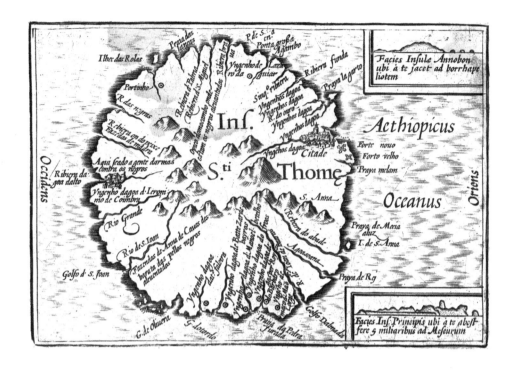

圣多美岛
皮尔·贝蒂厄斯地图集
1600年

1502年被发现的圣赫勒拿岛也扮演着非常重要的角色。从1505年起，这里就开始种植凤梨。而更重要的是，水手们会在这里种植和饲养一切所需的动植物。1578年，杜阿尔特·洛佩斯和菲利波·皮加费塔为我们证实了这一点：

> 这里的土壤能生长出最好的水果。葡萄牙人在教堂以及水手们的临时住所周围的棚架上栽种了葡萄，而野生的柑橘、柚子、柠檬和其他果树也随处可见。在不同的季节里，这些果树或开花或结果，或青涩或成熟。此外，这里还出产大而甜的石榴，每一颗饱满红润的石榴籽里都蕴含了美味的果汁和小小的种子；它们和柑橘

改变人类历史的植物

一样，一年四季都能结果。而岛上的无花果（香蕉）也果实饱满，产量充足。（《刚果王国及周边国家概览》，1591年著，2002年出版，第42—43页）

从谷物到甘蔗

我们现有的很多资料，无论是还不够完善的还是有待整理的，其内容主要都是关于新引进到欧洲的植物介绍。而除了小麦和甘蔗外，有关殖民者传到海外的欧洲植物的内容却十分有限。实际上，这种行为在当时也是真实存在的。若昂·德巴罗斯（1552年）写到，他们"带来了各种种子、作物以及在这里定居所需的一切"。人们几乎没怎么提到这件事。所以，我们只能在1542年前后参与圣多美岛航行的某位无名氏所留下的文字中找到一些蛛丝马迹："我们果园中所种植的树木和植物在佛得角群岛也都生长得很好"，但人们不得不每年"从西班牙带来种子"。当时在巴西的情况也与之类似：加布里埃尔·苏亚雷斯·德索萨在其1587年出版的书籍中为我们提供了不少有价值的信息。在书中，有几章专门介绍了这个话题。

最早从欧洲传到海外的植物是小麦。事实上，葡萄牙在这方面的努力并不算成功。15世纪时，小麦主要生长在塔霍河以南的阿连特茹地区，这里冬季寒冷干燥，夏季炎热，所以土地相对贫瘠。在北方的丘陵和山地中间地带，农民则主要种植大麦和黑麦。在1040年到1383年间，葡萄牙经常遭遇饥荒。所以，15世纪初的第一次大西洋航行，只是为了探索小麦是否能够在更南方的区域耕种和生长，而并没有要求船队从海外带回任何新的植物。因为在那个时期，找到适宜小麦生长的新土地，解决温饱问题，才是重中之重。

因此，葡萄牙人在抵达马德拉岛后，马上就将岛上原有的茂密森林砍伐一空，并开始尝试在空地上种植小麦。加斯帕尔·弗鲁托索向我们描述了当时的情况："每播种一斗种子，至少能收获六株小麦。"瓦伦廷·费尔南德斯则评价岛上在15世纪时出产的小麦是"世界上最好的"。可惜的是，这段属于小麦的黄金时期仅仅从

1450年到1470年维持了二十年，随后，人们将利润更高的甘蔗带到了岛上。与此同时，小麦被引进到了亚速尔群岛。不过，根据迪奥戈·戈梅斯的说法，岛上最早的居民曾抱怨说："这里根本不适合居住，因为（这里）不出产小麦。"当时居民的判断并不准确：后来，岛上的小麦生长态势非常好，而且很快就实现了向里斯本及葡萄牙在摩洛哥驻点的稳定大规模供应。

至于佛得角群岛，这里"既不出产小麦，也不出产大麦"。而圣多美的情况又有所不同，"（这里的）小麦长得像甘蔗一样高大，但既不抽穗，也不结籽；人们尝试在不同的时间进行播种，但都无法结出种子。"一位不知名的先驱者（1541年）这样写道。在安哥拉，卡瓦齐神父也为我们描述了同样的现象："小麦可以在这里生长，但却很难收获粮食，它们就好像一棵棵杂草，但高度甚至能达到骑在马背上的人一般。"（1687年）

在巴西，费尔南·卡丁神父（1585年）告诉我们，在伯南布哥地区，"每粒小麦种子能带来的产量可达800粒甚至更多。不过，当有些籽实已经成熟时，有些颗粒仍然泛青，还有些甚至处于萌芽状态。"如今，我们都很清楚，在热带地区种植小麦的困难主要来自光周期效应的影响。当时欧洲种植的作物对于温带气候非常适应，它们需要在白昼比黑夜更长的季节才能茁壮生长，而对于热带地区来说，在所有季节，白昼和黑夜的时长都几乎一样，不利于这些植物的生长。

放弃在巴西种植小麦，主要涉及以下几个原因：

1. 当地的气候并不适宜小麦的种植。

2. 将收获的小麦从巴西运到葡萄牙的成本太过高昂。

3. 人们在这里发现了更适于热带地区种植的作物，完全可以代替小麦作为主食，比如木薯、番薯和玉米等；不过，这些主要是当地普通人的口粮，食用小麦面包仍是当地贵族阶层的象征之一；而"从葡萄牙进口小麦"在整个殖民统治期间依然重要。

4. 起初，巴西红木作为一种常见染料，在当地一直具有稳定而可观的经济价值；而随着人们将甘蔗引进到巴西，蔗糖提炼加工在随后的一个半世纪内就成了当地最重要的经济活动。

巴西的制糖厂

弗兰斯·波斯特，1640年

因此，葡萄牙在其大西洋以外的领土上种植小麦的探索，就止步于马德拉群岛和亚速尔群岛。

而哥伦布也肩负着相同的使命。在他本人和拉斯·卡萨斯留下的相关文字资料中都经常提到，在海外种植小麦和葡萄是殖民者的一项任务。他在1494年夏天从古巴伊萨贝拉写给天主教双王的一封信中写道：

> 至于小麦，我在这边种得不多，因为我们在冬天才来到这里，也缺少必要的工具。不过，一位开垦者希望通过种植小麦获得50倍的收成。毕竟小麦的生长速度很

快，人们在复活节的时候，已经将一大捆饱含籽实的麦穗连同一大堆鹰嘴豆和蚕豆都运到了教堂里。

表面上看，在越偏北方的地区，小麦的种植越容易获得丰收。不过在新西班牙，还是玉米更适应当地的气候条件，因此种植效果也更为理想。

在哥伦布的书信中，还提到了鹰嘴豆和蚕豆，它们确实是最早跟随伊比利亚船队来到美洲大陆的欧洲植物。瓦伦廷·费尔南德斯（约1506年）说他在圣地亚哥看到了"包括无花果、甜瓜、葡萄和甘蔗在内的所有葡萄牙水果"。在所有这些植物中，从中世纪由亚洲传入地中海国家的甘蔗，在15世纪和16世纪的葡萄牙扩张政策中扮演了极其重要的角色。它提供了可持续的资金来源，并在很大程度上保证了国家的财富，这一点在讲解甘蔗的具体章节中会有详细说明。

如今看来，历史学家在马德拉（1450—1550年）、圣多美（1500—1570年）和巴西（1570—1700年）创造了"甘蔗循环产业"的概念，甘蔗也成为第一种在热带地区以工业规模进行种植的植物。但在亚洲，至少在20世纪中叶之前的情况都并非如此。瓦斯科·达伽马在1498年第一次远航时曾两次在海外见到了甘蔗：第一次是在蒙巴萨（现肯尼亚），第二次是在印度的安吉迪乌岛，这说明甘蔗当时已经传到了这些地区。而葡萄牙人并未打算扩大开发甘蔗资源，他们只是在大西洋群岛和巴西进行种植；而亚洲地区，对他们而言则是重要的香料贸易场所。

胡椒、丁香和肉桂

古人将芳香料和调味料都统称为香料（拉丁语写作 *species*），它们在世界各地都广泛存在。众所周知，哥伦布和达伽马远航出海的一个主要原因，就是希望从印度东部直接进入印度，获取那里的香料，因为香料贸易拥有巨大的利润潜力。然而，很少有人知道的是，葡萄牙人在15世纪时已经开始从非洲西部海岸进口某些在

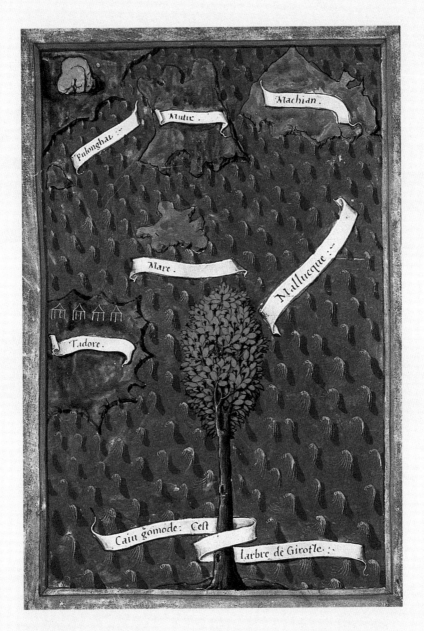

摩鹿加群岛的丁香树

德皮加费塔女士（耶鲁）

约1524年

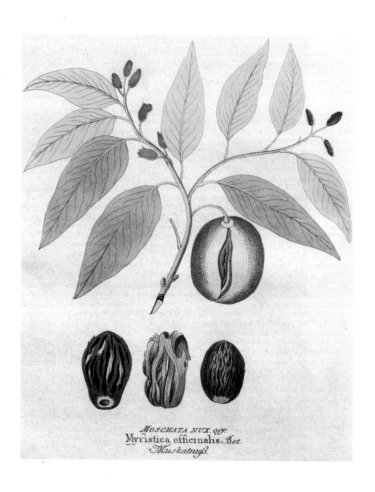

肉豆蔻

菲茨，1804年

欧洲广为人知的香料了，其中就包括被称为"椒蔻"的非洲豆蔻（*Aframomumum Melegueta*）。不过，在通往好望角的航线开通之后不久，这一贸易就被禁止了，以避免损害到印度的胡椒贸易。因为胡椒是皇家垄断的产品，在当时占据了从印度运回货物的很大部分。尽管官方明令禁止，但外国船只走私非洲香料的问题仍然非常严重。

　　早在1498年时，葡萄牙人就在印度卡利卡特发现了大量

　　　　改变人类历史的植物

的胡椒，并在西边更远的地方发现了一些其他香料。随后，他们在马拉巴尔海岸安顿下来，并于1506年登陆了锡兰岛，从而成功控制了肉桂贸易。1512年，他们来到了班达群岛和摩鹿加群岛，这也是唯一生产肉豆蔻和丁香的地方。在接下来的近一个世纪中，葡萄牙人控制了印度和欧洲的香料贸易。

普列沃斯，《世纪旅游札记》，1752年

葡萄牙被吞并从而失去独立地位（1580—1640年），标志着盛极一时的葡萄牙王国及其垄断地位的终结。西班牙人于1565年起就在太平洋上开辟了阿卡普尔科至马尼拉的航线，因此并没有对葡萄牙人的利益造成太大的伤害。不过，荷兰人（1596年）以及后来的英国人就没这么客气了，他们将葡萄牙人赶出了许多战略重地，从而控制了大部分香料贸易。当时的葡萄牙处于西班牙统治之下，面对这样的局面几乎毫无还手之力。于是，摩鹿加群岛和丁香贸易从1605年起被荷兰人控制；作为远东地区商业中心的马六甲也于1641年被荷兰人占领；锡兰和肉桂贸易从1658年起也划归了荷兰的势力范围；霍尔木兹于1622年被英国和波斯组成的同盟军征服；荷兰人在1635年至1654年期间占领了巴西的伯南布哥，在1640年至1648年期间又占领了安哥拉的罗安达。

葡萄牙试图将殖民地的各种香料移植到其他热带地区，并打算在巴西建立一个香料生产中心。其实，自16世纪初以来，有些香料已经在花园中进行培育和种植，只是没有被使用，以免妨碍到东印度的贸易。不过生姜（1578年之前）和肉桂两种香料在圣多美和巴西还是首次出现。香料生产已取得了显著的发展，但最终还是被国王禁止了，以避免与印度市场的贸易竞争。

在1668年与西班牙达成和平协议之后，葡萄牙王室就开始不断鼓励殖民者在巴西"种植最重要的植物，尤其是肉桂、胡椒、丁香、肉豆蔻和生姜"，档案馆里有很多写给印度总督的相关指示和报告，其中一份文件指出：

> 1680年1月，满载肉桂、胡椒和其他植物的孔塞桑圣母号从果阿邦起锚，驶向巴伊亚州（……）；首先是满满两箱的胡椒树苗和十小捆肉桂树苗（每桶约三十棵）以及这些植物的种植和打理方法。

在随后几十年的文件资料里，有很多内容都涉及了这方面，其中还特别提到了需要"种植肉桂和胡椒的专家"。

在18世纪时，植物的移植并非易事。除了要考虑到植物幼苗在旅途中的损耗外，还要想方设法躲过荷兰人的监视：他们对于锡兰的肉桂树管控很严格；同时，如果有人胆敢从摩鹿加群岛将丁香种子带出来，会被处以死刑。

最终，在巴西的种植计划还是失败了：淘金热分散了殖民者对于农业的注意力。而香料种植在当地也一直处于边缘地位，只有帕拉州发展成了世界闻名的胡椒产地，而这里也成为该政策唯一的重要历史见证。

与此同时，其他欧洲国家也将这些香料引进到了他们的殖民地：法国在去往桑给巴尔的路上将丁香带到了马斯克林群岛，而英国则把肉豆蔻带到了格林纳达岛。尽管如此，世界上大部分的香料仍产自东南亚，虽然主要产地有时并非原产国。例如，越南最近就成为世界上最大的胡椒生产国。

对于葡萄牙来说，海上香料之路也是中国瓷器、丝绸及其他许多在16世纪时出现在里斯本码头上的产品的海上运输路线。胡椒运输每年都会使皇家财富大幅增长，但所付出的代价也是巨大的。少数人越来越富有，而整个国家依然十分贫穷。通往印度的航线会吞噬掉数千人的生命；此外，想要维持遍布半个地球的堡垒、驻军和舰队的正常运转也需要更多的资金。贸易所得利润不会投资到国家基础设施建设方面，更不会用于发展农业，而农业其实也非常缺少劳动力。许多农民应征做了水手或士兵。还有些人来到城市，为那些靠贸易致富的商人和贵族服务。对此，一位编年史学家评论道："身着奢华衣服的人并不会因为身上混有胡椒的味道而感到丝毫的羞耻。"

1580年，丧钟敲响了：葡萄牙失去了独立地位，多年来为赎回在摩洛哥的战俘也使得国家付出了巨大代价，此前建立的殖民帝国支离破碎，走向了难以逆转的衰退。

诗人路易·德贾梅士在1572年发表的《卢济塔尼亚人之歌》中歌颂了葡萄牙人民史诗般的功绩，并希望借此鼓舞后来的葡萄牙人。不过，也出现了一些不同的声音，这些声音往往更令人沮丧，或者说更现实，他们对于阿方索·德·阿尔布克尔克早就谴责的那些"如梦如烟的印度往事"不再引以为傲。晚年时期隐居在米尼奥的另一位伟大诗人萨·德·米兰达（1481—1558年），为我们留下了反映当时许多葡萄牙人心态的诗句：

> 我并不为卡斯蒂利亚担忧
> 那里没有战争的喧嚣
> 但我却不得不忧心里斯本
> 空气中弥漫的肉桂味道
> 足以摧毁整个国家

葡萄牙开始走向没落，而其他势力已经出现了。欧洲人的足迹遍布了世界上所有的海域，大部分可食用植物也跟随着他们的脚步在远离故土的地方生根发芽。然而，并没有人意识到，一场打破各大洲农业和饮食平衡的革命已拉开序幕，甚至如今仍对我们的生活产生着或好或坏的影响。

香蕉枝头的金肩纹裸鼻雀（*Thraupis ornata*）

皮埃尔·贝尔纳，路易·库阿亚克，《植物园》，1842年

起源于亚洲的植物

————

PLANTES D'ASIE

学名：*Citrus* spp.

芸香科

酸橙

德库尔蒂，1827年

法语中的agrumes（柑橘）一词源自意大利语中的agrumi，它是由古法语中aigruns演变而来（意为"酸味的水果"，在拉丁语中写为acrimen），代指芸香科，特别是柑橘属的所有植物，这些植物都有一个共同特点：很容易被分成瓣。

　　这类植物中包括我们熟悉的柠檬、甜橙、苦橙、香橼、橘子和柚子等，还有许多只生长在原生地的其他种类。

　　它们原生于东南亚，有些种类甚至只生长在很小的地理区域内。欧洲人很早就知道一些产自东方的柑橘类水果；由于这些水果的美妙滋味，人们还将它们与神话联系了起来。这些水果被认为是神赐的礼物，它们来自赫斯珀里得斯看守的金苹果园，它位于世界的最西端，毗邻摩洛哥海岸或加那利群岛的某个地方。也是由于这个原因，柑橘类水果有时也被称为hesperides。

　　目前还无法确认它们是如何从亚洲来到地中海沿岸的，可能是被航海的探险家们带回来的，也可能是民间贸易往来的结果。

　　使这些植物在地中海地区和非洲北部广泛传播的主要是阿拉伯人，但我们无法确认这些植物是在什么时期引进的以及它们被引进的先后顺序。无论如何，这些植物早在葡萄牙和西班牙这两个国家建立之前就出现在伊比利亚半岛了。伴随着航海和贸易的开展，阿拉伯人沿非洲东海岸探索未知的世界，而这些柑橘类植物也从这里慢慢走进了非洲的内陆地区，甚至到达了西海岸。

　　早在16世纪，一些葡萄牙著作中就提到了橙树及其他柑橘类植物，它们广泛分布在祭司王约翰的领土上，以及非洲东部沿海地区——这些地区长期以来一直被称为"东埃塞俄比亚"。此前，葡萄牙人在非洲西海岸也发现了一些橙树，比如在冈比亚的海岸地区。甚至还有葡萄牙语著作提到过安哥拉境内的橙树，这些植物可能比葡萄牙人更早来到这里，而且很可能是从东海岸传播至此。

　　在大航海时代，葡萄牙水手们非常看重柑橘类水果，他们从阿拉伯人那里了解到，这些水果对于长时间食用干粮和罐头的水手具有很好的治疗功效。于是，他们很快就将橙树和柠檬树种植在

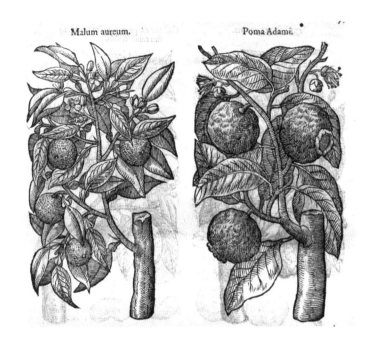

Malum aureum.   Poma Adami.

橙树和柠檬树
卡罗卢斯－克卢修斯，
1601年

了大西洋的岛屿上，甚至在圣赫勒拿岛上也开始种植这些植物，旨在为所有中转停靠的船只提供新鲜的食物，毕竟这里是葡萄牙通往非洲海岸、印度和巴西的海上航线的十字路口。随后，柑橘类植物很快就被广泛种植到了新大陆地区。

在所有柑橘类水果中，学名为*Citrus sinensis*的甜橙引起了人们的极大关注。在17世纪时，葡萄牙人将其从中国带回，并推广到了欧洲、地中海沿岸和中东地区。 在许多国家的语言中都有专门的词汇指代甜橙，我们可以看出，这里面有很多都是由Portugal（葡萄牙）一词衍生而来。不过，实际情况要复杂得多。

但问题在于，地中海沿岸地区是否在17世纪之前就已经有甜橙存在？关于这个问题，历史学家们也存在一些争论。

的确，这里种植的柑橘类植物以苦橙为主，但在塔瓦雷斯·德马塞多的一项研究中，有确凿的证据表明，这一地区在大航海时代之前就栽种有甜橙树。

在通往好望角的途中，葡萄牙人已经在非洲东海岸发现了原产于亚洲的橙树。根据阿尔瓦罗·维利乌对瓦斯科·达伽马第一次航行的描述，1498年4月8日，"蒙巴萨（现肯尼亚）国王送给了船长一只绵羊以及一定数量的香橼和甘蔗"；而在回程时，1499年1月7日，在马林迪，"船长指派一名男子去寻找一些柑橘，并让他第二天务必要带回来，因为船上的病人特别想吃这些水果。他很快就找到了柑橘，还一起带回了许多其他水果，但病人们食用后似乎没有任何作用（……）"。这些资料证明，这里确实已经出现了柑橘和香橼，同时还顺便提到，人们已经开始怀疑食用这些水果是否能够治病。此外，叙述者表示，这些柑橘"非常甜，味道也很好，比葡萄牙出产的品种更好"。

编年史学家加斯帕尔·科雷亚在16世纪中期提到，基卢瓦（坦桑尼亚）"是一片富饶的土地，这里有参天大树，也有大片果园，种植着各种蔬菜、香橼、柠檬和我们吃过的最好吃的甜橙"。

在《印度香药谈》（1563年）中，伟大的医生兼植物学家加西亚·达奥尔塔为我们描述了印度的情况：

> 达奥尔塔：至于橙子，它们远远优于我们在欧洲吃过的任何品种，尤其是在勃固、马达班和锡兰等地种植的品种味道更佳。更不用提中国甜橙和很多其他品种，因为那些与印度无关。
>
> 鲁阿诺：我想要告诉您的是，所有柑橘类水果都很好，虽然有些品种无法与您盛赞的橙子相提并论，但至少也和他们从科钦给您带回来的差不多。这些本地品种的果汁确实比我们那里的甜得多；而且果皮里面那层包裹果肉的膜完

柠檬 《戈托普手抄本》，1649—1659年

全没有苦味；将这些橙子剥好皮然后吃掉，是这世界上最美好的事之一；而我们那里的品种确实不太一样，它们果皮里面的那层膜总是苦的。（第34章）

根据当时游记里的描述，我们发现葡萄牙人甚至怀疑他们国家的甜橙是否是"真的"，因为他们没有注意到最甜的橙子都生长在热带地区。应该是印度总督若昂·德卡斯特罗在1540年左右将第一批在印度种植的"甜度更高的"橙子运往了葡萄牙。后来，曾长期生活在中国的利玛窦注意到，"这里的甜橙、柠檬和各种柑橘类水果无论从品种还是甜度都远胜于其他地区"（1616年，第一卷，第三章）。

这一看法在欧洲广泛流传，葡萄牙人自然也不可能不知道。在杜阿尔特·里贝罗·德马塞多1675年在巴黎编写，并仅在1813年和1817年分别于英国和葡萄牙出版的书籍（《论王国的产品引进》）中，我们发现了一个具体证据，虽然是间接的：

1635年，D. 弗朗西斯科·马什卡雷尼亚什将一棵橙树带到了里斯本，这棵树先是从中国被运到果阿，然后又从那里被运到他在沙布雷加什的花园里。像所有的葡萄牙人一样，他确信东方的橙树会结出更甜的果实。

在作者看来，这才是名副其实的"甜橙树"，葡萄牙现有的主要品种都或多或少与它有关。它的果实在葡萄牙被称为"中国甜橙"。在后来的一段时间，有些里斯本的商家会将他们的商品标榜为"中国甜橙"，以证明这些橙子的甜度。

1724年，曼努埃尔·若泽·达席尔瓦·特丁提到了同一件事，不过版本略有不同。在他的手稿中提到"1624年，澳门总督D. 弗朗西斯科·马什卡雷尼亚什将中国橙树带回了里斯本"，这里的日期比前一个版本中提前了11年，与马什卡雷尼亚什的履职时间（1623—1626年）恰巧吻合。

虽然上面三段描述略有出入，但都同时指出葡萄牙的甜橙来自中国。在特丁的手稿中，作者还补充道："这棵孕育了其他甜橙树的母树被称为夏娃，它后来被移植到了格里洛酒庄，直到1671年仍然能结出美味的甜橙。"

因为拥有这些"来自中国的"甜橙树，葡萄牙在地中海以及周边地区变得地位超然。特丁解释说，他是从一份手稿中获得了这些信息的，内容完全忠实于11月17日逝于里斯本东部的圣母大教堂的编年史学家马诺埃尔·莱亚尔修士所撰写的《1422年以来葡萄牙圣奥古斯丁教派修士回忆录》。

不过这些说法值得推敲，因为我们知道，在"中国甜橙"被引进到葡萄牙将近一个世纪之前，葡萄牙人就已经开始在大西洋岛屿和巴西种植橙树了，而这些橙树的果实也很甜。

传教士马诺埃尔·达诺布雷加神父1551年在巴西写的一封信件中提到了葡萄和"香橼、橙子、柠檬"的存在，而且强调这些植物都来自葡萄牙，并且已在当地"广泛种植"。

因此，要么当时在葡萄牙种植的橙树不是我们称之为"甜橙"的品种，要么这些甜橙之前就生长在葡萄牙或刚刚从印度引进过来。如果前者是真实的，那么由葡萄牙人引进巴西的橙子就"不够甜"，这与旅行者们经常提到的"巴西的橙子非常甜美"的特征并不一致。

如果人们对植物在其环境中的生态表现感兴趣，就能够用一种相对简单的方式来理解这些自相矛盾的说法。要知道，一棵种在里斯本的橙树，无论来自地中海还是印度，现在的生存环境都与其原生地大不相同，所以可能会出现水土不服，所结果实的糖含量可能会下降。因此，人们在谈论一棵橙树的果实甜或不甜时，未必是由其遗传特性决定，而是生长环境不同所致。同样一棵橙树，如果生长在热带地区（比如巴西），它的生态环境更为适宜，果实也必然会更甜。

要知道，在葡萄牙塞图巴尔和安哥拉罗安达海岸，同一品种橙树所出产的橙汁在糖含量以及其柠檬酸和维生素C的浓度方面都存在极大的差异。安哥拉橙的橙汁甜度更高，酸度更低。不过，一位习惯在没那么炎热的地区采购橙子的欧洲进口商曾对这一特性嗤之以鼻："关于水和糖分，我们知道怎么来调配得更好。"而真

ORANGER PORTUGAIS

Arancio di Portogallo

Tab. 26

里索和普瓦多，1872年

ORANGE DE LA CHINE.

Oranger Fina

Tab 4

里索和普瓦多，1872年

正标志着两种橙子差异的是维生素C的含量——来自罗安达的橙汁中维生素C的含量约为20毫克/100克，而塞图巴尔的橙汁则为50毫克/100克。

将已知品种中更为甜美的橙子统称为"中国甜橙"成了一个"销售技巧"，它使葡萄牙成为将"中国甜橙"普及到地中海沿岸甚至全世界的推广者。

正如我们在上文中看到的，D. 弗朗西斯科·马什卡雷尼亚什将一种非常甜的橙子引进到葡萄牙，使一些原本生态条件更利于种植橙子的欧洲国家转而从葡萄牙进口甜橙。也正因如此，在许多语言中，甜橙的名字都或多或少带有葡萄牙这个国家的痕迹。比如，它在阿尔巴尼亚语、希腊语和格鲁吉亚语中被称为portokali，在保加利亚语中被称为portokal，在罗马尼亚语中被称为portocală，在土耳其语中被称为portakal，在阿拉伯语中被称为burtuqāl，在波斯语（伊朗）中被称为porteghal，在阿姆哈拉语（埃塞俄比亚）中被称为birtukan，在提格利尼亚语（索马里，埃塞俄比亚）中被称为bertkuan，在库尔德语中被称为pirteqal，在乌兹别克

语中被称为po'rtahol，在皮埃蒙特语中被称为portugaletto，等等。根据《巴黎市井民俗》中的描绘，在18世纪的法国，一位甜橙商人在兜售他的商品时喊道："葡萄牙！葡萄牙！"到了19世纪，这样的表达方式在南方方言中仍能听到：尼斯人就仍将橙树称为pourtegalié。在林奈为其确定正式的学名之前，它还有过好几个不同的拉丁语名，比如费拉里在1633年使用过的*Aurantium olyssiponense*（里斯本橙树），图内福尔和科默兰后来也曾用过同样的叫法；再比如*Aurantium lusitanicum*（卢西塔尼亚橙树）等。

在欧洲北部地区的语言中，仍能看出甜橙与中国的渊源：在德语中，即便现在人们更常用orange这个词汇，但Apfelsine（意为"中国果实"）这个叫法也仍然存在；在斯堪的纳维亚半岛的语言中，人们称之为appelsin；此外，它在荷兰语中被称为sinaasappel，在俄语中被称为apelsin，等等。在马格里布地区，除了阿拉伯语中的叫法（burtuqāl）之外，在柏柏尔语中，它被称为latchine（意为"来自中国"）。最有意思的要算

法属圣多明戈了：在那里，橙汁被称为jugo de China（意为"中国的果汁"）。

在其他一些国家，甜橙现在的名字原来曾经被指代苦橙，自十字军东征以来就在地中海地区广为流传，这些名字来源于阿拉伯语中的naranj，而这个词本身又是从波斯语中的nārenj借用而来，追根溯源来看，这个词是从梵语中的naaruka或naranga经由印度语演变而来。如今，我们在一些语言中仍能找到由此衍生出来的词汇，比如西班牙语中的naranjaen，葡萄牙语中的laranja，加泰罗尼亚语中的taronja，塞尔维亚语和克罗地亚语中的narandža，匈牙利语中的narancs，意第绪语中的marrants，意

戈迪尼奥·德埃雷迪亚，约1612年

大利语中的arancia或pomarancia，英语和法语中的orange，等等。

最初，出口这些甜橙树为葡萄牙带回了不菲的收入。然而，国王佩德罗二世于1671年1月30日颁布了一项法令：因为葡萄牙甜橙已名声在外，为保护其国内生产的地位，禁止橙树出口。因此，直到1756年，法国国王的园丁拉坎蒂尼仍声称"最好的甜橙来自葡萄牙"。

在非洲，葡萄牙人将柑橘类水果普及到了佛得角、圣多美及西南海岸的多地。

在一段有关圣多美之行的文献资料中（约1541年），一位姓名不详的记录者为我们描述了佛得角的圣地亚哥岛，称这里拥有"很多栽种着橙子、香橼、柠檬、石榴、无花果树等各种各样植物的花园"。对16世纪大西洋群岛颇有研究的历史学家加斯帕尔·弗鲁托索也证实称圣地亚哥生长着"许多柑橘类植物和其他果树"，

香橼　德库尔蒂，1822年

圣尼古劳岛也有很多"橙树和香橼树及其他来自海外的植物",而在位于几内亚湾的圣多美岛上种植着"很多从葡萄牙引进的橙树,它们的果实与这个国家出产的香橼一般大"。

1687年,卡瓦齐·达蒙泰库科洛在讲述其传教经历时写道:

> 葡萄牙人将橙树、柠檬树、香橼树以及一些其他这里没有的植物带到了刚果、安哥拉和马坦巴三个王国。这里的土壤和气候都非常洁净,很适宜它们生长。如今这些植物已随处可见,且数量众多。至于这些水果的品质,他们说至少与巴西、马德拉岛或佛得角出产的一样美味。

那个年代留下的证据非常充足,且口吻一致。

将橙树引进到美洲大陆的可不仅仅是葡萄牙人。哥伦布在他的第二次航行(1493年至1496年)期间,就已经将橙树、香橼树和柠檬树的种子从戈梅拉岛带到了加那利群岛。1494年1、2月间,他从伊斯帕尼奥拉岛(海地/圣多明戈岛)的伊莎贝拉堡致信天主教双王,其中有这样一段:

> 我到达这个港口已经31天了。现在,我们拥有了各种蔬菜。所有种子从第三天开始陆续生根发芽。我们今后就可以享用萝卜、香芹和其他植物了。各种幼苗都已经长起来了,小麦和大麦已经有一英尺(约0.3米)高,橙树、葡萄和甘蔗也都长势良好。

1526年,在伊斯帕尼奥拉岛已经出现了能结出很甜果实的橙树;1579年的佛罗里达和1591年的秘鲁也都出现了柠檬树,这说明这些果树很快就适应了美洲的水土,并迅速在各地开枝散叶。

直到1769年,方济各会才将橙树引进到了加利福尼亚州的圣地亚哥,这些植株可能是来自于西班牙人带到美洲的品种。

直到20世纪上半叶，甜橙在地中海北部地区仍然是一种奢侈的水果；人们都记得，在先人们的回忆录中经常提到他们只有在圣诞节那天才能得到一颗甜橙，有时这甚至是他们唯一的圣诞礼物。在过去，这些橙树被种植在城堡里的大花盆里，而这也成为贵族们用来炫耀他们奢侈生活的一部分，因为只有他们能为这些植物提供专门的房子来抵御寒冬：柑橘园。这一潮流兴起于意大利。在法国，查理八世于15世纪末在昂布瓦兹城堡建造了第一座柑橘园，用来培养各种植物；而沙蒂永－科利尼的柑橘园（1560年）则是现存历史最悠久的一座。

学名：*Vernicia* spp.

大戟科

葡萄牙语及西班牙语：Aleurite；英语：Tung

油桐

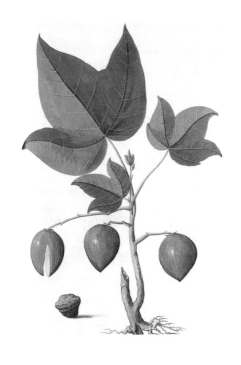

石栗
维特森和亚赫，《爪哇植物》，1700年

　　油桐属的植物有很多种，都原生于亚洲东部，且很可能来自中国，这类植物通常被称为"桐"，大多数都拥有心形的果实。在欧洲，最早提到这类植物的是马可·波罗："船只表面并未刷松香，因为这里并不出产；但是他们找了另一种替代品，看起来感觉更好：（中国人）将捣碎的麻和炭灰跟植物油混合均匀后涂抹在船只表面。"

石栗　朗弗安斯，1741年

在东方，这些植物主要被用作装饰，因为其中一些种类确实拥有色彩鲜艳的叶片和美丽的花朵；此外，中国人发现这些植物的种子中可以提取出一种干性油，能够广泛应用于制造油漆、清漆以及织物、木材和其他材料的防水涂层等。

对于习惯使用亚麻籽油的欧洲来说，桐油几乎没有什么用场。油桐是广泛生长于温带地区的传统植物，能够提取出高质量的纺织纤维。可能出于这个原因，它才得以被推广到其他大陆。

1712年，肯普弗曾将其视为日本最有用的植物。1790年，居住在东方的葡萄牙植物学家洛雷罗神父曾描述了其中一个我们所熟知的种类。

最出名的油桐属植物包括用来提取桐油的木油桐（*Vernicia montana*）、油桐（*Vernicia fordii*）、三籽桐（*Reutealis trisperma*），以及产量丰富、被称为"摩鹿加胡桃"的石栗（*Aleurites moluccana*）等。

不同品种油桐的干性有所不同，桐油开采也主要集中于其中几种。木油桐和油桐的桐油被认为是最好的，尤其是后者。石栗在这个方面并不突出，但它的树形最为壮观，所以经常被种植在花园和公园里，用来美化环境和营造阴凉，它是夏威夷的官方树种，在香港的街头也很常见。

随着印度洋地区贸易往来日益频繁，它们也出现在了非洲东部沿海地区。而此后它们在那里的种植范围甚至远远超过了原生地。

随着亚麻种植日渐衰落，工业国家迫切需要找到用于生产干性油的替代品，因此也开始将目光锁定在油桐的身上。1925年底，美国引进了油桐，并建立了大型的种植园。

葡萄牙人在北部沿海地区种植亚麻，主要是为了利用它的纤维，并从其种子中提取亚麻籽油。但由于利润较低，亚麻种植开始走下坡路，产量不足的问题就突显出来。他们将亚麻引进到了安哥拉和莫桑比克等殖民地国家。这里的气候有助于收获含油量更高的亚麻籽，但在这些新的生态环境中所出产的亚麻纤维质量却下降很多。想要解决这个问题，还需要长时间的摸索。

于是，在安哥拉，人们在卡赞戈

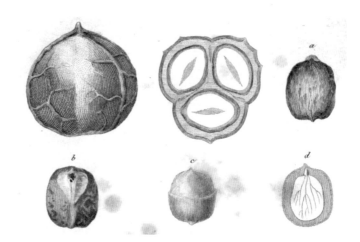

木油桐
《自然历史博物馆年鉴》,
巴黎，1806年

（恩达拉坦多）的实验中心引进了石栗和木油桐，"最开始只有六颗栗子大小的种子"。该植物被称为"中国杏仁树"。1959年，有报告表明这些植物很好地适应了新环境且长势喜人，不过人们却并不打算在未来继续开展种植。

在莫桑比克，一些种类在城市地区很常见。在赞比西河上游凉爽多雨的古鲁埃地区，政府鼓励当地居民种植木油桐，以便在其树荫下种植茶树，不过响应寥寥。这些油桐的种子数量不足以维系桐油提炼工厂的生存，所以收获的油桐子会被送到附近的马拉维进行加工。果实的单位产量低，采摘与加工间隔时间过长，明显导致产品质量降低，再加上高昂的运输成本，让人们放弃了油桐子的生产。这些树木仅仅被用于为茶树遮蔽阳光。

学名：*Artocarpus communis*

桑科

葡萄牙语：Árvore-do-pão, Fruta-pão；西班牙语：Arbol del pan；
英语：Bread fruit tree

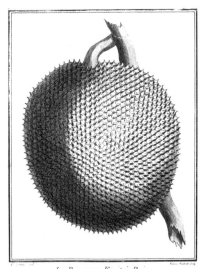

Le Rima ou Fruit à Pain.

索纳拉，1776年

一些人认为，面包树原生于波利尼西亚群岛、南太平洋群岛或马来西亚。

面包树生长在炎热潮湿的低海拔热带地区。它的种子非常娇气，阳光的直接照射可能会对它造成伤害；而当其长成树之后却需要充足的阳光。

该植物存在两种有趣的形态。一种是无核型，通常被称为"面包果"，它的果实里没有核，这使其果实中的淀粉含量更高。

另一种是有核型，在安的列斯群岛被称为"土栗树"，能结出很多包裹着大颗可食用核果的"栗子"。在拉丁美洲，尤其是在巴西，人们主要种植这个品种，它的核果可以油炸或烤制后食用。

而在东方国家和非洲，则主要以种植无核型面包果为主。果实中富含一种黏稠的汁液，与空气接触后会变白，常用于传统药物中。人们通常会将其放进木炭或炭灰中烤制，或像马铃薯一样放入油中烹炸后食用。在有些地方，它们会被切片后风干保存。在东方，尤其是所罗门群岛，人们会用它制作一种叫nabo的饼干，这在当地被当作一种储备食物。它是热带地区非常重要的营养源，甚至是淀粉的主要来源之一。

点燃面包树的雄花可以用于驱赶蚊虫，而面包树的木材因不会受到白蚁侵袭，多用于建筑用材。

至于印度群岛[1]的情况，我们在一些葡萄牙语文献中找到了一些线索，尤其是安东尼奥·加尔旺（约1544年）提供了该地区的大量信息；曾生活在果阿的加西亚·达奥尔塔在《印度香药谈》（1563年）中却没有提到这种植物。它有可能在当地并不存在，或者，虽然存在，但作用却太过微不足道。

将面包果引进美洲的过程则被渲染了些许传奇色彩。最初，人们将其作为奴隶们的食物；对于这些"工作机器"来说，这种食物数量充足，且最有利可图。英国人得知波利尼西亚生长着这种植物，便尝试着将其引进到他们的美洲殖民地。种植园主们请求国王乔治三世组织一次前往塔希提岛的探险之旅。曾跟随库克船长（1768年至1771年）首次航行并在途中见到过这种植物的约瑟夫·班克斯爵士组织了这次行动，并力邀参与过库克船长第三次航行（1776年至1779年）的威廉·布莱船长加入。考虑到这可能是一次长时间航行，皇家特许他们使用邦蒂号皇家舰艇。在所有随行人员中，包括一名植物学家和一名农业技术人员，他们负责采集种子和植物幼苗。

探险队于1788年10月抵达塔希提岛，为了采集和打包这些植物，船只在那里一直停留到了1789年4月7日才动身前往美洲。4月28日，由于不堪忍受布莱船长的暴虐，再加上要养活船上数百棵植物幼苗使船员们用水紧张，船只在

1　译注：印度群岛为过去的一个地理概念，指印度次大陆和东南亚的土地。

德库尔蒂，1829年

公海上发生了哗变。随着1935年和1962年两部著名电影的发行，"邦蒂号哗变"这一事件也变得众人皆知。

船员们将布莱船长和他的18名追随者驱逐到一艘小船里，这艘小船在经过47天航行后抵达了帝汶岛。

这次哗变引起了英国公众的极大兴趣，同时也让公众认识了这种促成此次探险之旅的植物。很快，第二次探险之旅又整装待发，指挥者仍是布莱船长。这一次，他们乘坐普罗维登斯号于1792年抵达塔希提岛，在那里采集了一千多棵植物幼苗，并将其运到了牙买加和圣文森特岛（安的列斯群岛）。这种富含淀粉的植物逐渐从这些岛屿被带到了美洲大陆，这些地方的生态条件相似，也同样都有大批需要食物的奴隶。通过这些信息，我们猜测在巴西想必也是同样的状况。

因此，卡瓦尔坎特写道：1801年，帕拉州州长费尔南多·德索萨下令从卡宴引进面包果，同年，他又将植物的幼苗和种子送往了马拉尼昂。1809年，由于流亡巴西的国王若昂六世希望引进一些具有高经济价值潜力的植物，人们便又从卡宴将其带到了里约热内卢。

不过我们仍然有理由相信，面包果被引进巴西的时间更早。事实上，葡萄牙首相罗德里戈·索萨·科蒂尼奥在1797年的回忆录中就提到过"肉桂、丁香、肉豆蔻和面包果等新植物"。

目前已知该植物登陆安的列斯群岛的时间为1793年，所引进的品种为最为珍贵的无核面包果，因此主要靠插条的方式进行繁殖。这说明这些植物是由葡萄牙人直接从远东地区引进的。

在几内亚湾的圣多美和普林西比，面包果直到19世纪才被引进，其目的也是作为当地奴隶的食物。一些文献资料表明，阿瓜伊泽男爵若昂·德索萨·阿尔梅达的确在1856年或1858年时从巴西引进了这种植物。

如今，面包果在整个太平洋地区被广泛种植，同时在大多数热带国家也能看到它们的身影。

学名：*Musa* spp.

芭蕉科

葡萄牙语：Bananeira；西班牙语：Banana, Platano；英语：Banana

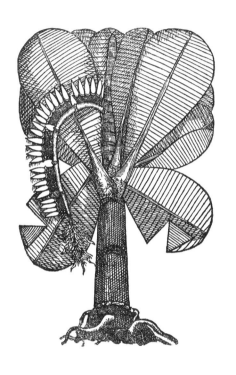

克里斯托旺·达科斯塔，
1578年

　　自古以来，香蕉就在食物中扮演着重要的角色。它栽种一年便可结果，极易繁殖和成活（按照卡罗卢斯-克卢修斯的话说，"它只需要栽种一次"），而且一年四季都可产果；香蕉易于消化，生熟均可食用，可搭配多种菜品，容易剥皮，无籽无核。在最贫穷的热带国家，人们常将它作为主食。熟透的香蕉可以剥皮后晒干，就像在地中海地区处理无花果一样。香蕉干便于保存，是葡萄牙人在远航时经常携带的极佳食品。

从根本上来说，所有栽培的香蕉都是小果野蕉和野蕉两个野生种的杂交后代或多倍体植株，它们会结出单性结实的果实（没有种子）。人们多利用其球茎上每年萌发的新芽进行培育种植。香蕉广泛分布于热带地区和许多冬季不太寒冷的温带地区，有许多不同品种，而同一品种在不同地区也经常会有不同的名字。

也有一些香蕉会结籽，但极罕见，这些香蕉往往更接近野生形态。人们曾在圣多美的森林中发现过它们，但没有检验这些种子是否具有繁殖能力。

人工栽种的香蕉主要可以分为两类。

第一类通常被称为"主食蕉"，这一类香蕉的株形较高大，但不耐寒。果实可作为蔬菜（适于炸、煮、炒、炖），代替马铃薯、薯蓣或其他淀粉食材。因为果实中的主要成分为淀粉，因此味道不是很甜。在法国和一些英语国家，人们也称之为"大蕉"。

第二类被称为"水果蕉"，这一类中品种众多，株形各异，耐寒能力不等，果实的形状、大小、味道和颜色也各不相同。果实在生长阶段富含淀粉，而随着其日渐成熟，大部分淀粉转化为糖。在某些情况下，有些品种尚未成熟的青绿果实，可被用来像大蕉一样烹饪。

plantain（大蕉）的名字源自西班牙语中的Platano。musa（芭蕉）一词则由阿拉伯语中的mauz演变而来。不过，从普林尼开始，它在最初的描述中总是被称为"无花果"。在葡萄牙语中，这些水果一开始被称为"figo-da-horta"（菜园中的无花果），这也指出了它最初的用途，此后还曾被称为"figo-da-índia"（印度无花果）。

banana（香蕉）这个名字最初源于撒哈拉以南地区，不过其出现时间为葡萄牙人抵达非洲西海岸之后。1562年的一篇葡萄牙语文献从15世纪或16世纪就引进香蕉种植的几内亚海岸及塞拉利昂地区的当地语言（很可能是苏苏语）中借用了这个词，随后被欧洲乃至全世界

Muſa ſans fruiⅽt　　　　*Muſa chargé de fruiⅽt*

科林，1602年

所采纳。

香蕉原生于东南亚，其杂交是自然条件下完成的，历史可追溯到古代。公元前325年，亚历山大大帝曾居住在印度河谷，并为我们留下过一段描述。这些植物应该是在更早时候被带到地中海沿岸地区的：我们在亚述和埃及的浮雕上也找到了证据，这意味着在当时，香蕉不仅已经存在，而且扮演了重要的角色。有些人认为，《圣经》中记载的在以实各谷需要两个人来搬运的"大串果实"可能就是香蕉。

资料显示，1534年，香蕉就已经出现在了弗朗西斯科·卡斯泰洛·布兰科在里斯本的别墅之中。卡罗卢斯－克卢修斯（又名夏尔·德莱克吕兹）曾于1564年至1565年间在里斯本看到过"一些植物，但很少结果，它们被称为香蕉－无花果树，也就是说它们会结出一种被称为香蕉的无花果"，这也说明香蕉树在温带环境中很难适应。从7世纪开始，阿拉伯人就将香蕉树引进到了地中海沿岸地区，但欧洲大众却直到17世纪才真正认识了它。事实上，从最初抵达印度的葡萄牙人对香蕉的描述中就可以发现，它在当时并未被广泛种植，也不太为人知，在伊比利亚半岛也是如此。由于营养价值丰富，葡萄牙人对它的重视也与日俱增。这一时期的多份资料中都曾提到过将香蕉作为货物运往佛得角群岛的信息。

当然还有其他例子。

在一段描写瓦斯科·达伽马首次航海之旅的文字中提及，在卡利卡特，萨摩林"带来了一些看上去很像无花果的其他水果，味道非常棒"。

意大利人卢多维科·迪瓦尔泰马1510年从印度回到欧洲后，用了很大篇幅来描写香蕉，仿佛它是个新生事物一样：

香蕉花上的旋蜜雀

皮埃尔·贝尔纳，路易·库阿亚克，1842年

在这个国家生长的另外一种非常独特的水果，人们称之为malapolanda（泰米尔语中的香蕉）。该植物与人身高相仿或者更高，生有四五片叶，枝叶相连。每一片叶的大小都足以为人遮阳挡雨。花枝从中部生出，花形如豆。然后会结出半拃或一拃长的果实，粗细如矛。在采摘时无须等果实熟透：它会在家中慢慢成熟。一根花枝上能结出两百根左右的香蕉，每根都紧密相连。我在这里见到了三种这类水果。（2004年版，第164页）

在印度群岛，安东尼奥·加尔旺（约1544年）写道：

这里生长着一些被葡萄牙人称为无花果树的植物，不过虽然看上去很像，但它们既不是乔木也不是禾本植物；这种植物分布极广，据说在埃及和加那利群岛都有，它们全年都能为人们提供丰富的食物。

我们在葡萄牙没见过这种植物，我相信也很少有人听说过。这种植物的主干像大腿一样粗，但随便一剑就能将它砍断。从它的根部能长出新的枝干，只需一年时间就能开花结果。果实形如黄瓜，成熟后为黄色，香甜可口。这种植物的品种繁多，其中一些品种会优于其他；果实呈青绿色时即可采摘，每隔十二到十五天即可收获一次；可生吃、油炸、煮熟或制作各种菜肴。

加西亚·达奥尔塔（1563年）曾介绍过香蕉在印度的分布及其重要性。克里斯托旺·达科斯塔（1578年）补充道：

这些植物广泛分布于阿比西尼亚（现埃塞俄比亚）海岸和佛得角一带。据说在开罗、大马士革、耶路撒冷、马达班和勃固（缅甸）以及威尼斯、葡萄牙、西班牙等许多地方也有种植（……）

弗朗索瓦·比哈在1602年至1607年被囚于马尔代夫时也有所发现：

有一天，我被法官带到了一大批妇女面前，这些妇女的年龄大约在25岁到30岁，她们都被指控犯了一项我从未听说过且只适用于马尔代夫的罪，（……）她们食用了一种水果，这种水果在这里被称为quella，而我们则称之为香蕉，它们大约一拃长，像10岁孩子的手臂一般粗（等）。"（《东印度群岛之旅》，1998年，第一卷，第284页）

曼努埃尔·戈迪尼奥·德埃雷迪亚（约1612年）为香蕉赋予了药用价值。他还指出，在印度，"它更像是一种草本植物，而不是一棵树。人们将它的根从土壤里挖出来并切开，用容器、玻璃瓶或瓷器盛取其分泌出来的汁液，每天早上饮用两盎司能够消除血热症状。"

香蕉树在很久以前就被引进到了非洲东部，并且从那里被传播到了内陆地区。

如今普遍认为，阿拉伯人在西葡两国之前将香蕉树带到了非洲西部，至少是冈比亚以北的地区。佛得角的香蕉树是由葡萄牙人引进过来的，位于几内亚湾的圣多美也是一样，因为是他们发现了这些荒无人烟的岛屿。对于圣多美来说，瓦伦廷·费尔南德斯（约1506年）曾说过，香蕉是"当地居民的最佳食物来源"。而这种植物当时也被称为avaleneira（榛树）：

> 这里有很多这种植物，最高的能达到三寻[1]。它没有树干，更像是一种草本植物；它的叶子像小盾牌一样大，植株顶部会结出像藤柳筐那么大的果实串，重量可达到一个人能从地面搬起的最大分量。果皮为像甜瓜一样的黄色，果肉紧凑如凝乳，香甜如饴糖。它的茎非常独特，既不分枝也不结果，但它的根部会长出许多根蘖，每条根蘖会结出一个果实。在将果实采摘完毕后，人们会砍断它的茎，从断处又会长出一根新的茎，如此反复，新茎不断生长，所以它全年都会结果。

这些香蕉树和一位姓名不详的航海者在描述圣多美之旅（1541年）的文字中提到的一致："（葡萄牙人）开始种植这种草本植物，它们能在一年内变成一棵树那么高，结出形如亚历山大港和埃及的无花果那样的成串果实，葡萄牙人称之为芭蕉，而岛上居民则叫它avelana。"

1　译注：寻，旧单位长度，一法寻约1.624米。

加斯帕尔·弗鲁托索（约1590年）写道："（佛得角的圣地亚哥岛）有许多植物，会结出很多像黄瓜一般大小的'无花果'，被称为香蕉（……），如果我们把它切成片，会发现每一片都有十字架的图案，这使得这里的定居者和原住民都认为这是人间天堂的禁果。"

这段引述很好地解释了为何中世纪的基督徒称之为"天堂禁果"或"亚当的无花果"。1384年，意大利旅行家西莫内·西戈利曾在开罗品尝过"这种被称为muso的水果，很多人说它就是第一个人类偷尝的那种禁果"；对于一些人来说，这就是《创世记》中提到的果子，夏娃用于遮掩自己裸露身体的就是香蕉叶，因为它比西方已知的各种植物的叶子都大。

大约在1580年，洛佩斯提到在刚果见到了这种植物：

> 这里有另外一种水果，被当地人称为香蕉，我们认为它和埃及与叙利亚的芭蕉是同一种水果，区别在于刚果的香蕉树足足有一棵树那么高；人们每年都为它修枝剪叶，以便能结出更好的果实。这种水果香气宜人且营养丰富。（1591年版）

卡瓦齐·达蒙泰库科洛（1687年）同样描述了生长在刚果、安哥拉和马坦巴王国的香蕉，还对不同品种做了相应区分，认为被当地人称为mahjongo的应该是主食蕉，而被称为mahonjo-a-cabundi的则是水果蕉。

所有这些引述都表明，葡萄牙人在他们定居的众多非洲土地上都种植了香蕉。不过，非洲东部的"大型香蕉种植园"则让我们觉得这些植物在葡萄牙人抵达之前就已经存在了，因为印度洋两岸的经济交流由来已久。

对于美洲大陆在欧洲人到来之前是否存在香蕉树这件事，目前仍有争议。有些人坚持认为，当时的新大陆已经有香蕉树生长了，或者说至少已经生长有一些品种，它们的果实也已经被当地人所认可和接纳；不过它们在这里所扮演的角色并不如在世界其他地方那般重要，因为美洲印第安人拥有非常丰富多样的食物

资源。

哥伦布、维斯普西、科尔特斯和其他大航海时期的探险家都对此只字未提。费尔南德斯·德奥维多在1526年所写的《西印度通史与自然研究》中最先提到，在伊斯帕尼奥拉岛有一种"被基督徒称为platanos"的树。这正是香蕉树的西班牙语名字。随后，他在1535年所著的另一本书中解释称，这种植物是由托马·斯德贝兰加于1516年从加那利群岛带来的。 皮特·马特·德安吉拉在《新世界》（1530年）的第七个十年部分，用了很大篇幅讲述了伊斯帕尼奥拉岛的香蕉种植情况，并指出这些植物是从几内亚引进而来的。

改变人类历史的植物

而在巴西，情况则更为复杂。安德烈·泰韦在《法国南端的独特性》（1557年）中指出，香蕉在里约热内卢已被当地人广泛种植和利用：

> 因此，这种被当地原住民称为paquouere的树，是一种颇为奇妙的植物。首先，它并没有很高，大概也只有一人来高；也并没有很粗，一个人便能双手合围——也就是说，它在生长过程中就能够为人类提供所需；这种树木茎枝的木质很软，用小刀便可轻易割断。

> 它的叶子足有两尺（约60厘米）宽，长度约为一寻一尺四寸（约2米）；这是我亲眼所见。我从耶路撒冷返回时，在埃及和大马士革看到了相似的植物，然而叶子的大小不足美洲品种的一半。两者的果实也有很多不同之处：我们前边提到的美洲品种，果实最长能达到一尺（约30厘米），像黄瓜一样粗，非常便于采摘。

> 这种被他们称为pacona的水果在刚刚成熟时味道非常好，而且很方便食用。当地原住民在水果熟透之前便会将它们采摘下来，然后运回自己的小棚屋里，这一点和其他地方相似。水果成把地生长在树上，每一把三十到四十根，一根根紧紧贴靠在一起，生长在靠近树干位置的小树枝上：就像我在此处插图中所展示的一样（插图引自《东方宇宙志》，所画为埃及芭蕉，但比较贴近其描述）。更奇特的是，这种树只会结一次果。这个国家的大多数原住民，在大部分时间里都以这种水果为食。

在这片葡萄牙人四十多年前驻足的土地上，香蕉已经十分常见了。加布里埃尔·苏亚雷斯·德索萨（1587年）认为"被当地人称为pacoba"的香蕉品种是这里的本土植物：

> 香蕉树的树干、叶子和果实都很像pacobeiras；两者之间没什么区别。前

者是从圣多美带到巴西的，它的果实被称为香蕉，印第安人则称之为figos-da-horta，这种果实比pacobas要更短，但更粗，表面有三道棱；两者的果皮颜色和厚度相同，但前者的果肉滋味更醇厚。

时至今日，在巴西市场上，"圣多美香蕉"在各方面都与在圣多美岛被当作蔬菜或甜点的普拉塔香蕉（banana-prata）很相似。值得注意的是，从对pacobeira的描述来看，它更接近于大蕉，即主食蕉的品种；而另外一种则与水果蕉比较吻合。不过，对于种系相近的植物而言，其中一种为本土品种而另一种为外来引进的说法很难站得住脚。

泰韦，1557年

不过，后来，罗沙·皮塔、亚历山大·冯·洪堡和皮奥·科雷亚都认为新大陆上确实有两个不同的香蕉品种。但对我们而言，这些观点出现得太晚了，无法证明其真实性。需要记住的是，香蕉树是单性结实的，其繁殖只能通过无性繁殖方式进行。如果我们认为上面这些观点是真实的，那么我们真的认为在波利尼西亚人口迁移时拥有足够的时间和能力来保存那些幼苗吗？在这一点上，哥伦比亚教授比达尔的看法似乎更有意思。在他看来，香蕉可能是在很早之前由欧洲人引进美洲的，也许是跟随哥伦布的航行从加那利群岛运至此处，这远比葡萄牙人将它引进到这里要早。当发现了这样一种与众不同的植物之后，当地原住民的先人们很快就将它推广到了新大陆的各个角落。几十年后，当探险者们登陆这片土

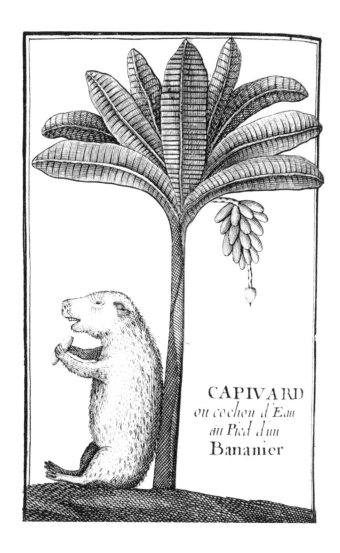

CAPIVARD
ou cochon d'Eau
au Pied d'un
Bananier

弗罗格,《有关1695年、1696
年和1697年跟随德热纳长官
指挥的皇家舰队前往非洲海
岸、麦哲伦海峡、巴西、卡
宴和安的列斯群岛的航海之
旅的描述》

地(尤其是巴西)时"发现"了它们。

　　香蕉是低海拔热带地区人们的主食之一,以至于所有的果园都有种植。交通
运输条件的改善促使这些地区都大幅扩大了种植面积,收成则主要出口到温带国
家。它是世界上种植最为广泛的水果之一。

学名：*Saccharum officinarum*

禾本科

葡萄牙语：Cana sacarina, Cana mélea；西班牙语：Caña de azucar；

英语：Sugar cane

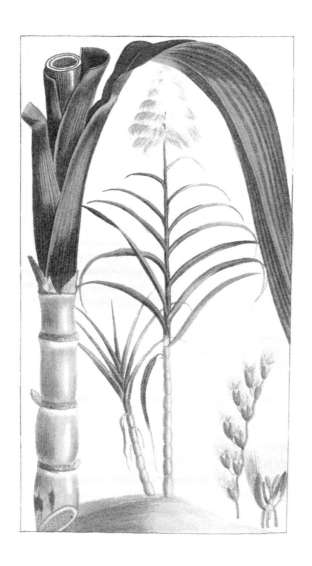

德库尔蒂，1827年

约翰·尼乌霍夫，1682年

在大航海时代，甘蔗一直被定义为一种贵族食品，并以这样的身份被传播到世界各地，这样的情况一直持续到19世纪。近些年来，为培育出更易存活和更具利润价值的品种，人们对同属的不同种之间进行了大量的杂交试验，形成了新的品种，这些品种通常被称为"杂交甘蔗"。这样的选种和育种工作至今仍在继续，以减少伤病对植物的威胁，并使它们适应更多样性的生态环境，无论在热带地区还是温带地区都能够茁壮生长。

通过吮吸甘蔗的茎秆，人们可以品尝到一种带有甜味的汁液。这样的做法，如今在部分地区仍然能见到。这就是为什么时至今日在很多热带国家，尤其是那些最贫穷的国家，仍然会将甘蔗直接作为食品来售卖，当然，这在那些拥有甘蔗重要产区的富裕国家也不罕见。此前，食用糖的加工是在磨坊（葡萄牙语为engenhos）之中完成的。如今，人们会在大型种植园内建设真正的工业生产线。人们研磨甘蔗来获得甘蔗汁（在巴西被称为garapa，在葡萄牙则被称为guarapa），然后再通过技术手段从中提炼出粗红糖。同样的甘蔗汁，经过蔗糖的水解及发酵后会产生一种含有酒精成分的液体。将这种液体进行蒸馏处理后，便能得到在法属安的列斯群岛颇受欢迎的农业朗姆酒，这款酒在牙买加被称为rum，在巴西被称为aguardente de cana，在佛得角被称为Grogueau。提纯后的甘蔗汁与蜂蜜的浓稠度相仿，被称为糖蜜（葡萄牙语为mel de cana）。在马德拉岛上种植的甘蔗几乎全部用于生产这种糖蜜，并被广泛应用于当地众多面包店之中。工业朗姆酒就是将糖蜜兑水稀释后再进行发酵和蒸馏后制作而成的。

"贵族"甘蔗原产于东南亚，其他杂交甘蔗品种则来自南亚地区。

前者从很早就开始人工种植，在8世纪时经波斯传到了埃及。从9世纪开始，它伴随着穆斯林的发展在地中海地区落户生根。到了12世纪，十字军发现了编年史学家吉奥·德普罗万所说的"阿拉伯人从一种含蜜的芦苇中提取出的一种类似雪或白盐的东西，他们称之为zucre"。13世纪，塞浦路斯和克里特岛也开始种植甘蔗，西西里岛紧随其后，这里后来成为欧洲的主要生产地，出产最著名的糖。此时的甘蔗仍是一种奢侈的食品，威尼斯则是欧洲甘蔗贸易的中心。

在接下来的一个世纪，伊比利亚半岛的甘蔗种植业开始蓬勃发展起来，特别是在巴伦西亚地区和蒙德戈河谷，但这里的种植园却可能是历史最悠久的。其实，在葡萄牙的相关档案中曾提到，1194年，一艘满载"木材、油和糖蜜（meil zucre）"的葡萄牙船只在前往布鲁日的途中失事，这似乎证明了葡萄牙在当时可能还无法制造白糖，人们只是在进行浓缩甘蔗汁的贸易。

航海家亨利将甘蔗种植引入了马德拉岛。编年史学家热罗尼莫·迪亚斯·莱特回忆道："作为基督骑士团的团长兼总督，亨利王子命人去西西里岛上寻找甘蔗引进到他所管辖的岛上种植，（……）同时需要的还包括懂得制糖的匠人。"无人知晓这道命令是何时下达的，但应该是在1433年国王将马德拉岛和圣港岛赐予亨利之后。德祖拉拉在《发现与征服几内亚编年史》（1453年）中并未提及此事，但我们发现了一个有趣的信息：

亨利王子（……）将马德拉岛
和圣港岛的所有教权以及其他岛屿

（隶属于亚速尔群岛的圣玛丽亚岛）的教权和俗权都归于基督骑士团管辖，任命贡萨洛·维利乌为这几座岛屿和圣米格尔岛（亚速尔群岛）的指挥官，同时将岛上甘蔗种植园的什一税的一半留给了他。

这项任命是在1443年下达的。当时，甘蔗已在亚速尔群岛种植；而它出现在马德拉岛的时间应该在此之前。

15世纪50年代，这里生产出了高质量的糖，并很快以优惠的价格在欧洲大陆出售，与意大利贸易商形成了激烈的竞争。起初，甘蔗是被置于以动物为牵引力的碾磨中进行压榨研磨的。1452年，这里建成了第一座水力磨坊。在马德拉岛的山坡上，人们开发了一套庞大的灌溉渠道系统（著名的莱瓦达斯灌溉渠）排放和储存雨水。

1470年，这里的甘蔗产量为280吨；15世纪末，产量提高到了1470吨；1521年，产量达到了1484吨；不过随后遭遇了断崖式下跌（1537年，产量仅为644吨）。土壤枯竭，种植园遭遇病虫害，种植空间有限，这些都是不得不面对的状况。到了1570年左右，产量就只剩下了原来的零头。此外，其他竞争对手也不断涌现出来：因为能带来巨大的经济利益，甘蔗也被引进到了亚速尔群岛、加那利群岛、佛得角、圣多美、非洲海岸地区以及安的列斯群岛等地；16世纪50年代，它又被引进到了巴西。

在马德拉岛上有一种传统工艺，人们会用糖制作一种被称为alfenins的"娃娃"。热罗尼莫·迪亚斯·莱特称，时任丰沙尔长官的西芒·贡萨尔维斯·达卡马拉曾赠送给教皇莱昂十世（1513年至1521年）"一匹价格昂贵的波斯马，此外，还有各种各样的岛上美食、糖果等，最引人注目的是一座完全用糖制作的'圣廷'，旁边是同样用糖制作的'红衣主教'"。

亚速尔群岛上的生态条件并不是很适于甘蔗种植：雨水太多，阳光不足。1588年，加斯帕尔·弗鲁托索指出，在整个群岛上只有一座用于甘蔗压榨的磨坊。

在佛得角，生态条件也不算理想，不过这里的问题在于雨水稀缺和土地不够肥沃。直到今天，这里的甘蔗种植园都位于一些像圣安唐岛西北坡这样的顺向谷的位置，人们也还在用它生产著名的格罗格酒。不过，因为要为当地居民生活所需的粮食作物腾出种植空间，甘蔗种植始终无法得到扩展。

不过，尽管在1481年至1483年之间才从马德拉岛引进了第一批甘蔗幼苗到圣多美，但在这里，甘蔗已经慢慢发展成了单一种植作物。瓦伦廷·费尔南德斯（约1506年）指出，在这里看到了"比马德拉岛上更广阔的甘蔗地和更粗大的甘蔗"。1517年，这里还仅有两座磨坊；1529年，产量悄悄攀升到了70吨；到了1554年，产量已达到2100吨，"同时拥有了150座水力磨坊和其他一些由奴隶和马匹驱动的磨坊。"只不过，提取技术仍然不成熟，价格也仍高于马德拉岛。从1570年开始，巴西的甘蔗变得更具竞争力。

对于圣多美的情况，杜阿尔特·洛佩斯在1578年写道：

> 大量蔗糖产自圣多美（……）在葡萄牙人到来之前，这里从未种植过甘蔗，是他们将它带到了这里，同时带来的还有生姜，这两种植物如今都得以蓬勃生长。这里的土壤湿润，非常适宜甘蔗种植；清晨，露水会像降雨一样润湿地面，所以甘蔗在这里无须人工灌溉就可以不断生长和收获。岛上共有超过70座制糖厂或制糖设备；每一座周围都建有很多房屋，相当于建了一个拥有大约300名劳动力的村庄；每年约有40艘大型货船将这些制好的糖运走。后来的一段时间，这里发生了病虫害和瘟疫，使所种甘蔗的根部尽毁，阻碍了制糖业的繁荣；如今，每年生产的糖只能装满5到6艘货船，这也是我们所在地区糖价上涨的原因所在。（1591年，2002版，第48页）

目前掌握的多份资料中都曾提及非洲大陆有甘蔗和一些制糖磨坊的存在：比如在塞拉利昂（1594年、1602年和1606年）。1625年，多内利亚在描述几内亚海岸时也同样提到了这件事。但这些都仅仅是传闻，无法给出确凿的证据。尽管土壤肥沃，气候适宜，但殖民者却不愿意安心在这里安顿下来并建立大型生产中心。

在圣多美，热带的土地正在枯竭并且急需改善，病虫害频发使甘蔗变得脆弱，也让制糖成本变得更加昂贵。从1580年开始，岛屿多次遭受海盗袭击，损毁严重。1590年，这里又爆发了一系列奴隶起义；1595年，在阿马多尔的率领下，当地爆发了最后一次奴隶起义，不过很快被平息，阿马多尔也于次年被处决。如此动荡的背景，再加上地方当局（州长、大主教和商会主席）之间一直冲突不断，岛上的甘蔗种植在16世纪末戛然而止。大多数磨坊主也举家迁往巴西。

甘蔗很早就被引进到了加勒比地区。在1494年1月30日第二次美洲之行的回忆录中，哥伦布在伊莎贝拉岛致信天主教双王时写道：

> 正如您在信中所看到的，我们很确定小麦和葡萄在这片土地上长势良好，但最终收成如何还要等等看（……）；至于甘蔗种植，通过少数几株的尝试情况来看，这些地方的人们根本无须羡慕安达卢西亚或西西里岛的环境条件。

在对这次行程的描述中，他还补充道：

> 我没有如预期那样带来太多的甘蔗。虽然我们在船上装了很多，但所有这些成捆的甘蔗都因发酵而废掉了，上周通过船只运过来的也是如此；我非常希望能带来大量的甘蔗，因为这里有充足的种植空间，如果巴伦西亚的农民也一同过来的话，足以每年出产一百万公担的糖、同样产量的优质棉花和大量的大米。

当时葡萄牙人已经掌控了蔗糖的制作工艺和贸易，不过在加勒比地区的甘蔗种植则是1625年英国人登陆这片土地之后的事情。1637年，巴巴多斯建成了第一座制糖磨坊。三年后的1640年，一位荷兰裔的法国商人达尼埃尔·特雷泽尔在马提尼克岛也建了一座制糖磨坊。1641年，第一批奴隶来到了这里。在此期间，荷兰人起到了决定性的作用，他们将掌握的所有技术带到了巴西。1654年，荷兰人被驱逐了出去，但技术都流传了下来。

伊斯帕尼奥拉岛的食糖制作
本佐尼，《美洲之旅》第五卷，1595年

皮奥·科雷亚认为巴西引进甘蔗的大致日期可以追溯到1502年至1503年，不过三十多年后甘蔗种植才在当地真正发展起来。在相关档案中可以看到，早在1511年，当地就已经有了种植甘蔗的计划。1518年，这里已经建成了一些制糖磨坊。1526年，里斯本海关记录下了从伯南布哥进口的最早一批蔗糖。1532年，人们将加那利群岛和马德拉岛的甘蔗引进到了圣维森特。次年，这里建成了一座制糖磨坊。

至于伯南布哥的甘蔗，加布里埃尔·苏亚雷斯·德索萨认为它们来自"马德拉岛和佛得角"。

事实上，从16世纪50年代开始，这里的糖业经济才真正发展了起来。到了16世纪70年代，大量的非洲奴隶被运往此地。冈达沃曾于16世纪60年代在巴西逗留，根据他的描述，当时这里拥有60座制糖磨坊。而卡丁表示1583年这里拥有了131座磨坊，能产生2800吨蔗糖。而到了1610年，磨坊数量增加到了230座。

起初，巴西的糖业贸易完全通过里斯本港来完成，因为欧洲各地的船只都由此进出。随着1580年葡萄牙失去独立地位，以及西班牙国王腓力二世与尼德兰联省共和国之间的冲突愈演愈烈，里斯本港失去了原有的垄断地位。1599年，两艘满载1500箱蔗糖的荷兰货船从巴西直航并停靠到阿姆斯特丹。不久后，英国也迎来了同样来自巴西的船只。

里约街头小贩的手工制
糖磨坊
让-巴普蒂斯特·德布
雷，1834年

里斯本的海关损失很大，但巴西的糖业贸易却得到了惊人的发展。1629年，巴西拥有了346座制糖磨坊，每年生产蔗糖28 000吨，达到了1583年的十倍。

经过频繁密集的战争，荷兰占领了巴西东北部（1635年至1654年），一些糖业生产中心也发生了变化，这使得既有局面被轻微打乱了，但并未大幅削弱巴西的糖业贸易。不过，从17世纪50年代起，巴巴多斯、安的列斯群岛（马提尼克岛和瓜德罗普）和圣多明戈成了巴西的重要竞争对手。从1655年到1690年，巴西蔗糖价格下跌了三分之二。1673年，巴巴多斯和安的列斯群岛的蔗糖产量已经达到了巴西的三分之一。古巴、墨西哥和法属路易斯安那也建立了甘蔗种植园。在此后的多年间，糖业市场经历了一些波动。尽管如此，巴西的制糖业仍在继续增长：1700年，弗雷德里克·莫罗在巴西发现了528座磨坊，遍布伯南布哥

（246座）、巴伊亚（146座）和圣保罗（136座）。

在18世纪初，金矿的发现使巴西农业发展走向衰落。根据一些历史学家的观点，蔗糖已不再是"巴西制造的白色'黄金'"。从1715年起，这里的糖业生产停滞不前，而法属和英属安的列斯群岛的地位则变得更为重要；于是，英法两大新兴力量围绕着制糖业展开了战略与经济博弈。直到庞巴尔侯爵（1755—1759年）颁布新的法令后，巴西糖业经济才得以重整旗鼓。

尽管奴隶制已被废除，但由于19世纪对白糖的需求不断增加，糖业生产仍然蓬勃发展。19世纪中叶，以甜菜为原料的新制糖工艺问世。甜菜制糖在1852年只占全球糖产量的15％，但在1890年至1905年间却占据了主导地位，之后又再次地位旁落，到了20世纪70年代产量开始明显下降。如今，它在全球糖产量中占比15％-20％。

巴西仍然是甘蔗产业的主要力量。尽管质与量均发生了变化，但甘蔗种植业仍分布在葡萄牙人16世纪选择的相同区域，其中87％都集中于圣保罗附近，占巴西农业用地的1.5％。

其中一半的甘蔗被用于生产生物乙醇。巴西的汽车燃料，无论是纯燃料还是混合燃料，其中50％以上均采用这种产品。2014年，该国的生物乙醇产量约为250亿升，并以每年3％的幅度持续增长。

学名：*Cinnamomum* spp.

樟科

葡萄牙语和西班牙语：Canela；英语：Cinnamon

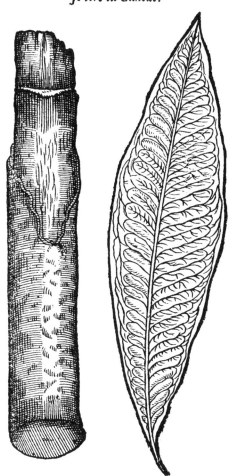

*Feuille de la Canelle auec le tronc ou baſton d'où
ſe tire la Canelle.*

肉
桂

克里斯托旺·达科斯塔，
1578年

市场上售卖的肉桂和桂皮其实是取自几种樟属植物的树皮。这些树皮去掉表层后往往呈木栓质，晾干后即可售卖，多见块状（肉桂棒或桂皮）或粉末状（肉桂粉）。

对于中国人和埃及人来说，这是一种非常古老的香料，它的名字还多次出现于《圣经》之中，因深受罗马人喜爱，而在欧洲广为流传。在中世纪时，它的价格非常昂贵，到了文艺复兴时期才开始下跌。在富人的餐桌上，无论是肉类、调味品还是甜点，它在很多菜肴中都必不可少。研究显示，在16世纪末的法国，67%的菜肴中都包含肉桂。其品质主要取决于提取它的物种。在此，我们仅列举一些最重要的肉桂植物：

锡兰肉桂（*Cinnamomum verum*）

阴香（*Cinnamomum burmannii*），又称马来西亚肉桂

越南肉桂（*Cinnamomum loureiroi*）

肉桂（*Cinnamomum cassia*）

后三种通常被统称为"假肉桂"。葡萄牙人在抵达印度后就开始做起了东方香料的生意，他们很快就意识到真正的肉桂并不生长在印度斯坦的海岸，而是来自其他地区。1506年，他们派洛伦索·德阿尔梅达来到锡兰岛考察，在那里找到了野生的肉桂树，而在当时，这些植物只在当地生长。随后，洛波·苏亚雷斯·德阿尔贝加里亚于1518年占领了该岛并建造了一座堡垒，使葡萄牙垄断了当时的肉桂生产。他们并没有建立大型种植园，而是对森林中现有的野生肉桂进行开发。事实上，他们在东方把更多精力都用于贸易而非农业。

不过其他种类的"假肉桂"在当时就已经存在，西芒·阿尔瓦雷斯（1547年）的评论证实了这一点："有人为王国运来了大量的肉桂，但其中超过三分之一并非真正的肉桂，所以被烧掉了"。

经过五十年的不断缠斗，他们在1658年被荷兰人赶出了锡兰，终结了对该岛的统治；对肉桂的垄断也被荷兰东印度公司夺走。不过，在岛上仍留有不少葡萄牙统治时期的痕迹（教堂建筑、葡萄牙姓氏等）。

荷兰人继续在这里开采野生肉桂树，而且为了保持排他性，他们宣称会对任何试图获取种子或植物的人进行极其严酷的惩处。直到1767年，岛上才

CASSIA LIGNEA Off.
Laurus Cinnamomum occidentalis. Bot.
Der Mutterzimmt.

菲茨，1800年

出现了第一批种植园，以便更容易控制开采。1796年，英
国人驱逐了荷兰人，但在此时期，大量种子和植物避开禁
令从锡兰流传了出去，其垄断地位遭到了严重破坏。事实
上，从17世纪起，葡萄牙国王就明确指示印度总督将所有
具有经济利益的植物从印度运往巴西。葡萄牙人成功地将
肉桂移植到了他们所控制的土地上，摆脱了其他欧洲大国
的掌控。

　　它很早就被引进到了圣多美，但并未获得多大成功。

毕竟在历经海盗掠夺、奴隶起义和当权者纷争之后，甘蔗种植者们在16世纪末纷纷离开前往巴西，岛上的土地一直处于荒弃状态。后来，1712年，该岛的皇家金库负责人卢卡斯·佩雷拉·德阿劳若·阿泽维多回忆说，虽然岛屿仍处于不稳定状态，但国王依然下令要高度重视肉桂树的种植；至于他本人，"尽管总督巴尔托洛梅乌·达科斯塔·波塔斯对我不屑一顾，但我依然自掏腰包种植了超过5000株肉桂"。

岛上的肉桂种植的确有潜力可挖。1770年，国王若泽一世命令当时的州长"强制当地居民种植肉桂"。但到了18世纪末，圣多美总督若昂·巴普蒂斯塔·达席尔瓦发现栽种的肉桂树遭到了遗弃，立即采取措施进行保护和改善。

罗沙·皮塔在1730年描写了肉桂树在17世纪第一季度被引进到巴西的情形："几年前，根据国王的法令，人们将肉桂树从亚洲带到了巴西。"1732年，国王又推出了另一项法令，命令帕拉州和马拉尼昂州的州长种植新引进的肉桂和咖啡。但在此之前，应该已经有人将肉桂带到了这里，因为我们在一份资料中看到，"一些肉桂树幼苗于1682年由耶稣会从锡兰运往坦克酒庄，不过只有一株在旅途中幸存了下来。"按照珀斯格洛夫的说法，荷兰人直到1825年才将它引进到爪哇。

学名：*Averrhoa carambola*

酢浆草科

葡萄牙语：Caramboleira, Carambola；西班牙语：Carambolero；

英语：Carambola, Star Fruit

克里斯托旺·达科斯塔，
1578年

阳桃是一种树形中等的植物，至于其原产地，一部分人认为应该是亚洲大陆地区，而另一些人则认为它仅生长于摩鹿加群岛。同时，它也是一种观赏性灌木：在开花时节，枝头会挂满粉红色或淡紫色的花朵。

它的果实形状比较特别，是一种细长的椭圆形浆果，由五个心皮连接在一起，在果实表面形成五道棱，横切面呈五角星状。成熟的果实呈黄色、橙色或琥珀色。果肉清爽，但微酸，含糖量极低，草酸钙含量却很高。

这种水果的表皮较硬，并包含一些纵向纤维，所以人们通常不会直接食用，而是选择吸取其中的果汁；将果实切片，可用来装饰水果沙拉等各种菜肴，或制作甜点、果冻或蜜饯等；在东方某些国家或地区，它还会被用于制作泡菜。

在安东尼奥·加尔旺（约1544年）对摩鹿加群岛的描述中提及："这种植物被称为阳桃树，果实被称为阳桃。它的形状是正方形（原文如此），略带酸味，原产于这一地区，是这里最常见的植物。"加西亚·达奥尔塔（1563年）表示在印度也有阳桃，不过其描述却令人略感困惑："它们很好看，口味酸甜适中，不算很酸；表皮黄色，个头如小个的鸡蛋。最佳食用方式是将它切成四瓣，每一瓣都呈半圆形。"

这段描述与阳桃的形状特征并不相符。再加上达奥尔塔当时应该正在向身旁的人展示它，所以我们认为这很可能是另一种果实。比如，它很可能是藤黄，因为它可以被完美地切成四瓣。克里斯托旺·达科斯塔在借用达奥尔塔

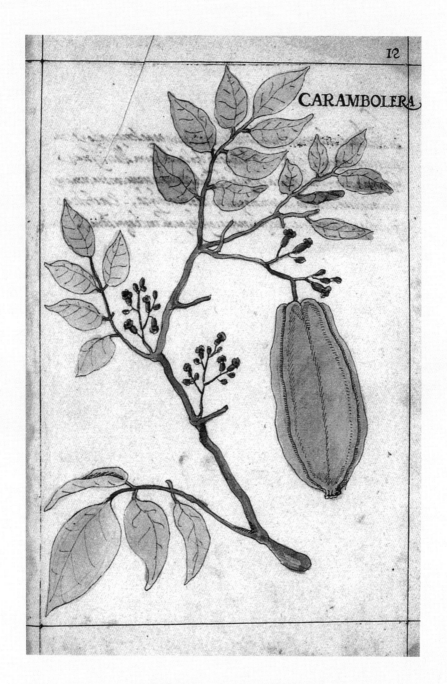

CARAMBOLERA

戈迪尼奥·德埃雷迪亚,《印度植被概览》, 约1612年

的描述时，也犯了同样的错误。

戈迪尼奥·德埃雷迪亚（1612年）可能为我们提供了一条线索。他先是描述了一种被称为carambolo的植物的叶子，并绘制了一幅图（图上没有果实，所以无法判断它是哪种植物）；同时又详细描述了另一种被称为carambolera的植物，并配以图片展示，这才是我们已知的阳桃树：

> 这种家养植物的树形中等。果实可用来制作调味品和罐头；叶与花可入药。将果实煮熟后磨碎，服用可缓解腹泻。从花中提取的汁液滴于眼部，可去除角膜白斑。叶片具有良好的愈合能力，研磨成粉并制成药膏，能治愈伤口。

这种好看却并不算香甜可口的水果，并未受到太多人的青睐。我们也几乎没有找到葡萄牙人将其引进到其他大陆的信息。根据皮奥·科雷亚的记载，法国农学家保罗·热耳曼1817年将它从毛里求斯带到了伯南布哥，并从那里扩散到了整个巴西。

姜科

葡萄牙语和西班牙语：Cardamomo；英语：Cardamom, Cardamon

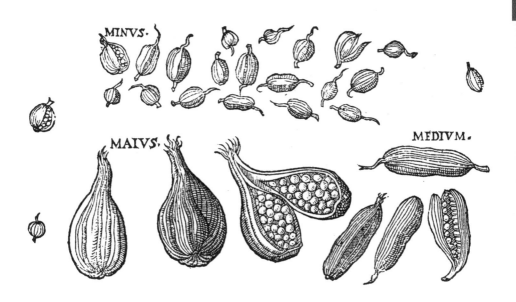

豆蔻有很多不同的种类，原产地和商业价值都各不相同，但都属于姜科植物。

小豆蔻（*Elettaria cardamomum*）

狭叶豆蔻（*Aframomum angustifolium*）

东非豆蔻（*Aframomum mala*）

爪哇白豆蔻（*Amomum compactum*）

九翅豆蔻（*Amomum maximum*）

加西亚·达奥尔塔，卡罗卢斯－克卢修斯版，1567年

缩砂密（*Amomum villosum* var. *xanthioides*）

香豆蔻（*Amomum subulatum*）

丹氏非洲豆蔻（*Aframomum daniellii*）

在这些种类之中，我们只会详细介绍第一种，也就是在国际市场上最为常见的一种。它的果实或者干种子是一种广泛用于亚洲美食之中的香料。在中东地区，自古以来就有关于它的记载。在阿拉伯及土耳其地区，小豆蔻咖啡是一种非常有名的传统饮品。

真正的小豆蔻原生于印度西高止山脉上700米至1500米之间的海拔较高地区，这里比传统的胡椒种植区域气温更低，此外，该种在锡兰的高海拔地区也有生长。

西芒·阿尔瓦雷斯（1547年）称，小豆蔻"产自坎纳诺尔、卡利卡特、焦尔，在这些地区出产的一切都将被送往葡萄牙和其他国家"。1516年，杜阿尔特·巴尔博扎提到在马拉巴尔见到过它。三十年后，人们从它的种子中提取出了精油。

作为当地人最常用的香料，被运往欧洲的小豆蔻数量非常少，而且都是根据需求从野外采摘的。在中世纪时，它的分布非常分散。直到印度航线开通之后，为满足欧洲不断增长的需求，人们才开始推广种植。葡萄牙人则很早就做起了这块生意。

加西亚·达奥尔塔（1563年）写道：

> 这是一种非常重要的商品，它深受这个国家（印度）的人们喜爱，还会被出口到欧洲、非洲和亚洲（……）；这里的人们（此处指果阿）咀嚼它来去除口臭、消炎和使头脑清醒。

事实上，人们经常把它与槟榔叶搞混。达奥尔塔、克里斯托旺·达科斯塔（1578年）和卡罗卢斯-克卢修斯（1605年）都多次提及这一点，并耗费了很长时间来试图解开欧洲人对其来源的混淆。达奥尔塔回忆说，老普林尼提到过四个品

CARDAMOMUM MINUS Off. Amomum Cardamomum Bet Die Cardamömlein.

菲茨，1800年

亨德里克·范里德，《马拉巴尔的花园》，1692年

种，"但都与我们常见的白壳黑籽、皮薄易破的品种没有任何共同之处。"小豆蔻与非洲豆蔻及其他生长于非洲的品种也没有任何关联。

卡罗卢斯－克卢修斯注意到了两种不同的豆蔻：

一种的果实很大颗，另一种则很小，两种的形状相同。较小颗的被认为品质更好，也更芳香；较大颗的则略逊一筹。两个品种都生长于印度，特别是在卡利卡特和坎纳诺尔之间的地区，在马拉巴尔和爪哇等其他地方也能见到，但数量没那么多，这两个品种都没有白壳。

由此可知，从野生植株上采摘之后被运往欧洲的小豆蔻质量良莠不齐。此外，在其原产地可以找到七种不同类型的豆蔻，真正的小豆蔻本身也有两大品种以及多个亚种。

由于生产过程需要大量的劳动力，小豆蔻也成了除藏红花和香草之外最昂贵的香料。它在1914年被引进到了危地马拉，而该国从1980年开始便成为全球最大的生产国，印度则屈居第二，斯里兰卡、尼泊尔、巴布亚新几内亚、坦桑尼亚等的产量则相去甚远。

学名：*Cocos nucifera*

棕榈科

葡萄牙语：Coqueiro；西班牙语：Cocotero；英语：Coconut

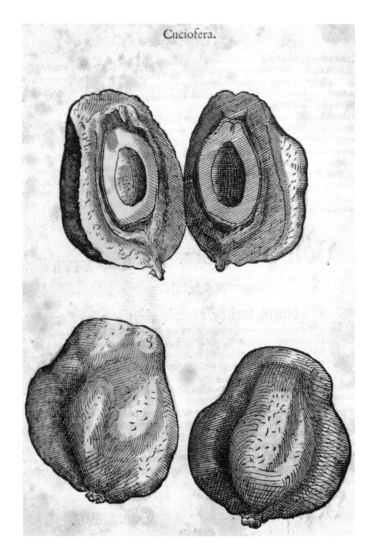

马蒂奥利，1571年

椰
子

椰子是一种棕榈科植物，有人认为它原产于波利尼西亚，也有人认为它原产于波利尼西亚及东南亚地区，还有些人认为它在南亚的热带土地也有生长，甚至所有这些地区都是它的"故乡"。在整个东方，椰子被认为是一种浑身是宝的"天赐之树"。

当地人认为，仅靠椰子这一种植物便能满足人类生存的各种需求。正是由于这个原因，在一些东方的宗教形式中，它被确定为人们想象中的"陆地天堂"的一部分。

在当地，幼嫩的椰子树根可作为蔬菜食用；不分枝的直立茎干非常柔韧、结实，还能抵御热带地区的强风，所以常被用做房屋的屋顶和地板；生长多年的椰子树，木质变得坚硬紧实，可用来制作家具；叶片可用来遮盖屋顶或填充围栏；纤维可用于编织渔网和篮子等众多物品；将其顶芽或花序的基部切开，会分泌出一种略带甜味的汁液，可作为天然饮料或经短暂发酵后（棕榈酒）饮用。不过，最具吸引力的仍是它的果实。椰子是一种纤维质核果，大小与人的脑袋相仿。生长中的椰子外壳呈绿色，有些品种的椰子壳可能会略带红色和黄色，而在成熟时都会变成灰褐色。

果实在成熟后会从树上掉落，人们便从地上将它们拾回家中。而在某些地方，如果劳动力充足，或是果实存在被盗的风险，人们也会选择直接从树上采摘。在巴西等国家，椰子在完全成熟前便会被采摘，用来制作"椰汁"。

椰子的中果皮由粗厚的纤维构成，这些纤维从果实的底部一直生长到顶端，就像是厚厚一层"填充物"。这些纤维被称为椰衣，以前常常被拿来制作绳索，而现在则广泛用于编织业、毛刷业和制鞋业。

椰子的内果皮也被称为椰壳，它轻薄、坚硬且易碎，可作为燃料或转化成木炭，也能作为日常器皿使用。若昂·多斯桑托斯收集了大量关于椰子树在印度洋海岸，尤其是非洲东海岸地区生长及使用情况的资料，他表示，椰壳在印度被用来"制造供金银匠人使用的木炭"（1609年）。

最初，果实内部充盈着一种浑浊的液体，这些液体逐渐沉积在椰壳上形成凝胶层，随着果实的成熟，它会慢慢变厚变硬形成胚乳。胚乳和椰壳之间被一层厚度可超过1厘米的棕色薄膜隔

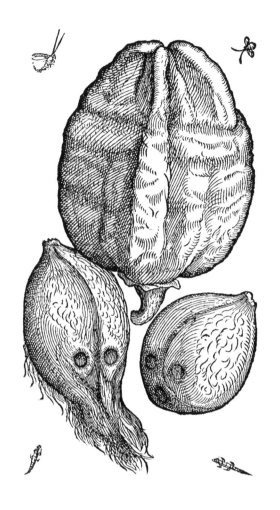

卡罗卢斯–克卢修斯，
1601年

开，这使它很容易从椰壳上脱落，尤其是置于阳光下或干燥箱中。这些胚乳可以被制成两种不同的产品：洁白无瑕的椰蓉以及椰干。对于前者，需要将剥离下来的胚乳放入水（通常为盐水）中洗净，然后磨碎并晾干。这些椰蓉可用于多种菜品烹饪之中。

　　而那些不够白的胚乳则会被用来制作富含油脂的椰干。人们可以将其放入热水中煮沸并捣碎，同时收集浮在水面

起源于亚洲的植物

克里斯托旺·达科斯塔，1578年

上的椰油，或者，也可以通过更为有效的工业程序直接提取。椰油通常被用于烹饪料理或盥洗用品制作，其工业提取物可用于制造人造黄油和肥皂，或在巧克力制作过程中作为可可脂的替代物，当然，还有其他诸多用途。

椰子里充满了"椰汁"。在果实仍处于生长的初始阶段时，内部的凝胶层与汁液仍混合在一起，将其打成均匀的浆状，便可制成一种接近母乳成分的"椰奶"。这就是为什么在很多东方地区，母亲在乳汁不足时，经常用它来喂养孩子。

根据戈迪尼奥·德埃雷迪亚在其1612年的手稿中记载，椰奶在印度还具有药用价值：

对于受凉的患者来说，早上饮用椰奶有助于缓解腹泻。连续八天早上饮用，则能起到净化体内沉积的作用。同时饮用两个椰子的精华，能够化解"索利曼毒药"（美白皮肤的药膏，含有水银）带来的副作用。

椰子树对低于20℃的温度环境非常敏感。它的生长需要大量的水，对于水中的盐分则有很好的耐受性。考虑到这些水分要一直传输到树顶的位置（有时会达到10米以上的高度），必须要有一定的微风来提升蒸腾作用的强度。因此，椰子树的最佳生长环境位于海边，这里水资源丰富，海拔极少超过150米。

这些条件在东南亚的热带地区都能得到满足，因此椰子树也被广泛种植在这些地方。在欧洲人开始了解和认知它时，它已经分布极广了，而且已经被引进到了毗邻印度洋的非洲东海岸地区。

椰子树是一种在欧洲被广泛提及的植物，但凡造访过东方的旅行者都或多或少地描述过它的存在。在瓦斯科·达伽马第一次远航（1498年）期间，葡萄牙人第一次提到了它在非洲东海岸的生长情况：

生长在这片土地（莫桑比克岛）上的棕榈树的果实和甜瓜一样大，里面的果肉可以食用，味道像油莎草或榛子。

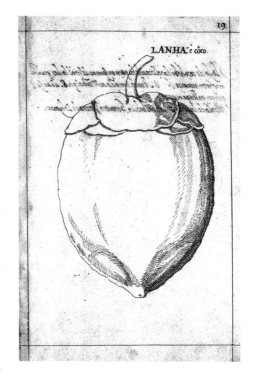

戈迪尼奥·德埃雷迪亚，约1612年

此外，我们在同一份手稿中还看到，1498年9月22日，船队在印度的卡利卡特附近获得了"椰子和四罐满满的棕榈糖奶酪"作为补给。这也是椰子这个词第一次出现在资料之中。确切地说，手稿（抄录的副本）中所用的词汇为equos，但解释者认为原始文本中写的是coquos，只是在抄录时出现了手误而已。在达伽马回到欧洲后，这个词很快就传播开来。我们在有关第二次航行（1502—1503年）的两段描述都看到了这个词，而且这一次拼写无误，随后，同一个词又出现在大量资料中。杜阿尔特·巴尔博扎则最先为我们做了详细描述（约1516年）。

不过coco这个叫法并非源自东方。这个名字主要是根据椰子去掉果皮后的果

印度的椰子树　范林斯霍滕所著《远航葡属东印度游记》(1596年)一书中的插图

实形状而衍生出来的：观察其底部由三个小孔构成的图案，很像一个鬼脸面具，让发现它的水手们很快就联想到了一个葡萄牙民间传统中的妖怪形象，这个妖怪就叫作coco。

加西亚·达奥尔塔（1563年）和克里斯托旺·达科斯塔（1578年）也都曾描述过印度的椰子树及其诸多用途。葡萄牙人也提到过在摩鹿加群岛上的椰子树，并称"这里的棕榈树很茂密，当这些树长到六年半或七年时，就开始出产大量的椰子"。

在东方，葡萄牙人很快就了解到椰子树及其果实的诸多优点。比如，中果皮纤维（椰衣）可以用来制作"不会被海水腐蚀"的绳索或填塞船体。根据当时的描述，"国王的小型战舰上的所有绳索和缆绳都是在里斯本用椰子树及其果皮纤维制成的，往返于印度航线的货船也是如此"。同时，他们还很快发现它的果壳可以用来盛放新鲜食物和水，更易于运输和长期储存。

椰子的出现大大改善了水手们的日常起居，同时未被食用的椰子辗转于印度航线的每个中转停泊站点之间，很可能就这样被各地引进种植以便为未来的航行提供补给。

据哈里斯估计，在非洲西海岸，最早的椰子树栽种于佛得角群岛，它们应该是从莫桑比克传过去的，因为它们在那里已经很常见了。最初的文字描述出现在一位姓名不详的航海者对圣多美之旅（1541年）的记录里，我们从中得知，在大里贝拉、佛得角的圣地亚哥岛以及圣多美岛附近都生长着"出产椰子或印度坚果的棕榈树"，这些树"来自（非洲东部的）埃塞俄比亚"：

> 新鲜的椰肉味道细腻，里面的果汁滋味宜人，还有许多用途。

在葡萄牙的大航海时期，椰子的引进变得颇具战略意义，因为无论前往巴西、非洲还是东方，船队都会在某些岛屿进行临时停泊，以便补给食物、"降温"、人员休整并修复船只等。

根据布拉西奥的转述，17世纪时，迪奥戈·希梅内斯·巴尔加斯从非洲西海岸为在里斯本的弗朗西斯科·德布拉干萨寄去了一些"装在棉布袋里的椰子，因为这里还没有开展相关贸易；希望它们在运达时依然完好和新鲜"，在他看来，椰子是一种新鲜玩意儿：这些树就生长在这里，但当地人似乎并不太在乎。因为这里广泛种植着另一种棕榈树——油棕，所以这些椰子树很难站稳脚跟。油棕能为当地人提供椰子所能带给他们的一切：食用油和护肤油、用于覆盖屋顶的叶片、由树液制成的广受欢迎的饮料，等等。多内利亚（1625年）也提到了油棕在塞拉利昂的重要性，因为当地人会"用它来制造很多酒"，他还声称"这些油棕也能结出椰子（原文如此），但个头很小"。

一些人认为，在葡萄牙人抵达之前，美洲大陆有可能已经存在椰子树了。由于成熟的椰子比含盐的海水密度更低，能够轻松地漂浮在海面上，同时保持发芽能力。有人曾见过在海上漂流了三十天后的椰子正常生根发芽。因此我们可以想象，有些椰子可能因海水的冲刷而离开波利尼西亚群岛，一直漂到美洲西海岸某些适宜生长的地方并植根于此。众所周知，它能够将根部扎入微咸的海水中汲取水分，从而在海岸的沙滩上生长。在1526年所写的《西印度通史与自然研究》一书中，费尔南德斯·德奥维多在第55章写道："在'南海'（即太平洋）沿岸和奇曼省（珍珠群岛地区）有很多棕榈树或椰子树，它们都非常高大。"

他非常细致地描述了这种棕榈树和它"像人脑袋一样大"的果实，并给出了关于这种果实命名的解释：将它称为coco，是因为它的底端有"三只眼睛"，看上去很像monillo que coca（即"一只做鬼脸的小猴子"），故此得名。

1522年夏天，费尔南德斯·德奥维多在太平洋沿岸的巴拿马城度过了五个月。对于在大航海时代之前美洲是否存在椰子树这件事，虽然前面提到的原因有一定可信度，但许多研究人员对此仍有不同意见。那么，德奥维多亲眼看到这些树了吗？他会不会只是道听途说了一些不确切的信息，而实际上那些树只不过是棕榈树？这种可能性并不是没有，因为长期以来，人们一直用palmier（棕榈树）一词泛指这一类植物。后来，人们又使用cocotiers（椰子树）来代指各种棕榈树。比如，佩德罗·若泽·达席尔瓦解释说，在巴西，coqueiro一词被用于泛指本地或海外的多种棕榈类植物。他还补充说，其中最有名的是能够生产油和纺织纤维的coqueiroda-Bahia以及coqueiro-da-Índia。尼古劳·若热·莫雷拉在《巴西药用植物词典》（1862年）中进一步指出，仅在巴西，被称为coqueiros的植物就有24个属、117种之多！1526年，费尔南德斯·德奥维多在西班牙出版《西印度通史与自然研究》时，对美洲大陆当时存在椰子树仍坚信不疑，但他的描述会不会是借用了对亚洲椰子树的描述？别忘了，他在描述椰子树时使用的是葡萄牙人赋予它们的名字。而另外一件事也让我们心生疑问：在随后探访尼加拉瓜和太平洋海岸地区时，他一直非常注意观察当地的各种动植物，但却从未提及过椰子树。此外，其他关于椰子树在美洲存在的证据要么时间太迟、要么太过含糊，以至于我们无法确定这些椰子树究竟是否是在16世纪初时人为引进的产物。

无论如何，即便在欧洲人到来之前，中美洲地区真的已经存在从太平洋漂流而来的椰子树，它在当地也仍然属于可有可无的角色，因为当时那里的人们并不像亚洲那样了解这些树及其果实的用途。因此，椰子树在美洲的普及仍得益于欧洲人的出现：西班牙将它们推广到了波多黎各和加勒比地区，而葡萄牙人则将它们带到了巴西；从一些文献记录中也可以确认，在墨西哥的太平洋沿岸地区，人们直到1539年都仍然没见过椰子树。

在巴西的安德烈·泰韦（1557年）从未提到过椰子树，但加布里埃尔·苏亚雷斯·德索萨（1587年）却写道：

在巴西，生长在巴伊亚州的椰子树要比印度的更好，因为它们在种植五六年后就能结出椰子，而在印度则需要二十年（原文如此）。巴伊亚州最早的椰子树来自佛得角，它们植根于这片土地，并且不断生长。（……）这里的椰子比其他任何地方都要更大更好。

从这段文字可以看出，在德索萨进行记录之前，巴西就已经有椰子树生长了，这一时间可能要追溯到很久以前，但无法确定具体的日期。

学名：*Curcuma longa*

姜科

葡萄牙语：Curcuma, Açafrão-dos-trópicos；西班牙语：Azafron de la India；英语：Turmeric

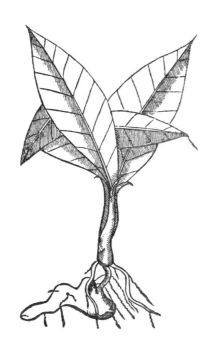

克里斯托旺·达科斯塔，1578年

　　姜黄或称印度藏红花，是亚洲南部的一种植物，在谱系上与生姜相近，其根茎被磨成粉末后，可用作香料和染料，也被应用于印度次大陆的传统医学和众多宗教仪式之中。这是一种用途广泛的植物，从古代开始就为南亚地区的居民所熟知，是印度美食大部分传统香料（咖喱、唐杜里酸辣酱、瓦杜万混合香料、穆哈瓦香料等）的制作原料之一。如今，在烩肉米饭（安的列斯群岛）、辛辣香料粉（留尼汪岛）、哈里拉浓汤（摩洛哥）、哈斯哈努特和塔比尔（马格里布）以及各大洲的众

维特森和亚赫,《爪哇植物》,
1700年

多美食中都少不了它的存在。它的味道与德国芥末很接近。由于颜色相仿,它经常会作为藏红花的替代品被添加到欧洲菜肴之中,只不过香气没那么微妙。

在梵语中,这种香料至少有13种叫法。目前通用的curcuma一词源自阿拉伯语中的kourkoum,意为真正的藏红花(拉丁语为crocus)。不过在拉丁语中,姜黄被称为terra merita(意为"值得称赞的土"),这可能与其根茎看上去像土块一样的外观以及人们赋予它的众多用途有关。在18世纪时,这个名字在法语中演变成了terre mérite,在英语中则被写为turmeric。

在被当作香料之前,它的根茎被视为一种染料,当地人在重要的宗教仪式中会将其涂抹于身体上,有时也被用来保护自己免受太阳晒伤。

在很早之前,姜黄在亚洲和古希腊就被用于为纺织物着色。在法国,人们曾用它来制作精美的黄色面料,这在18世纪时形成了一种风尚,但随着时间的推移,这一做法渐渐被淘汰了,因为这种颜色非常脆弱,日晒或洗涤都会导致其褪色。此前,人们还将其与靛蓝混合后用来制作绿色的肥皂。

从17世纪开始,葡萄牙人就开展了姜黄贸易,随后荷兰人、英国人和法国人也加入其中。然而,我们并没有找到任何关于它被从原产地引进到其他地区的相关资料(除了约瑟夫·于贝尔在19世纪时曾提及它在留尼汪的情形)。如今,姜黄在大多数雨量充沛的热带地区都很常见。

学名：*Zingiber officinale*

姜科

葡萄牙语：Gengibre；西班牙语：Jengibre；英语：Gingenbre

克里斯托旺·达科斯塔，
1578年

姜的根茎是一种香料，天然的姜及其各种加工产品都被广泛应用。具备商业价值的为两个品种：灰姜和白姜。

戈迪尼奥·德埃雷迪亚（1612年）将它视为"一种药用价值极高的植物；它性热且通窍，有助消化、促食欲和清口气的功效。将两块姜榨汁可治疗发烧和发冷。"

姜原产于亚洲热带地区，自古以来就在印度和中国有广泛应用，如今几乎在所有炎热潮湿的热带国家都能见到。它主要种植于南亚，很早前就被引进到了非洲东部，这可能是阿拉伯人的功劳，因为他们平常很喜欢食用姜。

弗朗西斯科·阿尔瓦雷斯神父（1540年）曾提到，在达姆特王国，祭司王约翰的领土上（埃塞俄比亚）"生长着很多绿色的姜，还有很多葡萄和桃子"。

早在古代，它就被引进到了欧洲。迪奥斯科里季斯曾描绘过它。普林尼也提到过它，还为它没有如胡椒一样被征税感到惊讶。在十字军东征时期，它在欧洲被广泛使用，甚至最终取代了更为昂贵的胡椒。

到过亚洲的欧洲旅行家们都提到过它。曾在中国和印度见到过它的马可·波罗说，在中国的蛮子省"生长着大量的姜，它们会被运送到整个契丹省"。在15世纪上半叶，尼科洛·达·康提曾提到，在整个马拉巴尔地区种有大量的姜。

姜在亚洲十分常见。瓦斯科·达伽马在第一次旅行中就将它带回了欧洲。16世纪中叶，在写给多娜·卡塔里娜的一封信中，安东尼奥·加尔旺对摩鹿加群岛上生长着的大量姜赞赏有加：

我不得不提到姜，它在整个群岛中广泛地自然生长着；在以鱼肉为生的日子里，它为我们的菜肴平添了几分滋味，而用姜制品调味的沙拉更是激发了大家的胃口。

在长途运输的过程中，新鲜的生姜根茎会被放在黏土之中保存，在生姜贸易中，会连同这些黏土整体出售，这也引发了一些不端的行为。加西亚·达奥尔塔（1563年）在他的著作中用了几页的篇幅来描绘它。

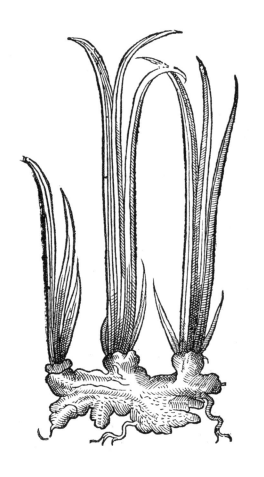

科林，1602年

　　根据苏亚雷斯·德索萨（1587年）的说法，葡萄牙人
将姜引进到了圣多美岛，然后又从这里将其带到了巴西。
当地的姜种植发展非常迅速，以至于"虽然每个人只分
到了半块根茎，但四年后在这片土地上长出了超过4000株
姜"。这样的发展速度威胁到了印度的生姜贸易。国王塞巴
斯蒂昂一世（逝于1578年）意识到了这个问题，于是决定
将生姜种植限定在印度境内，禁止了圣多美和巴西的生姜

ZENZIBRE.

戈迪尼奥·德埃雷迪亚，《印度植被概览》，约1612年

种植和收获。

　　葡萄牙王国与产区之间的距离以及因此导致的信息延误，使得这一禁令的效果微乎其微。尽管当地农民原原本本地遵循了里斯本方面的命令，不再种植姜，但田里残留的小块根茎仍然使他们获得了丰收。

　　这一举措直到葡萄牙王室重新独立复兴后才被废止。事实上，当失去了对东方香料的垄断之后，巴西摄政王佩德罗在1671年便授权他的随从和巴西的当地居民"可以自由地种植姜"，1677年，他又命人将"在印度见到的多种用途广泛的果树"运到了巴西。

　　西班牙人在东方的菲律宾也发现了姜，并在16世纪末将其引进到了安的列斯群岛和墨西哥。

　　姜的根茎及其碎块在收获后能长时间保持生根发芽的能力，因此在历经漫长而艰难的海上航行后依然能够繁殖，这也使其传播变得更为便利。

学名：*Syzygium aromaticum*

桃金娘科

葡萄牙语：Craveiro, Cravinho；西班牙语：Clavero, clavo de olor；

英语：Clove tree

克里斯托旺·达科斯塔，
1578年

丁子香是一种桃金娘科的灌木。我们平日用于调味的丁香所使用的便是它的花蕾，不过一定要在开花之前采摘和晾干，否则一旦花朵绽放，便失去了商业价值。

从最古老的时代开始，东方人民便懂得如何使用这种植物。最初开始利用它的应该是中国人。在公元3世纪时，臣子们在向皇帝进言之前，都被要求用它来"使口气清新"。而包括波斯在内的一些地方则利用它刺激性欲。如今，人们能从中提取出有效成分丁香酚，这种物质具有防腐灭菌的功效，所以在医学领域广为应用，尤其是牙医对它的使用更是由来已久。

该植物原生于特尔纳特岛、蒂多雷岛、莫蒂岛、马基安岛和巴基安岛五个火山岛，这五个岛在赤道上呈弓形排列，构成了小摩鹿加群岛。安东尼奥·加尔旺（约1544年）曾说过，"这里只有五个小岛，我们很难相信丁香就仅仅生长在这五个岛上。"这里种植着大量的丁子香，每隔两三年便可收获一次，每次产量在550吨到1640吨。

这种香料在古代就已经十分出名了，它在欧洲被称为caryophyllum。在《旧约》中也曾提到过它。但丁（逝于1321年）在《神曲》中也曾写道："尼可罗在种植着丁子香的花园里发现了它的诸多用途"（《地狱篇》第29章，127—129页）。13世纪末，前面提到的尼可罗·代·萨林贝尼曾成功地让锡耶纳的众多美食家对这种香料萌生了兴趣。

丁香曾是最昂贵的东方香料之一，因为在很多文学作品中，它来自世界的尽头。正如皮奥·科雷亚所说：

> 它跨越半个地球，经过数十次的装卸，经由中国帆船、阿拉伯船只和大篷车的转运，艰难穿过美索不达米亚一望无际的平原和叙利亚的无尽沙漠，最终才登上了驶向地中海的货船。

马可·波罗、鄂多立克、茹尔丹·德塞维拉克和伊本·白图泰等旅行家认为它原产于爪哇和马六甲，但在这些地方仅仅被当作商品出售。在结束印度之行（1414—1439年）后，尼科洛·达·康提告诉世人，它的产地在最

收获丁香
迪瓦尔泰马，1515年版

东端的岛屿上。瓦斯科·达伽马曾在印度的海岸地区发现有人出售丁香，但对于它来自何处却不得而知。迪瓦尔泰马（1510年）在书中用了整整一章来描写"生长着丁子香的莫诺什岛"。像康提一样，迪瓦尔泰马所写内容也是道听途说，但在其德语版著作（1515年）中，相关描述和插图在当时应该算是最确切的，至于莫诺什岛，则很可能指的就是马鲁古群岛（摩鹿加群岛）。

在1511年征服马六甲后，阿方索·德·阿尔布克尔克立即派出了一个由三艘船组成的船队，命安东尼奥·德阿布雷乌和弗朗西斯科·塞朗指挥，此行的目的就是"找到摩鹿加和班达"这两处生长着丁子香和肉豆蔻的群岛。探险队成功抵达了种植着肉豆蔻的班达群岛，并在这里也得到了生长在摩鹿加群岛的丁香，为收获颇丰的香料贸易的展开奠定了基础。在回程中，弗朗西斯科·塞朗遭遇了船只事故，几经历险之后，于1512年来到了特尔纳特岛，在这里一直居住到1521年去世。

1515年，在马六甲，药剂师托梅在他的《东方志》中第一次完整描述了摩鹿加群岛和丁子香。

加西亚·达奥尔塔，
科林，1602年

弗朗西斯科·塞朗得以幸存这件事具有非常重要的意义，因为他是当时留在马六甲的麦哲伦的朋友。他曾给麦哲伦写了一封甚至多封书信，这些书信交流对其制定从西边登陆群岛并救回自己的朋友这一计划起到了决定性作用。根据《托尔德西里亚斯条约》的规定，这些岛屿当时属于西班牙的势力范围。这次著名的航行发生在1519年至1522年间。尽管麦哲伦在前往摩鹿加群岛的途中离世，但船队中仍有两艘船成功抵达。而其中一艘名为"维多利亚号"的船只在1522年9月6日回到了欧洲，并带回了524担丁香。1523年1月21日，这些丁香在安特卫普的市场上被出售。

伊比利亚两国对于摩鹿加群岛的所有权产生了分歧。艾尔瓦什－巴达霍斯会议（1524年）将这次谈判推上了风口浪尖。西班牙人认为这些岛屿位于他们的半球（后来证明这是错误的），而葡萄牙人则坚持他们作为岛屿的发现者应该享有优先权。双方并未达成一致，此事直到1529年的《萨拉戈萨条约》才得以解决：西班牙以35万杜卡托金币的价格将摩鹿加群岛的独家开发权"卖"给了葡萄牙，并承诺……如果事实证明这些岛屿位于葡萄牙所掌管的半球，便会将金币退还——这一承诺当然并未被遵守。

于是，葡萄牙人得以独享香料群岛的资源。产量的潜力是巨大的。在这里，植物都是在自然状态下生长，"未经播种或嫁接"（达奥尔塔）。1536年至1540年间掌管特尔纳特的安东尼奥·加尔旺写信给国王称

"我向您保证，仅靠这里和周边地区就足以支撑整个王国的繁荣。"

丁香和肉豆蔻都会被运到马六甲，再转到果阿，从那里装船运回里斯本。

1521年，安东尼奥·德布里托参与检查了麦哲伦船队幸存的那艘船，随后便命人在特尔纳特建造了一座堡垒。葡萄牙人一直占据着这里，直到1570年，他们中的一些人谋杀了当地苏丹，此举引发了岛民的反抗，他们联合其他岛屿一起驱逐了这些葡萄牙人。1578年，葡萄牙人在邻近的蒂多雷岛上安营扎寨，并在1603年重新夺回了特尔纳特岛，但在1605年又遭到了荷兰人的驱逐。

为了更好地垄断生产，荷兰人将丁子香种植集中于安汶岛，并摧毁了摩鹿加群岛上的所有种植园。他们制定了包括死刑在内的严酷惩罚措施，以防止

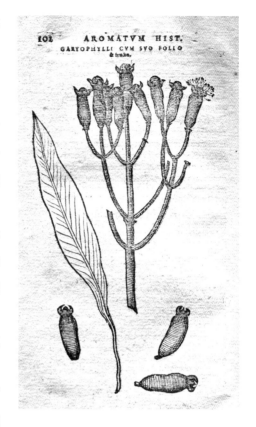

加西亚·达奥尔塔，卡罗卢斯－克卢修斯版，1567年

有人将这些植物栽种或转运到其他地方。当然，此举对岛民来说是一场经济灾难，对当地的传统习俗和宗教也是一种破坏：比如，每当有新生儿降生时，按照习俗都会在同一天种植一棵丁子香；这种植物能存活很长时间，植物的生长与孩子的成长同步，寄托了父母对孩子的期望。到了1638年，摩鹿加群岛上的丁子香已几乎绝迹。

卡罗卢斯－克卢修斯（1605年）声称在马达加斯加见到了丁子香，会结出"榛子大小的果实，被称为'印度丁子香'"，但加西亚·达奥尔塔在1563年已经提到

过这种果实，称它"像丁香一样好闻，但不是丁子香花蕾，也不能用作调味品。"它是另一个物种，没什么商业价值。

荷兰人一直保持着这种垄断，直到1758年，皮埃尔·普瓦夫尔成功地将一些丁子香幼苗带到了波旁岛，不过本土居民并不愿意种植。1770年，当地又出现了一次关于丁子香种植的新尝试，并获得了成功。1773年，丁子香被引进到了卡宴。

19世纪，丁子香被引进到了桑给巴尔岛，当地苏丹强令当地农民进行种植，违者会受到土地充公的处罚。于是，桑给巴尔在一段时间内成为世界上最大的丁香生产国之一，直到1872年，一次飓风灾害摧毁了大部分种植园。

人们可能想知道，当摩鹿加群岛的丁子香种植被人为破坏后，为什么葡萄牙人没有像对待其他大多数香料那样在其他地方尝试恢复种植，毕竟它一直是葡萄牙美食中非常常用的调味品之一。关于这一问题，最普遍的观点是巴西当地的植物中提供了一些相近的替代品：它被称为cravodo-Maranhão或pau-cravo，产自一种名为丁香桂的亚马孙植物。这种树可以长到20米高，它的外皮和花序组织中也富含丁香酚，可以作为锡兰肉桂和丁香的替代品。不过由于1660年以来的过度开发，这种植物如今已消失殆尽。当然，当时出口的"巴西丁香"品质并不如亚洲丁香那么出众。根据葡萄牙海外历史档案馆的资料显示，后者在18世纪时已经作为一种新的植物被带到了巴西。

如今，丁香作为香料使用在全球范围内显得微不足道。它的最重要用途是制造一种特殊香烟——著名的丁香烟。这种香烟1880年发明于爪哇。印度尼西亚的烟民中，十分之九的人都在抽这种烟，全球产量的95％也都被当地人所消费。

学名：*Artocarpus heterophyllus*

桑科

葡萄牙语：Jaqueira, Jaca；西班牙语：Jacquero, Fruta del pobre；

英语：Jacktree

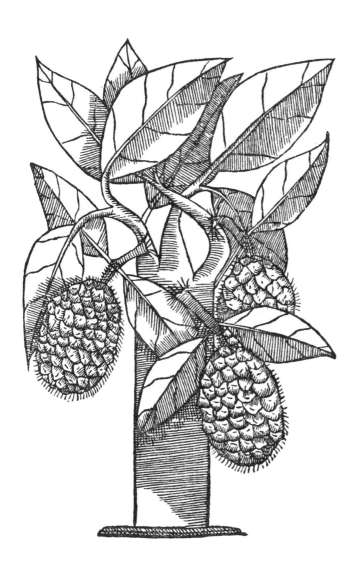

克里斯托旺·达科斯塔，
1578年

范林斯霍滕，1596年

波罗蜜原生于印度，也有人认为它的原产地还包括马来西亚。

这是一种树形中等至高大的植物，枝叶茂密，叶片为深绿色，枝干为漂亮的橙黄色，木质坚硬结实，易加工。如今，这种植物仍然会作为防风屏障被种植在咖啡园或可可园内。

波罗蜜的花开于树干上，果实个头很大，且富含淀粉。它们可能是世界上最大的果实了：大多数的重量都超过10公斤，有些甚至能达到30公斤或更重。波罗蜜的果实是由含有多个种子的子房发育而成。随着果实的生长，由心皮壁发育而成的果肉保持肉质但具有一定硬度，有些品种很容易撕开，味道宜人且具有淡淡果香。用水清洗果肉，将表面黏性胶质清除干净后，便成为一种很受欢迎的水果，有时也可以浸泡在冰水中饮用。种子有毒，但煮熟或烘烤后可食用，不过跟大航海时代相比，现在食用它的人已经很少了。在烹饪时，这些种子会产生一种令人不快的味道，因此在处理过程中需要多次更换烹饪用水。

在很长一段时期，食用波罗蜜的主要都是当地人，但最近，在欧洲市场上也出现了波罗蜜果肉产品。完整的果实在用木棍敲碎后也可用于喂养动物。

波罗蜜的生长非常缓慢，因此有一句谚语说"种植波罗蜜的人永远也看不到它结果"。

在瓦斯科·达伽马的第一次航行中，有人提到："卡利卡特的国王为我们送上了水，还带来了一些像甜瓜一样的水果，这些水果外表粗糙，但果肉甜美。"这里提到的也许就是波罗蜜。

波罗蜜及其名称在欧洲首次出现，是在迪瓦尔泰马1510年的游记故事中。他曾在1503年至1508年间在印度生活："我在卡利卡特发现了一种叫作ciaccara的水果"，这个名字来自于马拉雅拉姆语中的chakka，翻译成葡萄牙语为jaca。安东尼奥·皮加费塔在跟随麦哲伦的旅行中曾提到在菲律宾的宿务见到过这种水果，当时使用的也是类似的名字（chiacare）。后来，他在西里伯斯海（苏拉威西海）的一个岛上又见到了它，这次他借用了它的马来语名字nangka并描述道：

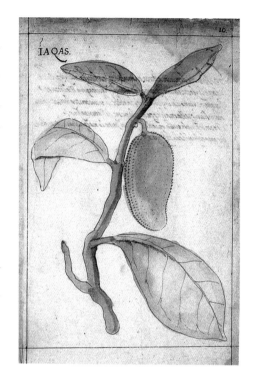

戈迪尼奥·德埃雷迪亚，约1612年

> 这种水果看上去像西瓜一样，但表皮上布满了凸起。里面填满了像杏子一样的小颗红色种子，没有核，而是一种像豆角一样的海绵质，不过更大，也更柔软，尝起来有栗子的味道。

安东尼奥·加尔旺（约1544年）也描绘了它：

这种被称为波罗蜜的树，果实大小与甜瓜差不多；打开后，里面有序地排列着很多'栗子'，这部分是可以食用的；（果肉）有点儿发黏，会黏在手指上；果皮呈革质，厚实而粗糙。由于个头很大，这些果实通常长在树干比较低的位置，这是大自然的选择，因为树枝无法承受它们的重量。

波罗蜜在这一地区的生长由来已久，因为葡萄牙人是"在森林里"发现它们的，而且还有"许多不同的优质品种"。

加西亚·达奥尔塔（1563年）也曾提到过这种在印度已经非常普遍的植物，并指出了其果肉"止泻"的药用价值。

戈迪尼奥·德埃雷迪亚（约1612年）也介绍了它，还附上了一幅插图：

它是印度最高大的树，而且是人工栽种的，它的果实非常美味甘甜：既可作为食物，也可作为药物，因为压榨出来的果汁对发烧发热有明显疗效，还能治疗舌头上火干裂。此外，它的枝干可用于恢复手掌创伤，而树根则可用来治疗肝病。

对于波罗蜜在非洲东海岸的生长状况，葡萄牙人并未提及。

据悉，葡萄牙国王命令印度的总督和州长在"每个季风转换期"将生长在亚洲的可利用植物运回本土以及非洲和巴西，"看看能否将它们引进到我们在巴西的各州，找到最适合种植的地区"（阿尔梅达）。因此，在从东方引进的包括芒果和其他果树在内的各种植物之中，也少不了波罗蜜的种子和幼苗。

塞拉菲姆·莱特曾提到"是耶稣会士将波罗蜜从印度引进到了巴西"。我们无法知道确切的日期，但目前已知的最早参考资料可追溯到1683年，在1月的季风引领下，圣弗朗西斯科·沙维尔号登陆巴西，"船上装了七捆波罗蜜树苗，每捆大约四到六棵。"不过，阿尔梅达认为这一物种的引进时间可能更早，并指出1682年在巴伊亚已经有了十一棵波罗蜜，它的果实在那时被称为"巴伊亚木波罗"。

波罗蜜在巴西生长得非常好，以至于一位植物学家开始认为它就是当地的本土植物，并将它命名为*Artocarpus brasiliense*（字面意思为"巴西波罗蜜"），这个名字在一些出版物中仍然在使用。

在非洲，波罗蜜也同样站稳了脚跟，如今它们在安哥拉或圣多美和普林西比的咖啡种植园中十分常见。根据阿尔马达·内格雷罗斯的说法，它是在1808年被引进到这里的。在佛得角，我们也能在圣安唐岛的海岸地区和一些邻近岛屿上看到一些这种树。

在巴西，波罗蜜茂密生长在里约热内卢的"蒂茹卡森林"中，这些树多种植于1861年到1868年间，当时这些土地还归国家所有，种植它们的最初目的是缓解咖啡和甘蔗减产对城市食品供应的威胁。

波罗蜜是孟加拉国的"国果"，孟加拉国也是它的主要生产国之一。如今，波罗蜜主要种植于东南亚国家，但在非洲（乌干达、喀麦隆、坦桑尼亚、毛里求斯、马达加斯加）、巴西、牙买加和海地也有种植。

普列沃斯，《世纪旅游札记》，1742年

学名：*Diospyros kaki*

柿科

葡萄牙语：Diospireiro；巴西葡语：Caquizeiro, caqui-do-Japão；西班牙语：Caqui；英语：Kaki

卜弥格，《中国植物志》，1656年

柿子是众多柿属植物中的一种，原生于中国，现分布于世界各地。柿子在远东地区已有上千年的种植历史，自身发展进化出了数百个品种。柿子象征着长寿，在当地传统中扮演着重要的角色。

柿子的种植非常容易，因为它能适应从热带到温带的各种不同环境，即使在冬季相对寒冷的地区也能生长。在葡萄牙，柿子种植园主要分布在北方，相对比较分散，但历史都非常悠久。这些种植园主要出产一种酸柿子，在里斯本市场很受欢迎。在食用时，通常要等到果实完全熟透，此时的果肉接近液态，味道则最为浓郁。因此，对于它们的保存要非常精心。不过，一种产自意大利的甜柿子最近对它构成了威胁。葡萄牙酸柿子不得不在青涩的情况下就开始出售，以应对突然激增的需求。

我们一般会食用新鲜的柿子，不过也会将它作为制作果冻或冰淇淋的原料。在亚洲的一些地区，人们更喜欢干柿饼。在制作时，需要先将它们放在热水中浸泡，然后在阳光下晒干或放入干燥器中烘干，在此过程中有时还会在柿子边压一些重物。

耶稣会神父利玛窦曾在1582年到1610年期间在中国逗留，他在1601年的手稿中第一次向西方人提到了这种水果：

> 这里还有另一个物种，葡萄牙人称之为'中国无花果'，这是一种味道甜美、外形美观的水果。葡萄牙人将它称为"无花果"，仅仅是因为它也可以晒成干食用，除此之外没有任何相近之处，它的形状更像是一颗暗红色的大桃子，不过表皮上没有绒毛，里面也没有果核。《利玛窦中国札记》，里昂，1616年，第一卷，第三章）

直到现在，柿子仍然会被制作成扁平的柿饼，以便储存。

至于柿子的命名，出现于1682年的Plaqueminier一词被阿冈昆人借用并演变成piaquimina，代指加拿大的另一种柿属植物。而kaki（1765年）一词是由第一位准确描绘了柿子的植物学家卡尔·彼得·图尔恩伯格从日语中借用过来的。

学名：*Litchi chinensis*

无患子科

荔枝

葡萄牙语：Lichia, Lechia, Uruvaia；西班牙语：Lichi；英语：Lychee

皮埃尔·索纳拉，1782年

卜弥格，《中国植物志》，
1656年

　　荔枝是该属植物中唯一的种类，树形中等，树冠呈圆形，枝叶茂密。果实近球形，大小如樱桃，成串生长，多为粉红色或暗红色。可食用部分为白色假种皮，香甜多汁。

　　荔枝树原生于中国南方，种植历史已有两千多年。目前能找到最古老的参考资料，可以追溯到公元前111年，根据官方记载，当时的皇帝下令在御花园内种植了16棵荔枝树。在18世纪时，它被传播到了尼泊尔、缅甸、孟加拉国、印度、越南和泰国等周边地区。在西方，对荔枝这种植物最早的描述，出自波兰的耶稣会士卜弥格所著的《中国植物志》（1656年）中，并附有一张插图，他指出，这种水果在发酵后还可以用来制作"荔枝酒"。根据中国的传统，人们还会用荔枝干为饮料和菜肴增香。皮埃尔·索纳拉在结束了印度和中国之行（1774—1781年）回来后，给出了更完整的描述，赋予了它正式的学名。

在同一时期，皮埃尔·普瓦夫尔和约瑟夫·弗朗索瓦·沙尔庞捷·德科希尼将它引进到了波旁群岛（留尼汪岛）和毛里求斯。随后它又被从这些岛屿带到了马达加斯加，并在那里找到了适宜生长的良好气候条件。

1810年，荔枝被引进到了巴西的里约热内卢植物园，但当地直到20世纪70年代末才开始对其商业价值进行开发。此外，它也被引进到了科摩罗、菲律宾、印度尼西亚、中国台湾地区、新喀里多尼亚和澳大利亚（1853年）、美国的佛罗里达州和莫桑比克（1870年）、夏威夷（1873年）、美国加利福尼亚州（1893年）、巴勒斯坦（约1935年）、加那利群岛和西班牙南部（约1975年），近些年又被引进到了大多数热带国家。

正式中文名：杧果

学名：*Mangifera indica*

漆树科

葡萄牙语：Manga；巴西葡语：Mango, Manga, Mangueira；西班
牙语及英语：Mango

芒
果

克里斯托旺·达科斯塔，
1578年

芒果树的原生地区为印度南部和马来西亚，可能还包括缅甸。皮奥·科雷亚则将它的产地归到了南圻（如今越南的一部分）。

芒果树在亚洲东南部为人们所知和种植的历史由来已久，而芒果更是被视为"热带水果之王"。此外，由于树形高大美观（特别是开花时节），果实丰硕，芒果树在比绍或马普托等许多热带城市被用来装饰街道。它还是巴西贝伦（帕拉州）的一大特色，因此这里也被称为"芒果之城"：

> 在街巷、广场和大道两侧都种植着很多芒果树，形成了名副其实的植物隧道，缓解了热带地区的夏季酷暑所带来的不适。（卡瓦尔坎特）

在安东尼奥·加尔旺对摩鹿加群岛的描写（约1544年）中，也可以看到这样的描述：

> 这种水果鲜美多汁，但果核很大。当地人称之为mangas，它们的果实可以用来制酒，味道还不错。

葡萄牙人在印度发现了芒果树。加西亚·达奥尔塔（1563年）认识到了它在当地的重要性，并用了很大篇幅对芒果树及其果实进行了描述，当然也没忘记它的药用价值："除了美妙无比的滋味，它还有更棒的功效。"此外，他还补充道：

> 我想说的是，在霍尔木兹，芒果上市的季节和葡萄、无花果以及质量上乘的石榴、桃子和杏子相同。但只要市场上有芒果，人们就不会买其他水果。那些买不起的人除外。

他指出："将芒果核用火烤后食用，有助于治疗腹泻；我尝过它，味道有些像栓皮栎的橡子。至于芒果核里的仁，据说在它没成熟之前能够杀死虫子，这应该是真的，因为这些仁的味道很苦。"

戈迪尼奥·德埃雷迪亚在其1612年的手稿中也称：芒果树是最高大的树木，而它的果实是最美味的水果。此外，他还进一步介绍了它的药用疗效：

> 它还能用于治疗霍乱和痢疾；将芒果叶磨碎，加入两盎司水，服用八天便可治愈这些疾病。将芒果花在炭灰下烤熟，然后加入少许水进行研磨，连续服用三个早上可以治愈结肠炎。

芒果树的树形普遍十分高大，其花序环生于树冠顶端。果实为形状大小各异的核果；一般为卵形，略扁平，颜色从绿色到深红色不尽相同。外果皮较厚，中果皮含有香甜多汁的纤维状果肉，内果皮为木质，覆盖有纤维，有些品种的内果皮纤维能延伸到中果皮中。

在一些西班牙语国家，mango一词用于形容果肉中含有大量纤维的芒果，而manga一词则用于形容果肉中纤维含量少的芒果。用于出口的主要是后者，不过两种果实在当地都很受欢迎。在芒果的主要生产国中，人们总说"当芒果成熟时，甚至连狗都不会饿肚子"。

一些迹象表明，在葡萄牙人到来之前，芒果树就已经出现在了非洲东海岸。鉴于印度洋两岸贸易往来频繁，再加上芒果的品质出众，这样的局面不足为奇。阿拉伯人在10世纪时就引进了它，但它在这里却似乎并没有发展起来。

事实上，在瓦斯科·达伽马的第一次航行中，并没有提到在这片海岸见过芒果树，这也让我们想起了其他被引进到非洲的植物，比如橙树和椰子树等。令人好奇的是，当时正值1月份，航海家沿着非洲东海岸航行至赤道以南地区，而对于这一地区来说，这段时间恰恰是芒果的丰收季节。后来，耶稣会士安东尼奥·戈麦斯在讲述其1648年的莫诺莫塔帕（现今的津巴布韦和莫桑比克南部）之旅时，

MANGVEYRA.

戈迪尼奥·德埃雷迪亚，《印度植被概览》，约1612年

介绍了当时引进芒果树（或者至少是试图引进它）的情形：

> 我们带上了一棵芒果树和它的一些果实；在这次为期10到12天的航行中，有一天早上，这棵树长出了新的叶子，看来它很喜欢这里春天的气候。

在亚洲，早在14世纪，包括茹尔丹·德塞维拉克（约1328年）、马黎诺里（约1349年）和尼科洛·达·康提（1439年）在内的多位欧洲旅行家都曾提到过芒果。不过它的葡萄牙语名字（来自泰米尔语的mang-gay或mang-kay）仅在1510年出现在迪瓦尔泰马的一段描述之中：

> "我们在这里（卡利卡特）还找到了另一种叫作amba的水果，它出自一种被称为manga的植物。（……）在8月时，它看上去和我们那里的一种坚果很像，而且具有相同的形状。果实成熟时会变成黄色，并带有光泽，中间会有一枚像干杏仁一样的果核。这种水果比大马士革李（杏）要好吃得多。它也可以像橄榄一样被制成罐头，不过明显要好过橄榄。"（2004年版，第164页）

葡萄牙人很早就意识到了芒果树在东方的重要性，所以从一开始就对它特别上心。他们一直努力进行品种的改良和优化，尤其是在果阿，因为这里的生态条件十分适宜芒果种植。因此，"果阿芒果"很早就在国际上获得了盛誉，至今不衰。在市场上，我们依然能够买到产自该地区的许多芒果品种，它们仍然在沿用以前的名称（fernandina，salgada，malcorada，ferrão，bispo，bemcorada，alfonso等）。在费尔南多·多雷戈最近的一项研究中，仅在果阿一个地区就列举出了106种不同的芒果树。

目前还无法确定葡萄牙人在何时将芒果树移植到了美洲。不过，有资料显示，印度总督弗朗西斯科·德塔沃拉在1683年1月的季风季节，将芒果树搬运上圣弗朗

卜弥格，《中国植物志》，1656年

西斯科·沙维尔号，从果阿运往巴西，"一共有七捆芒果树苗，每捆有四到五棵"。此外，还有资料显示，在1690年时"芒果树（在当地）长势良好"；罗沙·皮塔在1730年写到，在巴西有"大量来自亚洲的高品质芒果，人们用它来制作一种很棒的果酱"；等等。

皮奥·科雷亚认为芒果树是在1700年左右被引进到伊塔马拉卡岛（伯南布哥）的，并于五十年后从那里被带到了安的列斯群岛。库克船长在1768年途经里约热内卢时也提到了它。但大多数研究者都认为芒果树被从巴西引进到中美洲的时间为18世纪中叶。这其中应该有西班牙人的贡献，他们可以经由阿卡普尔科将菲律宾的芒果树带到这里。不过直到19世纪，这些芒果树才出现在墨西哥和美国的佛罗里达州。

葡萄牙人在19世纪时积极参与并推动了芒果的工业化进程。1821年至1826年间，他们在果阿地区的默德冈建立了印度的第一家凤梨和芒果罐头厂。一直以来，印度人也会用青芒果来制作佐餐的酸辣酱。

1874年，在里斯本，痴迷于自然科学并建造了辛特拉植物园的国王费尔南多二世在内塞西达迪什宫的花园里露天种植了一些芒果树，其中一些从1875年起就开始结果了。

最近，人们在马德拉岛和阿尔加维岛上尝试种植了一些更耐低温的芒果品种，也取得了一定的收效。

学名：*Myristica fragrans*

肉豆蔻科

葡萄牙语：Moscadeira, Noz-muscada；西班牙语：Muscade；

英语：Nutmeg

克里斯托旺·达科斯塔，
1578年

魏曼，1742年

肉豆蔻是一种树形中等的植物，其果实的假种皮和果仁长期以来被认为是两种最昂贵且稀有的东方香料。

成熟的肉豆蔻果实为黄色的梨形或球形核果，会从顶部裂开两瓣，然后向下翻转，使种子掉落到地面上。中果皮富含果汁，可用于制作果冻和其他甜点。

卡罗卢斯-克卢修斯很大程度上采用了加西亚·达奥尔塔（1563年）的说法，同时补充到，"在它的果肉里加入糖，可用于脑部、子宫和神经系统疾病"。

种子从果实中分离出来时，几乎完全被肉质且带有光泽的假种皮所覆盖，外形轮廓极不规则，并呈紫红色——就像克里斯托旺·达科斯塔（1578年）形容的那样，"红彤彤的，煞是好看"。在种子被晾干后，外表的假种皮很容易被剥离并用作一种很出名的香料，葡萄牙人将其称为flor-da-noz-muscada（肉豆蔻之花）。每棵肉豆蔻每年可以产出高达100千克的果仁和10千克的假种皮。

肉豆蔻及其假种皮在地中海地区闻名已久。人们在埃及石棺中发现了一些肉豆蔻仁，这说明这种香料在制作木乃伊的过程中也有应用。

在占领马六甲之后（1511年），阿方索·德·阿尔布克尔克立即派出了一支船队，去寻找那些生长着丁子香（摩鹿加群岛）和肉豆蔻（班达群岛）的群岛。安东尼奥·德阿布雷乌于1512年抵达了班达群岛，这确保了几十年来葡萄牙人对这种香料的控制。

由于缺乏人手和资金支持，葡萄牙人无法一直保有这样一个庞大而令人垂涎的帝国。他们不得不在荷兰人面前放弃垄断地位，后者成为新的掌控者。随后，英国人又发动了"肉豆蔻战争"，这在吉尔斯·密尔顿的作品中描述得很清楚。

克里斯托旺·达科斯塔（1578年）认为人们在锡兰发现了肉豆蔻，但加西亚·达奥尔塔（1563年）断言："肉豆蔻只产自班达群岛，虽然在摩鹿加群岛也有这种植物，但却不会结果，锡兰岛的情况应该也是如此。"

当植物学家克里斯托弗·史密斯代表英国东印度公司将第一批肉豆蔻树苗带到安的列斯群岛时，荷兰人的垄断被

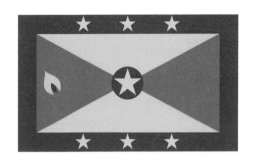

格林纳达岛的旗帜，上边有一个象征肉豆蔻的图案

科林，1602年

打破了。根据已知的资料，1772年，皮埃尔·普瓦夫尔将其带到了毛里求斯和法属圭亚那；1843年，英国人又将其带到了圣文森特岛和格林纳达。在巴西，索萨·科蒂尼奥在1797年表示，肉豆蔻在这里掀起了一阵"新的种植风潮"。因此，葡萄牙人并不是将肉豆蔻引进美洲大陆的先驱者。

虽然圣多美岛的生态条件非常适宜肉豆蔻生长，但这种香料植物在当地的发展前景却并不明朗。必须要面对的问题是：在安哥拉的"咖啡林"中生长着一种名为独味香的植物，其种子散发出非常浓郁的香气，至今为止一直在当地被广泛用作肉豆蔻的替代品。在安的列斯群岛，人们将其称为牙买加肉豆蔻或卡拉巴什肉豆蔻。

全球肉豆蔻及其假种皮的总产量每年基本维持在两万吨左右。在格林纳达，肉豆蔻已经成为这个国家的象征，在国旗上都能找到它的元素，因此，这里在19世纪一直都是世界上最大的肉豆蔻生产国。直到1986年，它也仍然保持着继印度尼西亚之后的第二大生产国的地位。2003年，飓风肆虐，使当地肉豆蔻种植遭受了极大打击。如今，它的产量停滞在了全球第九的位置上。

学名：*Piper nigrum*

胡椒科

葡萄牙语：Pimenta, Pimenta-verdadeira, Pimenta redonda；巴西葡语：Pimenta-do-reino；西班牙语：Pimienta；英语：Pepper

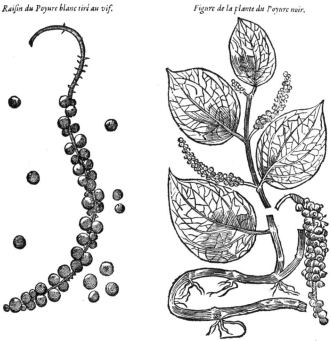

Raisin du Poyure blanc tiré au vif. *Figure de la plante du Poyure noir.*

克里斯托旺·达科斯塔，
1602年

在"胡椒"这个统称之下有好几种不同的香料，它们大都属于胡椒属的植物。这其中最重要的种类是胡椒，这得益于它的内在品质、分布范围、贸易量及其用途。

胡椒是一种攀缘植物，原产于高止山脉和印度洋之间

收获胡椒

《马可·波罗回忆录》，
约1410年

的马拉巴尔低海拔地区，这里气温高，降雨量大。其攀缘茎的节点处会生长出一些气生根，使其能够附在木桩、水泥柱等固定支柱或还在生长的树木枝干上。果实为一种小型核果，成串生长，成熟时会变成红色。晾干后便是我们所说的"黑胡椒"。将成熟的果实浸入水中即可去除外边的果肉，而它的内果皮和种子则构成了我们熟知的"白胡椒"。不过奇怪的是，加西亚·达奥尔塔（1563年）认为这是两种胡椒：一种为黑色，另一种为白色，这一观点也被克里斯托旺·达科斯塔和卡罗卢斯－克卢修斯所沿用。但生活在埃塞俄比亚的弗朗西斯科·阿尔瓦雷斯（1540年）就没有犯这个错误。

在很久以前，胡椒就已经为地中海沿岸以及欧洲大陆地区的人们所熟知。它在整个地中海沿岸地区都很受欢迎，常用于调味菜肴、治疗病患和肉类防腐。它能够很好地掩盖所有动物产品在短时间内散发出的难闻味道。有人甚至会大量保存胡椒并作为财产传给自己的继承人。

公元410年，罗马被围困，西哥特人要求以胡椒和黄金作为和解的贡品。在当时，人们可以用小袋胡椒购买各种商品，所谓"用货币支付"，即"用香料支付"；此外，当时还流传着"像胡椒一样昂贵"的表达法（与葡萄牙人惯用的"像火一样昂贵"相似）。不过，胡椒的重要性还达不到黄金的分量，这样的误解源自于对老普林尼的描述的曲解。他曾写过："生姜和胡椒也

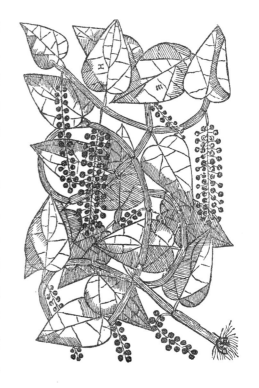

克里斯托旺·达科斯塔，1578年

按重量出售，就像金银一样。"（《博物志》，第12卷）并不是"能够卖到金银一样的价钱"。

胡椒在中世纪时期的相对稀缺及其昂贵的价格，是葡萄牙开辟印度航线的最初商业动机。瓦斯科·达伽马发现在印度生长着大量的胡椒，掌管着卡利卡特地区的萨穆德里在写给国王曼努埃尔一世的信中证实："在我所在的国度种着很多胡椒"。

当时，胡椒的种植在亚洲已经非常普及，印度尼西亚甚至已经开始将其出口到其他地方。瓦斯科·达伽马从印度带回来了少量胡椒。第一批大量的胡椒于1501年跟随佩德罗·阿尔瓦雷斯·卡布拉尔的船舰抵达了里斯本。在1500年4月22日

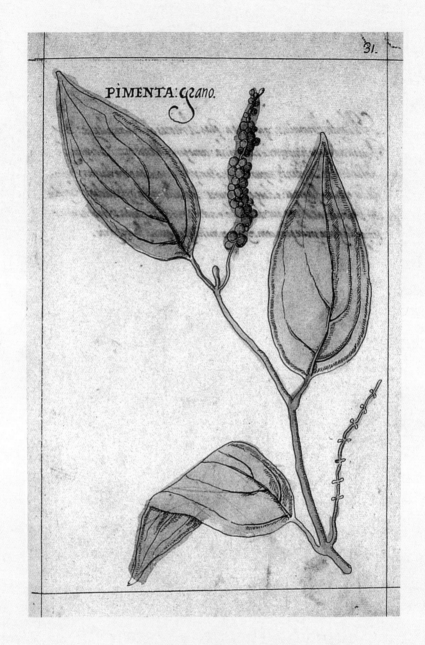

戈迪尼奥·德埃雷迪亚，约1612年

发现巴西之后，他在回程途中抵达了印度并带回了这些香料。此后，葡萄牙首都每年都会收到大批的胡椒。这笔交易始终被皇家国库所垄断。然而，就像我们经常在书中看到的那样，葡萄牙人也并没有切断与阿拉伯地区的传统贸易往来。路易斯·菲利佩·托马斯证实，在16世纪中期欧洲所消费的三分之一的胡椒来自好望角，三分之二则经由中东线路运回。

所有迹象都表明，胡椒和其他香料一同在16世纪初被带到了巴西。但正如我们在前言中所解释的那样，后来人们又尝试再一次引进它们，以便在帕拉州建立长期的东方胡椒种植园。诸多资料显示，在17世纪80年代，人们将装满胡椒树的箱子从果阿运往巴伊亚。巴西成为亚洲以外唯一的胡椒生产大国。在1978年至1982年以及1990年至1991年间，它甚至在胡椒市场占有控制地位的四国中跃居首位，其他三国还包括印度尼西亚、印度和马来西亚（自1997年以来，越南取代了马来西亚的地位，并从2004年开始占据了最大生产国的位置）。

下面在介绍几种产自东方的其他胡椒属植物：

1 荜拔

学名：*Piper longum*

这种植物原产于尼泊尔和印度北部，适于生长在更凉爽的地区，但在包括低海拔热带地区在内的炎热气候下也同样长势良好。这种植物也从很早之前就通过中东运到了欧洲，并在当地颇有市场。

2 蒌叶

学名：*Piper betle*

蒌叶是一种在亚洲热带地区分布广泛的植物。人们会将它的叶片与盐和槟榔混在一起后咀嚼食用。这种植物对东南亚人民的意义，就如同烟草对西方人一样重要。

它具有强烈的香气和辛辣刺激的味道，可药用，也可做香料，但切勿与产自非洲西海岸的"椒蔻"混淆。

4　醉椒木

学名：*Piper methysticum*

醉椒木为一种灌木状植物，生长在某些太平洋岛屿上。将它的根浸渍在水中，经发酵后制成饮品，适量饮用有强身滋补的功效，但高剂量则会引起中毒，十分危险。塔希提人称之为kava-kava（卡瓦卡瓦）。

蒌叶，朗弗安斯，1741年

3　荜澄茄

学名：*Piper cubeba*

这种植物生长于爪哇、婆罗洲和苏门答腊地区，其果实与胡椒相仿，但花梗更长，所以也被称为"长尾胡椒"。

5　长柄胡椒

学名：*Piper sylvaticum*

长柄胡椒产于印度，在当地被用于药典之中。

荜澄茄　德库尔蒂，1828年

《奋进号植物图鉴》，1771年

学名：*Rheum* spp.

蓼科

葡萄牙语及西班牙语：Ruibarbo；英语：Rhubarb

大黄

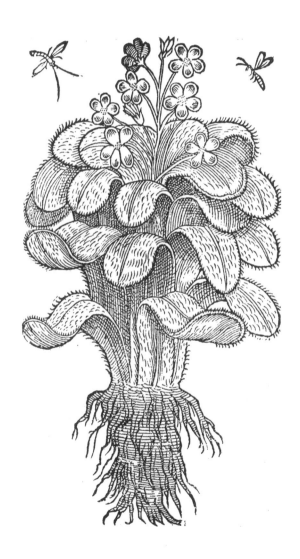

加西亚·达奥尔塔，
1602年

"大黄"这个名字是多种大黄属植物的名称，其共同特点为叶片大而丛生，且都源自中国，不过其中一些种类从古代开始就为地中海沿岸的人们所熟知。

药用大黄作为中国药典中的一种重要植物，在14世纪左右被引进到欧洲，并成为许多药物的原料成分之一，这其中就包括收敛剂和催泄剂，它们与解毒剂和健胃剂一样，均属于大航海时代所有船长都要求船上必备的药品。1519年，麦哲伦曾带回了"一罐15盎司（430克）的大黄"。

自13世纪以来，所有去过亚洲的旅行家都因其药用价值而对大黄颇为关注。据马可·波罗（约1300年）记载，中国苏州地区的山中生长着"大量优质的大黄，商人们争相购买，并将其运往世界各地"。

在印度果阿，加西亚·达奥尔塔在他的《印度香药谈》（1563年）的第48篇中提到了它：

多年前在印度，我在科钦的宝库中看到了一个来自中国的箱子，里面装满了大黄，不过全都腐烂了，上边布满了灰尘。在科钦，有人告诉我说，中国人会将它的根放入水中煮或蒸馏，然后作为泻药服用；不过，虽然很多人都这么告诉我，但我依然很难相信，因为没有人是亲眼见到的；我们所能确定的是，所有从霍尔木兹运到印度的大黄，都是从中国经由乌兹别克（属于鞑靼的一个地区）运过来的。

一些人称，这些大黄是从中国经由陆路来到这里的；而另外一些人说，他们在乌兹别克一个名叫撒马尔罕的市镇见到过大黄，但质量都并不好。在波斯，人们使用它来为马催泄，这是我在巴拉加特（位于中央邦的南部）时亲眼所见……

广州港本身并不出产大黄。这种植物都生长在内陆地区，然后被带到广州售卖，它们主要是在中国境内买卖，也会有一些被运到印度；但这些商品在海上经常遭到严重的损坏，以至于人们都不愿意购买和使用，还是从霍尔木兹运

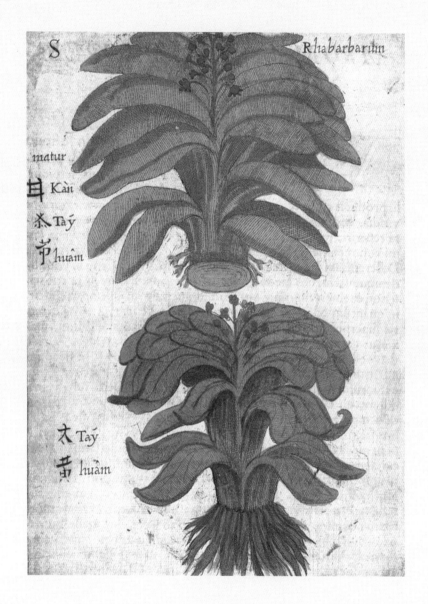

卜弥格，《中国植物志》，1656年

过来的品质更好些。（2004年版，第542—543页）

他补充说，在印度或柏柏里见到的所有大黄都来自中国，因为中国是唯一生产大黄的国家。随后，他还解释了为什么在塞维利亚看到的大黄看上去比里斯本的更好：

> 这些大黄被运到波斯或乌兹别克之后，有些会通过亚历山大线路经由威尼斯运往西班牙；而更多的则会通过阿勒颇线路经由黎波里和叙利亚运送到目的地；这些线路大多是通过陆路运输，极少走海路，因此不会对大黄造成太大的损坏。我必须要说的是，一个月的海路运输远比一年的陆路运输对这些药材的损害更大。（同上，第544页）

直到18世纪，野生大黄、种植大黄及其杂交品种才被视为食用植物，不过只有它的长叶柄可食用，而富含草酸的叶子是有毒的。现在，人们主要用它来制作果酱和馅饼。

学名：*Oryza sativa*

禾本科

葡萄牙语及西班牙语：Arroz；英语：Rice

勒尼奥，1774年

我们对于稻属植物中的许多种类都不陌生，因为它们长期以来都是人类食物的重要组成部分。该属植物原生于印度北部；在整个东南亚地区已有数千年的种植历史，如今几乎在世界各地均有分布。

水稻也被称为"中国大米""白米"和"东方大米"，同属的其他成员在全球很多地方也都是（或曾是）一种很重要的主食。即便人们将水稻引进到了各地，但由于当地品种往往都具有丰富的营养，因此仍然会被广泛种植。

随着亚历山大大帝的东征，水稻来到了西方。它曾经在一些地中海地区被大量种植，尤其是在1475年前后的意大利波河两岸，但由于疟疾的严重侵袭，当地很快就放弃甚至禁止了水稻种植，因为作为这种疾病传播媒介的蚊子，能够在被水覆盖的稻田中大量滋生。

一些人认为，水稻在凯尔特人和古伊比利亚人时期就传入了伊比利亚半岛，它来自黑海和里海之间的地区，这里的人们从很早之前就开始种植水稻为生了。而其他人则认为，它是在穆斯林占领期间由柏柏尔人引进到这里的。无论如何，最早提及水稻在葡萄牙出现的文献可以追溯到国王迪尼斯当政的时期（1279年至1325年）。

在非洲，瓦伦廷·费尔南德斯（约1506年）多次提到过，几内亚海岸的稻米"每年会播种和收获两次"，在佛得角的圣地亚哥，"我们发现了像几内亚一样的大米和小米"，这说明在那个时代这种非洲稻米在当地已经广泛种植。在某些年份，产量"甚至超过了当地的消费量"。在这些作物中，肯定有光释稻（*Oryza glaberrima*），这种作物如今仍在几内亚海岸种植和收获，并深受当地人的喜爱。

在非洲西部，稻米在当地居民饮食中所占的比例差异很大。例如，在曼丁语国家中，几内亚比绍"很少食用稻米"，而在其他地方，人们对稻田十分看重，"人们在田里种植大米和小米，并像呵护自家花园一样悉心"。

在非洲东部，当地居民在欧洲人到来之前就认识并食用水稻。这些作物显然来自亚洲。弗雷·若昂·多斯桑托斯（1609年）写道："这里有很多山药、番薯、凤梨、甜瓜、南瓜、黄瓜、大米、

凯茨比，1754年

小米和许多其他蔬菜。"值得注意的是，来自新大陆的番薯和凤梨已经在这里得以广泛种植。目前尚不确定东方的水稻是否在15世纪葡萄牙人到来之前就已经被传播到了非洲西海岸。

在东方，葡萄牙人从16世纪初开始注意到了在印度群岛种植的稻米，它们"被种植在山坡上，人们除了清理地面、用长矛挖开土壤、播种和收获外，不需要再做任何其他事情。它们既不需要保护，也不需要灌溉和照看"（《论摩鹿加群岛》，约1544年）。作者可能看到的是在刚刚开垦的田地上种植的稻米，在雨水的涵养下，这些田地看上去还很肥沃。不过我们都清楚，这些田地很快就会流失水分并肥力枯竭，必须要人工灌溉和施肥，虽然技术并不复杂，但必须持续维护。应该是这种特别的种植方式引起了葡萄牙人的注意，因为在大航海时代，葡萄牙已经开始种植稻米了，只不过是在水田之中。

在旱季温度不低的热带地区，稻米仍然经常种植在非水田中。在几内亚比绍，人们采用的是arroz-delala，即旱地种植；这与arroz-de-bolanha（在海水或淡水田里种植）截然不同。在安哥拉，稻米主要被种植在高原地区。采用这种栽种方式出产的稻米约占全球总产量的四分之一。

在东方，除了在河岸两侧的冲积平原之外，人们还会在山腰上开垦梯田来种植水稻。在这里，水流在重力作用下从上到下注入每一块田地里。有人认为，这些梯田有些已经存在了几千年，建造之初应该是用于种植山药、芋头一类作物的，在当时这些作物是人们的基础食物。但随着时间的推移，当地人的基础食物变成了稻米，它们的营养价值更高，也更易保存，能够在全年时间内为人们提供口粮。于是，这些梯田就用于水稻种植了。

在美洲，我们猜测当地人在欧洲人到来之前所食用的稻米应该是一种野生稻。

18世纪末，亚历山大·罗德里格斯·费雷拉在对巴西中部进行科学考察期间，在帕拉州的沼泽地区发现了大量的野生稻，他将其命名为arroz vermelho（红稻米）。

在此之前，冈达沃（1576年）也提到过它在巴西的生长情况，并指出在它生长的地方"也出产大量的牛奶、奶牛、蚕豆和各种豆类、山药、番薯和其他蔬菜"。但并没有提及是哪一种稻米，也没有提到它的种植环境是在旱田还是水田，但看起来应该指的是美洲的本土品种。

而苏亚雷斯·德索萨（1587年）则指出，"在巴伊亚，稻米生长得比其他任何地方都更好，因为它被播种在沼泽地或旱地里……这里的稻米像瓦伦西亚的一样饱满和漂亮，种下一粒种子，便能获得60倍的收成。"他还明确指出这种稻米来自"佛得角的稻种"。

不过，如果这些稻米在抵达巴西之前经过了佛得角，我们就无法确定它们到底是来自葡萄牙还是东方。

学名：*Colocasia esculenta*

天南星科

葡 萄 牙 语：Taro, Inhame-coco, Inhame-dos-Açores； 西班牙语：
Malanga；英语：Taro

科隆纳,《鲜为人知的东
方世界植物图说》, 第二
卷, 1616年

　　芋头的原产地可能是位于缅甸和巴布亚新几内亚之间的东南亚地区，不过早
在大航海时代之前就应该已经传到了非洲大陆，因为在15世纪时，葡萄牙航海家
们似乎就在几内亚海岸发现了它们的身影（参见第180页）。芋头曾经是南亚和东

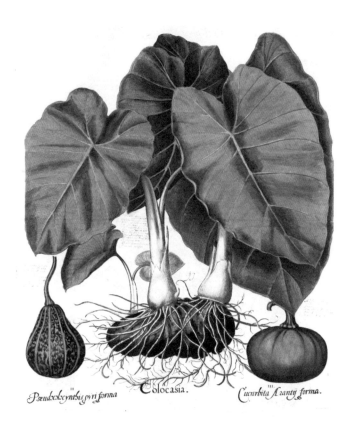

芋头、药西瓜和南瓜
巴西利乌斯·贝斯勒，
《艾希斯特的花园》，
1613年

Pseudocolocyntus pyri forma.　　Colocasia.　　Cucurbita Aranty forma.

南亚的基本作物之一。taro一词源于塔希提语，在法属圭亚那和安的列斯群岛被称为colocase、chou de Chine、madère或dachine，在留尼汪被称为arouille violette或songe pâté。正如前文所说，人们认为现在用于水稻种植的梯田最初可能是用于种植这些喜水植物的。

　　在16世纪引进了番薯之后，很多地区对芋头（和薯蓣）就渐渐失去了兴趣。

　　然而，即使到了今天，它们仍然是非洲和亚洲消费最多的食物之一。不过，以它们为生的人们不得不忍受因天气、收成甚至自然灾害所致的供给强烈震荡。

　　还有一类芋产自亚马孙地区，被称为千年芋，在19世纪末被引进到了非洲，并在那里广泛种植。

学名：*Camellia sinensis*

山茶科

葡萄牙语：Planta-do-chá, chazeiro, chá；西班牙语：Té；英语：Tea

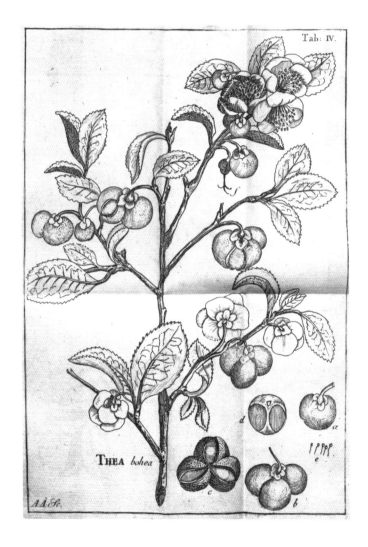

林奈，《学术评论》，第
七卷，1769年

早年间的研究者们认为茶树的原产地在中国云南和印度阿萨姆之间的山地地区。但根据桥本近期的研究结果，它的产地应该更为广阔，范围覆盖了中国、日本、缅甸、印度和其他一些东方国度。

在东方，茶树种植的历史由来已久，但茶园出现在其他大洲的土地上不过是一个多世纪之前的事情，而且多为大型出口贸易公司所建。

茶与某些东方民族的日常生活息息相关，尤其是中国人和日本人。它已经成为他们文化的一部分。

将茶的花蕾和叶片经过一系列或简或繁的处理工艺之后用沸水冲泡，便制成了一款广受欢迎的饮品。至于茶的制作工艺，有些已趋于工业化生产，但也有些仍保持着传统手工工艺，在家族内代代传承。

在16世纪之前，葡萄牙人和其他欧洲人一样，只是在旅行家们的游记中依稀知道这种饮料的存在，但对于其具体的形态却并不清楚，只有中国人对该植物及其种植最有发言权。

1513年，在若热·阿尔瓦雷斯的帮助下，葡萄牙人才第一次直接接触到茶叶，当时他们还在中国沿海开展非正式贸易。1517年，对与中国的贸易前景很感兴趣的曼努埃尔一世向中国派出了一位使臣，但惨遭拒绝。1522年，中国对葡萄牙船只关闭了港口。直到1557年，葡萄牙人占据了澳门之后，两国的官方贸易才得以开展，澳门也成为中国领土上第一座欧洲贸易仓库。

与中国和日本（被发现于1543年）的贸易往来，使这些国家的大量商品自1560年起运抵里斯本，这其中就包括茶叶。葡萄牙王室成为最先品尝到这种在亚洲具有重要文化意义的新商品的欧洲人。茶饮料在这里大受欢迎，并逐渐流行开来，这一切远在荷兰人和英国人将其带回欧洲之前。

最初的葡萄牙文献中将茶叶称为"草"，至于其来自何种植物则不得而知。耶稣会士路易斯·德阿尔梅达一直在东方，特别是日本传教，他在1565年写给欧洲上级的一封信中提到了茶。弗雷·加斯帕尔·达克鲁兹在他的《论中国》（1570年）中

也详细介绍了它，而利玛窦神父在1601年的手稿中还描述了茶叶在中国和日本的饮用方法。16世纪的其他记录者，如费尔南·门德斯·平托和路易斯·弗洛伊斯神父也都谈到了这种植物，不过他们的手稿直到后来才得以出版。

17世纪初，曾于1577年至1610年间在日本传教并担任耶稣会士翻译的若昂·罗德里格斯神父最先在其《日本教会史》的手稿中指出，这种饮料的原料来自一种灌木，和前人的想象并不相同。作者将茶叶归为药用植物之列，这种"助消化的"饮料能够"提神，醒酒，缓解偏头痛、胃痛、背痛、关节疼痛、发烧和郁结于胸等症状"。在这本书

中，若昂·罗德里格斯最先详细描述了茶道。另一位耶稣会士阿尔瓦罗·塞梅多则在1642年出版的一本著作中最早向西方详细描述了这种植物。

1638年，俄罗斯使臣斯塔尔科夫在访问大莫卧儿王朝后带回了茶叶，并敬献给沙皇米哈伊尔·罗曼诺夫即米哈伊尔一世。

1580年到1640年期间，葡萄牙被西班牙吞并，使其在东方的势力深受震动。荷兰舰队在远东地区抢占了许多原属于葡萄牙的地盘，还建立了一些新的商行。是他们将茶带到了欧洲其他地方并使其广泛传播。

在现代词汇中，我们还能发现一些线索。在福建省南部的厦门的港口，"茶"字在厦门和台湾（1540年，被葡萄牙人称为福尔摩沙）地区所说的闽南话中被念成té。早在1604年，荷兰人就占领了台湾海峡的澎湖列岛。1624年，他们被中国驱逐，但经中国允许后在台湾建造了一座堡垒，并在那里一直居住到1668年。在此期间，他们通过澎湖列岛或台湾与海峡另一端的厦门的大型商业港口开展贸易往来。应该就是在这里，他们借用了当地的发音（té）来命名这种植物，这其中也许还受到了在中间代为翻译沟通的马来商人的影响。

在占据澳门（1557年）之前，葡萄牙人就已经和广州地区有贸易往来，在那里通用的普通话和粤语中，茶被称为chá。1543年，他们在日本也发现了同一种植物，在当地也被称为cha。在葡萄牙语中也一直还保留着chá这个单词，类似的情况也出现在俄语（chay）、捷克和斯洛伐克语、阿拉伯语（chaï）、波斯语、印地语和土耳其语中。如果说是葡萄牙人最先将茶叶带回了欧洲，那么荷兰人则大规模开展茶叶贸易、并将té这个词及其变体普及到了大多数欧洲语言之中。值得注意的是，在西班牙语中，茶的名字也是té，这表明葡萄牙王室中流行的表达并没有影响到其邻国。在欧洲，只有波兰语中的herbata和立陶宛语中的arbata还是参考对茶叶的最初描述——"草"来命名的。

在1640年恢复独立后，葡萄牙国王若昂四世的女儿卡塔里娜·布拉甘萨于1662年与英国国王查理二世联姻，她只将雨伞、木瓜饼和苦橙果酱带到了英国。有人称是她将茶叶引进到英国的，这是个错误：当地人已经知道了这种饮料，只不过贵族们并没有饮用它而已。当然，她确实使英国王室接受了葡萄牙宫廷饮用下午茶并使用中国瓷杯的习惯，这一做法随后赢得了社会上层人士的广泛追捧。

不过，和许多新产品一样，被当地接纳并不总是一帆风顺的。就茶叶而言，其他饮料的生产商（尤其是英国的啤酒商）就曾大肆宣扬它对健康有害，企图限制它的传播。尽管如此，茶叶还是很快就甩掉了最初的药用饮品形象，被推广到了欧洲所有国家。

荷兰人和英国人成了主要的茶商。它们还为此建造了专门由快速帆船组成的船队，在文学作品及航海史上都留下了大量的足迹。

东方国家一直保守着茶树种植和茶叶采摘处理工艺的秘密。很长一段时间，西方都以为有两种不同的茶：一种是绿茶，另一种是红茶。现在，我们知道这两种茶产品都来自同一种植物。

关于茶树被引进到欧洲的问题，最可靠的路径是通过植物园的培育。林奈应该是第一个获得茶树幼苗的人，正如他自己在1763年写给住在葡萄牙的意大利教授多梅尼科·万代利的一封信中所说："我收到了中国的茶树，这肯定是这种植物第一次出现在一座植物园里。"

随后，林奈将茶树从乌普萨拉送到了欧洲各地的花园中。1791年在里斯本负责皇家花园的万代利又将树种传到了巴西，并努力使其适应葡萄牙的生态环境。他做了各种各样的尝试，尤其是在葡萄牙北部，但没什么进展。

不过，在1868年至1872年间，杜罗河谷的葡萄园内的葡萄因白粉病和根瘤蚜遭到破坏后，人们以茶树取代了葡萄的种植。在1797年至1799年期间造访葡萄牙的植物学家林克称"在欧洲，最适合种植茶树的地区毫无疑问是葡萄牙的北部省份"。而许多专家仍然认为，伊比利亚半岛西北部为茶树种植提供了非常有利的条件，并对这些地区没有从中获益感到可惜。

有趣的是，费尔南多二世（即萨克森－科堡的斐迪南），在其妻玛丽亚二世女王去世后，来到辛特拉佩纳宫的封地颐养天年，并从世界各地网罗各种植物栽种于此。据证实，他在这里建造了一座种有两百棵茶树的小型种植园，至少在1890年至1895年之间生产出了一种"品质上乘且香气宜人"的茶叶。直到今天，在佩纳公园的十四区一个名为Alto do chá的地方，还能看到许多当时种植的茶树分散在山毛榉、柏树和其他树木的树丛之中。此外，在林间的空地上也还有一些茶树。尽管这片土地不是很好，也很久没人打理，但有些茶树仍显得生机盎然。

勒尼奥，1774年

欧洲其他国家也曾尝试过种植茶树，尤其是法国和意大利，但均未取得成功。法国人将茶树引进到了安的列斯群岛，英国人也将它引进到了加利福尼亚，但它并未在这些地方站稳脚跟。

在巴西，所有资料都显示，这里的茶树种植始于若昂六世时期：当时，因拿破仑军队入侵，葡萄牙宫廷于1807年至1821年期间辗转到巴西避难。虽然可以确定万代利曾经从里斯本寄来了一些种子，但从资料中却只找到了1812年由澳门议事局官员拉斐尔·博塔多·德阿尔梅达直接从中国寄来的一批茶树幼苗："国王在里约收到了一大批茶树，一同来到巴西的还有四位负责种植茶树和教授采茶制茶技术的中国人。"中国皇帝赠送的茶树幼苗被种植在了里约热内卢的罗德里戈·弗雷塔斯潟湖岸旁和当地的植物园里。

此外，皮奥·科雷亚认为茶树在1812年被引进到巴西，应该归功于路易斯·德阿布雷乌，他曾被法国人囚禁在毛里求斯岛并从那里带出了一些茶种。若昂六世对于该植物及其种植产生了浓厚的兴趣，最终命人从中国引进了一批。上述三个假设并非完全互相排斥。

无论如何，1838年，圣保罗的郊区已经有了茶园；而在1878年的维也纳国际展览会上，也出现了产自巴西的茶叶，其品质仅仅排在中国茶叶和日本茶叶之后，受到了广泛认可。

亚速尔群岛是当今欧洲唯一的茶叶产地，这里拥有两家公司：最古老的茶园名为Gorreana，这里的茶树种植在火山土上，所出产的绿茶因比其他热带地区所产茶叶的香气更加出众而闻名，另一家公司名为Porto Formoso，近些年才恢复茶树种植和茶叶生产。

最初提及这些茶树的文献可以追溯到18世纪初，亚速尔群岛总督阿尔马达伯爵在一封信中提及，他"应摄政王若昂六世的要求，将两箱茶树苗"连同所收集到的制作工艺信息从特塞拉岛的英雄港运往里斯本。该群岛位于印度航线的返程途中，所以很可能是葡萄牙船只从东方将第一批茶树苗引进到了这里。

这里随后引进的茶树应该都来自巴西或葡萄牙本土。这些茶树很好地适应了群岛上多雨的气候和温和的冬季，但并没有引起当地人的种植兴趣。19世纪上半叶，由于当地橘园的树木老化严重，又遭遇了各种病虫害侵袭，柑橘和橙子产量急剧下降，这才使茶树迎来了发展的机会。1843年，圣米格尔岛的一位农民创建了一家公司，自发筹集资金发展茶树种植来替代橙树。由于对于这些植物并不了解，这些茶树在一开始就遇到了"瓶颈"。随后，两位了解茶叶种植和制茶技术的中国人于1878年3月5日从澳门来到了圣米格尔岛。

1898年，该岛产茶5.5吨。十年之后，当地茶叶出口达到了约40吨。1935年，出口量又增加了一倍。十年后，在Gorreana和Vale Formoso两大产茶中心的努力下，这一数字超过了120吨。到20世纪60年代末，这里的茶叶产量达到300吨，种植园占地300公顷。随后茶叶种植在当地开始走下坡路；如今，它的产量又略有恢复（2012年的产量为136吨）。

现在，茶是世界上除了饮用水之外被消费最多的饮料，消费量领先于咖啡。

咖啡树枝头的鹦哥

皮埃尔·贝尔纳，路易·库阿亚克，《植物园》，1842年

起源于非洲的植物

————

PLANTES D'AFRIQUE

俗名：小果咖啡、阿拉比卡咖啡

学名：*Coffea arabica*

茜草科

葡萄牙语：Cafeeiro-arábica, Cafeseiro；西班牙语：Cafeto arabica；

英语：Coffee arabica

Tab.32

Jasminum Arabicum, Castaneæ folio, flore albo, odoratissimo, cuius
fructus Caffe in Officinis dicuntur Boerh. Ind. Plant. 2. 217. n. 10

蒂利，1723年

咖啡属包含了很多种植物，全部都原产于热带非洲的大陆地区及东部沿海的一些岛屿上。其中少数种类的种子可用于制作我们所熟知的咖啡饮品，而其他则主要用于改善和优化同类植物的品种。

罗布斯塔种咖啡近期开始被人们所熟知和利用；自从速溶咖啡问世和"咖啡提取物"投入生产，这一品种的应用就越来越广泛。"罗布斯塔种"实际上是对于那些外部特征极其相似、种子质量及生长环境也很接近的众多咖啡品种的统称。

在本书中，我们不会重复讲述小粒咖啡的历史，因为这段历史足够丰富多彩又太过漫长，很多书籍早有介绍，我们只会针对该物种在大航海时代的发展做一些必要补充。小粒咖啡从非洲东海岸被带到了阿拉伯半岛，然后被传播到了亚洲南部和美洲大陆，又穿越海洋来到非洲西海岸地区，这是一段漫长的旅程。

小粒咖啡并非全都来自卡法地区，但它的名字却可能起源于此。它最初是生长在阿比西尼亚（现埃塞俄比亚）山区及其周边生态环境相似地区的一种森林植物。这些地区虽也地处热带，但由于海拔高和降雨频繁，所以温度相对较低。一些人认为它原生于苏丹博马高地上海拔1370米至1830米之间的区域。

有些人认为，当地人在公元前535年就开始利用这种植物了。而其他人则认为，阿比西尼亚的加拉人从远古时代就开始将咖啡作为食物和饮料，不过这些饮食最初是使用整颗果实制作的，至今仍有一些阿拉伯部落保持着这样的做法。

关于咖啡及其叶片、果实和种子等的提神特性是如何被发现的，流传着各种各样的传说。最著名的要属负责看守山羊（也有版本认为是骆驼）的牧人卡尔迪惊讶地发现他的家畜们在吃了周围一种灌木的叶子之后整夜都反常地处于兴奋状态，而这种植物就是咖啡树。

当时，有些人会将咖啡果中的种子扔掉，然后利用其果皮来制作饮料。还有些人会将带果肉的果皮晾干，并加到一种啤酒中，使啤酒中弥漫其香甜气息。在这个时期，其果皮的价值高于种子。

后来，人们发现咖啡的种子在经过焙烤后能散发出浓郁的香气，便开始只使用这些种子。1559年，阿格－阿拉－卡达尔写到，当时有一种叫作kawa的饮料，是用咖啡的果皮或焙烤磨碎后的种子制作的。

据记载，埃塞俄比亚人在沙漠中行进时，为了抵抗疲劳和饥饿，常常将磨碎的咖啡果实与油脂混合在一起，制作一种熟的咖啡球，然后装在皮质的袋子里，作为他们唯一的食物。每一颗咖啡球都如一颗台球般大小，这是他们一天的口粮。

位于红海另一端的阿拉伯人很早就通过两岸商贸往来认识了咖啡。他们很喜欢这种植物，并将其引进到了阿拉伯福地，这里生态条件良好，适宜其生长。阿拉伯地区在很长的时间内一直为欧洲供应咖啡，以至于其中某些咖啡品种后来以其出口港"摩卡"的名字命名。

在确保符合伊斯兰教法律或公共秩序之后，阿拉伯人接受了咖啡作为饮料。在此期间经历了反复而大量的讨论，甚至麦加地区还对其采取过临时禁令。关于这些事件有很多不同的描述，最有意思的是安托万·加朗在1699年出版的《咖啡的起源和发展》中提到的故事。

咖啡的使用方式首先从阿拉伯地区传到了埃及和土耳其，然后又传到了欧洲并在这里获得了众人皆知的成功。

16世纪，咖啡树被引进到了波斯和印度（极有可能）。但奇怪的是，当时经常出入这些地区的葡萄牙人在他们的著作中都从未提及它们，这一点值得注意。

若昂·多斯桑托斯在其《东埃塞俄比亚和东方非凡之物的各种故事》（1609年）中没有提到它，巴尔塔萨·费利什神父在编纂1540年以来在当地搜集到的传教士资料时也没有提到。直到1663年，马诺埃尔·戈迪尼奥神父在描述他的一次印度之旅时提到了咖啡，并指出这是一种值得关注的重要作物。

在印度，相传咖啡是17世纪时由朝圣者巴巴布丹从麦加带回来的。这些种子被播种在位于班加罗尔和芒格洛尔山间的奇克马加卢尔地区的村庄，1840年之后，这里成为印度次大陆咖啡种植的中心。

从17世纪初开始，荷兰人取代了葡萄牙人，接管了东部的海上航线，并将咖啡种植引进到了荷属东印度（即今天的印度尼西亚）。不过这方面的资料有些仍存在疑问。简而言之，一位荷兰总督曾试图在巴达维亚种植咖啡，但没有成功。1690年，荷兰东印度公司的经理用从也门购买的种子进行了尝试，依然没有进展，他们一度认为是阿拉伯人将煮熟的种子卖给了他们。不过，必须说明的是，在失去果肉保护后，这些种子只需要暴露在阳光下几个小时就会迅速丧失发芽能力。

1699年，亨德里克·茨瓦尔丹容从种植着大量咖啡的马拉巴尔将其引进到了爪哇岛，在那里荷兰人终于看到了咖啡的蓬勃发展。随后，这些咖啡树又被推广到了邻近的岛屿上，但直到1800年左右才出现在东帝汶地区。

荷兰殖民者很快就发展起了种植园，并将出口目标锁定在了直到那时仍几乎完全依赖于阿拉伯地区的欧洲市场。从1719年开始，这里的出口量已变得相当可观。

荷属东印度将他们的咖啡树幼苗送到了阿姆斯特丹皇家植物园。这些咖啡树被种植在温室中，长势很好，并结出了大量果实。所采集的种子随后又被送到了欧洲的其他植物园中。

阿姆斯特丹方面将皇家植物园里的一棵咖啡树送给了法国国王，巴黎皇家花园的主任安托万·德朱西厄负责照顾它，并在1713年发表了《论咖啡树》，受到同时代人的推崇。德朱西厄还为其命名为 *Jasminum arabicum*（意为"阿拉伯茉莉花"），这个名字既突出了咖啡所散发出的茉莉花般的微妙香气，也表明了最初将它推广于众的是阿拉伯人。

在植物园中积累了一定咖啡种植经验后，荷兰人和法国人将咖啡引进到了各自的美洲殖民地。1716年，应摄政王奥尔良公爵的要求，医生米歇尔·伊桑贝尔将咖啡带到了安的列斯群岛。不过德朱西厄提供的咖啡树还没结出果实就死了。1718年，咖啡树幼苗被引进到了波旁岛。1723年，它又被推广到了马提尼克岛，到了1730年，这里的咖啡已经开始出口了。

1718年左右，荷兰人从阿姆斯特丹

将咖啡种子运到了苏里南，在这里，咖啡树生长得非常好。后来，当地总督将种子卖给了法国殖民地。尽管荷兰当局为报复其船只被禁止在法国控制的港口区域进行贸易，曾明令禁止将这些植物运离荷兰领土，但这名总督试图通过这种姿态来寻求化解矛盾，改变邻国的态度。据说，这些咖啡种子中只有一颗得以生根发芽，但对于发展种植来说，这已经足够了。

因此，是荷兰人和法国人将咖啡引进到了新大陆。值得注意的是，美洲地区的所有咖啡树（帝比卡种）很可能都源自同一棵咖啡树，因此整个美洲大陆上最早的种植园分布也都相对均衡。

咖啡从圭亚那被引进到巴西的帕拉州和马拉尼昂州，并很快被推广到整个亚马孙地区。目前所掌握的资料中所述并非完全一致，但大多数人都将这归功于弗朗西斯科·梅洛·帕列塔，他早在1727年就以解决边境争端为借口，在外交出访的过程中从卡宴带回了一些种子或幼苗。这些种子或幼苗是否是他在参观种植园时顺手牵羊得来的？法国总督夫人多尔维利耶夫人在其中扮演了什么

样的角色？他是否因为改善了两国关系而收到了五棵咖啡树幼苗作为答谢？关于这件事演绎出了各种不同版本，但大多都有些传奇色彩。流传最广的版本是梅洛·帕列塔在总督家里喝了一杯咖啡，遗憾地表示在自己的国家无法享用这种美味的饮料。出于同情，多尔维利耶夫人，当着她丈夫的面（或在背地里）从衣服口袋里掏出一把种子塞给了他。而根据其他版本，这些幼苗和种子只是简单的赠予。

抵达贝伦后，这些种子或幼苗被送到了州政府，并在当地广泛开展种植。很快，一个名为阿戈什蒂纽·多明格斯的人对此产生了兴趣，并将其引进到了马拉尼昂州。

1732年10月8日，在咖啡树被引进到巴西近五年之后，皇家下令让帕拉州和马拉尼昂州的州长若阿金·塞拉大力发展咖啡和肉桂的种植，这是当时能带来最大利润的两种植物。1748年，帕拉州的管辖范围内已种植了超过17 000棵咖啡树，种植得到了迅速推广。

在塞阿拉州，咖啡种植始于穆罗洛卡山，这里选择的咖啡种子来自巴

里约热内卢附近的咖啡
收获场景
鲁根达斯，1835年

黎。然而，巴西北部的生态条件普遍不利于咖啡生长，因此这里的种植发展也并未达到预期。咖啡树生长需要更凉爽的环境，这也解释了其种植区域不断南移的原因。在地方当局的推动下，咖啡在1760年或1764年被引进到了里约热内卢。

总督拉夫拉迪奥侯爵发现了发展咖啡种植的巨大利润，便向当地农民提供咖啡种子，命令他们进行种植。因为此前已经将大量精力投入到甘蔗种植之中，农民们拒绝了总督的命令并扔掉了种子。总督勃然大怒，将他们统统囚禁起来了一段时间，然后再次分发新的种子，命他们无论是否愿意都必须种植。

里约主教D. 若泽·若阿金·茹斯蒂尼亚诺·马什卡雷尼亚什对咖啡种植也很感兴趣。于是在自己的酒庄里搭建了一个专门种植咖啡的温室，并为想要参与种植的人提供幼苗。在里约热内卢的郊区，蒂茹卡种植园一直非常出名。直到1861年，当地政府认为大量种植咖啡和甘蔗威胁到了城市饮用水的供应，将这些土地收归国有，这座种植园就这么消失了。

咖啡大约在1780年左右被引进到了巴伊亚州，不过具体日期无法确认。随后，它又被引进到了圣保罗州。从1870年开始，咖啡种植在当地变得尤为重要，还因此创建了多条通往海岸线的交通运输线路，特别是铁路。

这个气温比热带地区更温和舒适的州，成为巴西最大的咖啡生产中心，种植区域一直扩展到戈亚斯州和巴拉那州，这一地区被称为"红三角"。咖啡被种植在未开垦的肥沃土地上，一旦土壤中的养分枯竭便会被放弃，转而在新的适宜土地上进行种植。幸运的是，如今的咖啡种植已经不用再频繁更换土地，不过需要使用大量的化肥。

在佛得角，1790年，人们利用在安的列斯群岛培育出的种子将咖啡树引进到了圣尼古劳岛上。随后，在1833年至1834年前后，时任总督试图借助税收优惠（低税收）和其他强制措施（拔除葡萄藤）在最利于农业发展的圣安唐岛开展咖啡种植。但当时，当地的甘蔗种植发展速度惊人，产量也极高。通过强制手段引进咖啡树这一做法并不受欢迎。在当地农民连续几年抵制之后，咖啡种植渐渐因土地质量退化和产量低而被放弃。1927年，咖啡绿蚧的出现又给了那些残存下来的咖啡树致命一击。

尽管如此，咖啡树还是遍布了整个群岛。但位于福古火山东北部的中海拔地区，生态条件最利于咖啡种植，而且这里也没有其他更有利可图的作物对它构成威胁。如今，除了布拉瓦、圣安唐和圣地亚哥等少数小气候区之外，只有莫什泰鲁什地区还保留了佛得角最后的一些咖啡种植地。

小粒咖啡是由总督若昂·巴普蒂斯塔·达席尔瓦从巴西引进到圣多美和普林西比群岛的，官方认定的日期为1800年。然而，根据现存于里斯本海外历史档案

葡萄牙的咖啡专业用语插图　约1890年

馆的资料，这个日期应该还要早上几年。在1787年上任后，这位新总督发现了群岛经济衰退的问题，并希望恢复农业生产。他鼓励当地重新种植已被放弃的肉桂，并在两个岛屿上引进了咖啡。在一篇1789年5月5日的回忆录中，他表示"已经收到了几箱他命人在巴西种下的咖啡树苗"。咖啡在当地发展得非常好，不仅成为投资者们眼中非常有利可图的活动，还从19世纪前十年开始成为群岛上几乎独一无二的出口产品。

不过到了18世纪末，它就失去了原有的地位，不仅要与可可树分享当地的种植空间，而且仅被种植在那些可可树无法存活的地区。

安哥拉拥有多种不同的罗布斯塔咖啡，这种咖啡自然生长在广阔的热带非洲地区。很久以前，内陆人民就已经认识到了它的价值，并用它与海岸地区交换鱼干和食盐。在第一次世界大战后，人们对速溶咖啡的需求增加，安哥拉才真正开始种植这些咖啡树。至于小粒咖啡的种植园，则是由来自坦噶尼喀的德国殖民者创建开发的，他们定居在甘达高原上，这里的气候条件非常适宜种植这一品种。直到最近，小粒咖啡的种植才被引进到北部拥有类似环境条件的其他地区。

该国在种植罗布斯塔咖啡树方面有着得天独厚的优势，这些咖啡品种生长在更为炎热的地区，也更耐旱。这里也曾经是世界上第一或第二大此类咖啡的出口国，只有科特迪瓦能对其构成威胁。但在1975年至2002年期间爆发的内战，使位于高原地区的种植园遭到损毁，至今仍未恢复元气。在20世纪60和70年代的殖民战争期间，安哥拉每年出产约21万吨罗布斯塔咖啡。2002年，产量曾下降到3000吨，随后在2014年又回升到12 600吨，这仅仅是20世纪70年代之前年产量的5％。随着大量投资的注入，安哥拉希望其咖啡年产量能在21世纪中期恢复到6万吨。

罗布斯塔咖啡约占全球咖啡总产量的35％。主要生产国是越南（近期才攀升到这个位置）和巴西（1908年就引进了该品种咖啡种植），而印度尼西亚紧随其后，这三个国家出产的该品种咖啡占到了全球总产量的四分之三左右。

正式中文名：咖啡黄葵

学名：*Abelmoschus esculentus*

锦葵科

葡萄牙语：Quiabo, Gombo；西班牙语：Quingombó；英语：Okra

Alcea Æ gyptia.

卡罗卢斯－克卢修斯，
1601年

秋葵

　　秋葵是一种一年生植物，通常生长在废弃的农田中。因此，这种植物几乎都是自然生长的，只在极少数地区被人工种植在干燥的土地上。它的绿色果实形似辣椒。种子被包裹在黏液状的果肉中，几乎无味，但在烹饪过程中会产生浓厚的酱汁。

德库尔蒂，1827年

秋葵在干燥的热带地区非常受当地人喜爱，但在炎热多雨的地区却难以生长。

从古代开始，这种植物就生长在埃及、地中海沿岸和亚洲地区。对于它的原生地，目前还无法确定到底是在亚洲还是非洲。前一种假设的推断依据是，在东南亚地区生长有与其极为相近的物种；至于后一种假设的出现，则是因为在非洲西部发现了大量相关的植物。虽然仍有疑问，但我们姑且将其放在了"起源于非洲的植物"这一部分。

不管怎样，葡萄牙人在印度见到过这种植物，它在那里被称为bhindi。在安哥拉，使用基孔果语的部族将它称为ki-ngombo。随后，它跟随这个地区的黑人奴隶一起被运到了安的列斯群岛和巴西，又收获了gombo和quiabo两个名字。经证实，它在1658年就已经出现在了在巴西。

在圣多美和普林西比，它是一种被称为卡鲁鲁或卡里鲁的浓汤的必备原料。此外，这道浓汤的原料还包括各种香料、至少十种其他当地植物的叶子以及棕榈油。

然后，人们会在汤中再加入鱼肉、禽肉或其他肉类，便可以就着米饭、大蕉或煮熟的木薯来食用了。当地人称，只有最年长的妇女才知道如何制作出一道上好的卡鲁鲁浓汤。

这种浓汤很易于消化。在巴西，我们发现了一道几乎相同的菜，也被称为这个名字。这证实了圣多美和新大陆之间在奴隶制时期就建立了联系。

在安哥拉，有一种被称为姆安巴的类似酱汁，它是用别的植物制作而成的，但秋葵和棕榈油仍然是必要原料。姆安巴鸡是在当地颇受欢迎的一道菜肴，如今在许多葡萄牙餐馆里也还能品尝到。

这种蔬菜除了食用之外也还有其他用途。在一些地方，人们会将它的种子浸泡在水中制成一种特别的药剂，供分娩后的女性服用；在很长一段时间内，它的黏液也被赋予了各种药用价值；如今，在制作光面纸和糖果时也经常会使用到它。

学名：*Punica granatum*

石榴科

葡萄牙语：Romeira, Romãseira, Romeira-de-granada；西班牙语：

Granadero；英语：Cartaginian apple, Pomegranate

石榴

肖默东，1830年

石榴的起源仍然存在争议。根据最近的研究，它原生于位于非洲之角与索马里之间海域的索科特拉岛，是由一种被称为原石榴（*Punica protopunica*）的特有野生物种演化而来。原石榴是本属植物中除石榴之外的唯一物种，而且在世界其他任何地方都找不到。

石榴从远古时期就出现在了中东、地中海沿岸和亚洲地区。《圣经》中也曾经提到过它。腓尼基人在迦太基种植了这种植物，因此它最初被普林尼称为malum punicum，即"布匿苹果"。它的果实也被称为malum granatum，即"千籽果"，在意大利被称为melograno或granato，在法国被称为grenade，在西班牙被叫作granado，但在葡萄牙却被称为romã，它源自阿拉伯语中的rumman一词，意为"罗马（苹果）"，这是一个很有趣的案例。它的法语名字（grenade）与格拉纳达市（在西班牙语中为Granada，由阿拉伯语的Gharnâta衍生而来）没有任何关系。值得注意的是，让·尼科在他的词典（1606年）中将这种果实称为migraine，即mille graines（千颗籽）的缩写。

石榴一直与旧大陆的各种传说、象征和神话有着紧密的关系，使其成为古代文献中雕塑和绘画作品里出现次数最多的水果之一。

因为能够适应大多数的温带或热带气候，石榴和柑橘类水果一样，成为西班牙人最常在南美殖民地种植的果树之一，葡萄牙人则将它们栽种到作为航线中转站的岛屿和港口之上。虽然无花果干和香蕉干都具有很高的能量，也便于在船上保存，但船员们仍需要在每次中转逗留时补充些新鲜水果，来治疗或预防坏血病。石榴还有另一个非常有用的特性：它的干果皮能够长时间保存；用它泡水服用，能够治疗当时很难治愈的痢疾。

加布里埃尔·苏亚雷斯·德索萨（1587年）表示，在巴西：

> 人们将石榴树的细枝栽种在地里，两年后便能结出果实：树木并不算高大，但一年四季都能结果，它的树叶也从不会全部掉光；果实的滋味和大小都

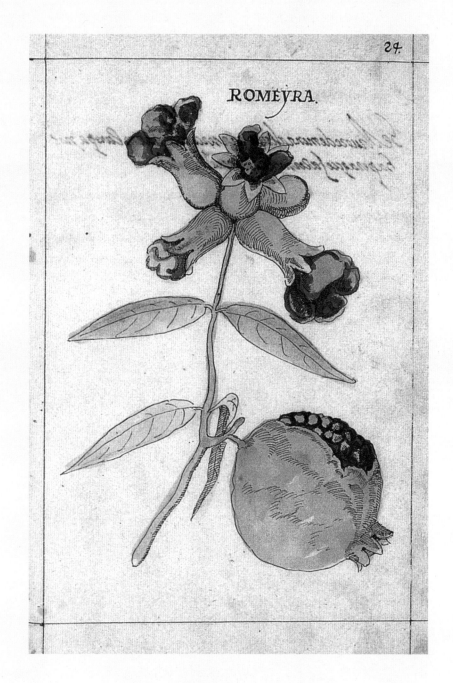

戈迪尼奥·德埃雷迪亚，《印度植被概览》，约1612年

很美妙，但它从来不会获得丰收，因为很多树木总会遭到蚂蚁的侵袭和破坏，有些果实还未成形就已经掉落。

如今，石榴在所有大洲均有种植。

参薯

德库尔蒂，1829年

我们将这个章节放在"起源于非洲的植物"部分，其实并不算严谨，因为"薯蓣"这个名字是很多物种的统称，这其中包括了薯蓣属、芋属、海芋属、千年芋属和番薯属，这些物种的地理起源非常多样，很容易混淆。

瓦伦廷·费尔南德斯（约1506年）解释了"薯蓣属"的非洲薯蓣和"芋属、海芋属和千年芋属"的芋头及其他假薯蓣之间的区别：前者的根块像胡萝卜，但更为粗大；而后者则长有"像洋葱一样的球茎，叶片的形状和大小如同盾牌"。

费尔南德斯还注意到，在圣多美"生长着大量的"薯蓣，但他补充说，这里的居民"还会食用另一种像薯蓣一样的根块，当地人称之为coco；这种草本植物像海芋一样，有一片长长的叶子"。通过上述描写，我们认为它可能是香芋，一种原生于亚洲，但在很久以前就已经遍布整个非洲的芋头，在克里奥尔语中被称为micongo，也有人将它称为"圣多美马塔巴拉""假薯蓣"或"马德拉薯蓣"等（参见第148页）。

有些薯蓣似乎确实原生于非洲。杜阿尔特·帕谢科·佩雷拉（约1508年）提到这些植物生长在非洲西海岸，被当地居民当作食物，但情况很快变得更加复杂了。在一段记录者不详的关于圣多美之行的描述（约1541年）中曾提到当地黑人会种植"山药根"，这是他们的主食，但他又把它与美洲的番薯（显然已经被引进到了当地）搞混了，所以才又说"伊斯帕尼奥拉岛的印第安人将这些根块称为番薯，而圣多美的黑人则称之为'山药'，并当作主要食物来种植。"此外，他还观察到了其他同样被称为"薯蓣"的植物，比如他提到了inhame-chicoreiro，这也许就是瓦伦廷·费尔南德斯所说的"被称为coco的草本植物"，当然还有属于薯蓣属的一些蔓生"番薯"，比如"贝宁番薯""刚果番薯"或"黄番薯"等，这些可能都属于不同的物种，它们被"来自几内亚、贝宁和刚果的"奴隶们从非洲海岸地区带到了这里。这些奴隶当时被运到海岸地区为殖民者"耕种和制糖"，而这些"番薯"则是他们的食物。

到访过非洲东部沿海地区的弗朗西斯科·阿尔瓦雷斯神父（1540年）和弗

雷·若昂·多斯桑托斯（1609年）经常提到"薯蓣"，显然它们在这里很常见，但他们不知道这些到底是根块还是块茎。在巴西的情况也是如此，佩罗·瓦斯·德卡米尼亚和阿尔瓦雷斯·卡布拉尔也都提到过"薯蓣"，但也无法确定他们看到的是什么类型的块状结构。

为了能让这个章节的内容更有条理，我们尝试着对薯蓣属植物进行了分类，这其中包含了生长在不同生态系统中的诸多物种。

其中不少物种的地表部分或地下部分会产生毒素，这主要是因为其含有薯蓣碱所致。因此在选择可食用薯蓣种类时，必须要非常小心。

几内亚薯蓣（*Dioscorea rotundata*）、卡宴薯蓣（*Dioscorea cayenensis*）、黄独（*Dioscorea bubifera*）和苦薯蓣（*Dioscorea dumentarum*）生长在非洲西部地区。

甜薯（*Dioscorea esculenta*）和薯蓣（*Dioscorea opposta*）则原生于南亚地区。

参薯（*Dioscorea alata*）是这一类植物中最重要的物种。它被发现于东方，在非洲东海岸地区和马达加斯加都已为当地人所知，葡萄牙人将它们带到

了船上，因为这些食物能够长时间保持新鲜。他们很早就将其带到了圣多美和巴西，然后又从圣多美辗转到了非洲大陆沿岸。

在美洲，殖民者对这些大个的块状根茎很感兴趣，并将其推广到了整个热带美洲，在不同生态条件下培育出了很多品种。如今，加勒比地区最著名、种植最广的品种被称为"白色里斯本"。在一段描绘圣多美之行的文献资料（约1541年）中，向里斯本运糖的货船会在这里将该品种作为食物补给。

三裂叶薯蓣（*Dioscorea trifida*）原生于南美洲北部，在加勒比地区也有种植。如果克里斯托旺·达科斯塔在描述马拉尼昂的植物（约1642年）时的配图准确，这有可能就是被他称为cará的物种："这里有三个品种：一种是紫色的，其他两种是白色的，有些和小孩脑袋一样大，也有些个头很小，无论是烤或煮都很好吃，比葡萄牙的梨更好；当地原住民很了解这些植物的种植方法，他们会将其切成小块，每一块都能生出五到六条根。"

巴西因奴隶贸易与非洲建立了大

Cará
克里斯托旺·达科斯塔，
约1627年

量联系，人们在这里也找到了很多原生于非洲或亚洲的薯蓣或假薯蓣，它们与当地的薯蓣和番薯生长在一起。专门用了一个章节描绘"在巴伊亚种植的外国水果"的加布里埃尔·苏亚雷斯·德索萨（1587年）解释道：

> 这些薯蓣从佛得角群岛和圣多美岛被运到巴伊亚州，并很快被种到了田地里。它们的长势让在这里劳作的几内亚黑人很是惊讶：这是他们最常吃的食物，但这里的薯蓣的根块很大，每个人只能背得了一块；而本地的印第安人却看不上这些外来品种，因为被他们称为carazes的本土薯蓣更加美味。

非洲薯蓣是伴随着奴隶一同被引进到这里的，以便这些黑人能吃到熟悉而日常的传统食物，从而更好地维持这些"工作机器"的运转。

俗名：天堂椒、非洲豆蔻

学名：*Aframomum melegueta*

姜科

葡萄牙语：Grão-do-paraíso, malegueta；英语：Alligator Pepper

Tab 206.

Amomum Granum paradisi. *Paradiskörner.*

菲茨，1806年

椒蔻，也被称为"天堂的种子"，原产于非洲西海岸地区，早在15世纪航海兴盛之前就已经被销售到了欧洲。虽然经常被称为malaguette，但它与生长在美洲的马拉盖塔椒毫无关系。

椒蔻最早出现在1214年的特雷维索。1245年，人们又在里昂市场见到了它。它先后被引进到了法国南部的多个城市，这其中就包括1340年左右的蒙彼利埃和尼姆。在葡萄牙，它在国王迪尼斯当政时期（1279年至1325年）就已经为人们所熟知了。在1385年荷兰多德雷赫特的关税清单上，它也位列其中。它的价格仅为胡椒的三分之一，是一种利润丰厚的替代品。这种香料原产于黑非洲，通过不断的贸易往来，最终经由阿拉伯人的大篷车运送到地中海港口。

在1460年航海家亨利去世之前，葡萄牙人在非洲西海岸发现了它。在1455年去往塞内加尔的旅行途中，卡达莫斯托在收集与瓦丹（位于东部的大篷车中心，"从阿尔金湾要骑六天骆驼才能到达"）相关的信息时第一次提到了它：

> 他们是伊斯兰教徒，是基督徒的凶狠敌人；他们从不在任何地方定居，而是在沙漠中游荡。他们时常会去黑非洲，但也会到我们在巴巴里的领土上逗留。他们人数众多，也有许多骆驼，能够将巴巴里的铜、银和其他商品运往通布图和我们前边提到过的那些黑非洲国家，也会把那些土地上的金子和椒蔻带到我们这里。

大约在1460年，迪奥戈·戈梅斯最先从几内亚比绍的热巴河口带回了一些当地原住民送给他的椒蔻。在马丁·贝海姆的地球仪（1492年）上也标注了"冈比亚王国，这里种植有椒蔻"。

参与了圣多美之行（约1541年）的一位姓名不详的船员提到，在贝宁和几内亚的海岸地区"有一种名为椒蔻的香料，它的种子很像意大利小米，但味道像胡椒一样刺激"。多内利亚（1625年）观察到在塞拉利昂到几内亚湾一带种植着大量的椒蔻，便将这里命名为Costa da Malagueta（椒蔻海岸）。在很长一段时间里，人们在地图上都能找到这个名字。

这位船员补充说，当印度香料的贸易受到影响时，国王便禁止了这些非洲香料的引进。实际上，他无法接受在欧洲市场价格相当昂贵的东方香料出现贬值，"毕竟这些香料的引进倾注了很多人的努力和希望"。杜阿尔特·帕谢科·佩雷拉（约1508年）最先提到了这样的事实：在当时，非洲香料（尤其是椒蔻）的引进"不得与每年从卡利卡特运来的大量胡椒形成竞争或令其贬值"。

此外，加西亚·达奥尔塔（1563年）在书中的对话中提到，胡椒与椒蔻相比有一大优势：

> 鲁阿诺：在欧洲，人们为什么会那么喜欢胡椒，但却很少吃椒蔻呢？我觉得椒蔻的味道更好，而且和鱼肉更配。达奥尔塔：这个问题我已经与德国和法国的商人讨论过，他们告诉我说椒蔻不适于在烹调过程中使用，而只能用来生吃或给已做熟的菜肴提味儿，所以人们吃得不多。

这款含有微妙香气的香料，如今只有在调料专卖店里才能买得到。最主要的出口国是加纳。

学名：*Elaeis guineensis*

棕榈科

葡萄牙语：Palmeira-dendém, Palmeira-do-azeite；巴西葡语：Dendezeiro；西班牙语：Palmeira de aceite；英语：Palm oil tree

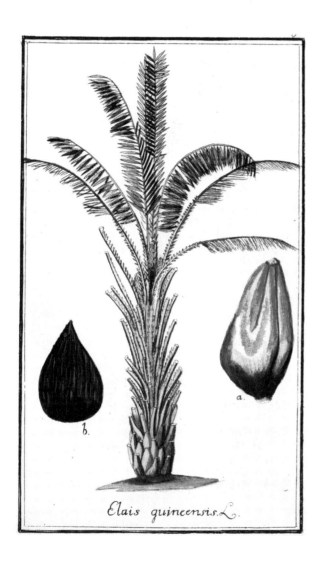

Elais guineensis.L.

措恩，1745年

德库尔蒂，1828年

毫无疑问，这是一种具有重要经济价值的西非植物。如果生长条件良好，油棕会是每公顷产油量最高的植物。

它的原生地覆盖了从塞内加尔圣路易南部到安哥拉本格拉省南部大栋贝之间的巨大范围，这种棕榈生长在一片宽阔的海岸地带，一直可以延伸到非洲大陆内部的刚果盆地边缘。

作为一种对于温度和水分需求很高的热带植物，它通常被种植在这些地区的大型河流两岸或其他易于灌溉的地区。（在旱季较长的地方，它则很难生长和结果。）这是一种长有不分枝的粗壮直立茎干的棕榈树，叶片呈羽状，基部的小叶已退化成坚硬的针刺状。油棕雌雄同株，雌雄花序（肉穗花序）生长于叶腋处。通常来说，每棵油棕的雄花和雌花数量大致相等。停止生长后，叶片也不会从茎干上脱落。

与所有棕榈树一样，油棕仅在每片叶子的叶腋处生长出腋生花序。因此，植株必须不断生长出新的叶子，以便获得新的花序。

果序通常以"串"的形式呈现，长在一根枝杈众多的梗上。这些枝杈的绽开程度不同，每根分枝在花序上的伸展程度也不同。在不同的生态环境下，通常会生出20多个果序，总重量可达两公斤。每个果序会结出数十颗果实。果实呈卵形，均为拥有蜡质果皮的核果，颜色各异，在成熟过程中会从深紫色变为绿色。中果皮由富含棕榈油的纤维组成。内果皮硬度不一，中间包裹一颗种子。种子的种皮为黑色，里面的白色子叶富含脂质，可用于提取"棕榈仁油"。

油棕所产出的两种富含饱和脂肪酸的油，是当今世界上使用量最大的植物油。其中80%用于食品加工。21世纪以来，棕榈油的市场需求激增，主要是因其用途日趋多元化所致：除了用来制作人造奶油、肥皂和生产马口铁之外，还被用作燃料；如今，它作为一种廉价的油脂产品更是占据了工业餐饮业。因此，在非洲西部、巴西和其他美洲国家，以及最近在印度尼西亚、马来西亚和巴布亚新几内亚等远东地区，都出现了大规模的油棕种植园。而在很多诸如婆罗洲一样的地区，最后的热带森林则因此遭到摧毁，维系已久的生物多样性也荡然无存。

自远古以来，黑人用它的叶子遮盖屋顶和制作原始的篮子或网。他们从油棕的果肉中提取一种食用油，这种油也可以用于照明、制造肥皂或传统药物。他们还会食用油棕的种子来补充人体所需脂肪和蛋白质；有时也会拿这些种子来喂猪，因为猪能够轻易咬碎其坚硬的内果皮。它的芽尖儿就是在烹饪中经常用到的"嫩茎"。黑人也会钻开其树芽的顶部或花序的基部，来采集甜蜜的汁液，这些汁液在发酵后便可制成一种含有少量酒精的饮料，即很受欢迎的"棕榈酒"。德祖拉拉在《发现与征服几内亚编年史》（1453年）中就提到过这款酒：1447年，瓦拉尔特的帆船在佛得角南部的一个地方靠了岸，并与当地人聊了起来：

> （几内亚贵族）带来了一只母山羊和一只山羊羔，一些粗麦粉，一些黄油糊，一些用面粉和无花果制成的面包，一根象牙，一些用来制作面包的谷物、牛奶和棕榈酒。（第94章）

在所有的非洲棕榈树中，它最早引起了欧洲人的关注，并且经常出现在16和17世纪的非洲地图上。卡达莫斯托在1455年首次前往塞内加尔时，最早为我们描述了它的存在：

> 他们一般喝水或牛奶，也有人会喝棕榈酒。这是一种由看起来像椰枣树（但实际并不是）的树木汁液蒸馏而成的酒。这里有很多这样的树，所以他们几乎全年都会饮用这种酒，这种酒在当地还有一个名字，叫mignol。他们在树干的根部开两到三个口，一种褐色的液体便会从树上渗出。然后，他们会在树下放置不同的容器和葫芦来接取。不过这种汁液渗得很慢，一天一夜的时间最多只能装满两个容器。
>
> 此外，如果不兑水加以稀释，这种酒就像葡萄酒一样美味和醉人。在刚刚采集起来的第一天，它的味道像最甜的葡萄酒一样甜美。不过，它的甜度每天

都会变淡，口感也开始微微发苦，因此在第三天或第四天喝起来会比第一天时更佳。我住在这个国家时喝过不止一次，它似乎比我们的葡萄酒更加美味。虽然这些酒的总量有限，但每个人都可以享用它，因为用于获取这种酒的树是所有人共有的，当然，那些重要的人可能享用得更多。它们并不像我们的果树或葡萄藤那样种在封闭的环境中，而是都生长在森林中，每个人都可以自由取用。（2003年版，第70—71页）

瓦伦廷·费尔南德斯（约1506年）指出，在塞内加尔"基洛弗斯"的领土上（沃洛夫语），"当地人在棕榈叶间寻找并采摘那些新生的芽。他们也会制作棕榈酒"，然后他讲述了自己所看到的技术，当然，与我们现在使用的技术大不相同：

在这个国家，还有一些和西班牙棕榈树一样高大的其他棕榈树。它们会结出一串串像脑袋一般大的果实串，每颗果实的形状看起来有些像松果。当它们成熟后，会被当地人采摘下来，并用斧头打开。随后，他们会将这些果实磨碎，再放入装满水的平底锅中煮沸。等待一段时间后，油就会从中分离出来并浮在水的表面。人们便将这些油收集起来，以备使用。这种油是红色的，味道也很好闻。每颗果实内都有非常坚硬的核，只有当果实被煮熟后，人们才能将其压碎和打破。

一位姓名不详的航海者在描述圣多美之旅（约1541年）的文字中也提到，在几内亚海岸，当地人"除了喝水，还会喝一种从棕榈树中一滴一滴流淌下来的酒"。在那之后，每位旅行者都会提到这种植物。

在几内亚湾，多内利亚（1625年）用了很长篇幅来描绘油棕和它的用途，其中就包括下面这个细节：

奥尔冈斯山（巴西）的
油棕
豪特，1845年

人们从这些棕榈树中获取了很多藏红花一般颜色的
油。（……）这种棕榈树的果实是一种能够长期保存的
食物，深受当地人喜爱。他们从它的种子中还能提取出
一种白色的油，他们将其煮沸，再加入一些香草，便可
制成一种用于涂抹身体的药物。

尽管已经发现了它的诸多用途，但葡萄牙人并没有很
快将油棕推广开来，这也是有原因的。首先，在巴西当地
的棕榈树中有一些用途相似的品种，所以将这个新品种引
进过去似乎意义不大。其次，葡萄牙人已掌握了生产橄榄
油的方法，并开始使用多种动物脂肪，所以自然对棕榈酒

的兴趣要远高于棕榈油。何况，想让这些种子发芽也很困难，即使在今天也仍然需要使用促成栽培技术。

油棕被引进到美洲的进程与奴隶制有关。船只不仅运来了男人、女人和孩子，还运来了这些油棕的种子供他们食用。剩下的种子就被种到地里，以便为这些奴隶提供更多他们所熟悉的食物。这些棕榈树林几乎都栽种在巴伊亚州的萨尔瓦多附近，当地众多的知名美食都与它相关，其中名为dendém的油是大多数传统巴伊亚菜肴的必备原料。

在非洲东海岸几乎找不到这种棕榈的身影，在20世纪初之前的东方也是如此。事实上，在这些地区，更具种植传统的椰子树扮演了类似的角色，而且还有许多其他优点。

19世纪末，棕榈油和棕榈仁油大量出现在了欧洲市场上，这一现象是野生非洲棕榈蓬勃生长的结果，不过也正因如此，这些油的品质参差不齐，但所需的劳动力成本低廉。

从1911年起，借助爪哇的茂物植物园中的几株样本，人们开始在东方大力发展油棕种植园。得益于有利的气候条件和不断的品种优化，这里的棕榈油产量达到了非洲棕榈油无法企及的高度。这一现象提醒了那些靠殖民经济大肆敛财的欧洲人，他们也开始创建自己的种植园并优选幼苗进行培育。品种间的差异主要体现在果核和含油果肉层的厚度。

多位研究人员针对油棕进行了大量研究。在安哥拉，若泽·若阿金·德阿尔梅达从1906年开始致力于研究两种主要类型的油棕的区别及其关系，但他的非凡论述几乎没有得到关注就被遗忘了。这显然是不公正的。到了20世纪20年代，贝纳特和范德魏因在比利时属刚果得出了相同的结论，却在科学界获得了认可。

人们发现，有些棕榈树果实的果核很厚，这些树相互杂交便培育出了厚核的品种（硬核种）；而那些果核非常小的棕榈树相互杂交，也能培育出相同果核类型的品种（小核种），还有一些果核软薄的棕榈树，被认为是前两种棕榈树第一代杂交而成的品种（软核种）。

非洲的棕榈林多为天然生长，因此所有品种的棕榈树都混生在一起。如

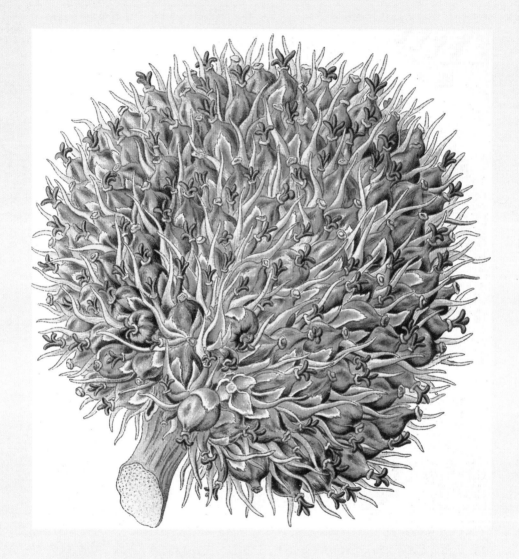

科勒，1845年

此，人们可以从中选择不同的品种（比如一棵硬果棕榈，一棵小果棕榈）进行杂交来改善油的品质。

在圣多美，人们如今仍然把拥有厚核的"硬核种"称为andim-homem；把"软核种"称为andim-mulher；把内果皮连同种子整体看上去很像鱼眼的"小核种"称为olho-de-peixe。

在非洲，人们有时仍会开发利用那些天然棕榈树林，在其中种植一些一年生的作物。他们会砍掉一部分棕榈叶以保证新栽的品种能获得足够的阳光，不过这样一来棕榈油便会减产。在诸如圣多美和普林西比在内的其他一些地方，棕榈树被种植在废弃的可可种植园中，以便剩下的可可树也能享受它的树荫遮蔽。不过这种方式并不理想，棕榈树会吸收大量的水和矿物元素，但遮阴效果却并不明显。于是，人们放弃了这一模式，转而建造用于种植改良后的"软核种"棕榈树的种植园。

学名：*Citrullus lanatus*

葫芦科

葡萄牙语：Melancia brava, Cambiambia 或 Cambiamba (安哥拉葡语)；

西班牙语：Sandia；英语：Water melon

西瓜

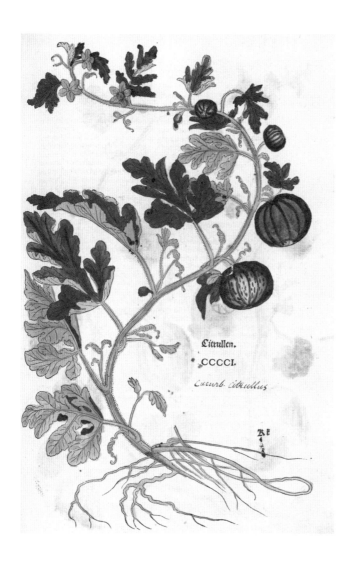

莱昂哈德·富克斯，
《植物志》，1543年

西瓜可能原产于卡拉哈里沙漠附近的干旱地区。在非洲南部，利文斯通曾见到过野生状态的整片瓜田。作为食物和储备水源，西瓜的重量通常在5公斤到20公斤之间，从古代开始便在埃及、中东、伊朗和印度广为流行。它在10世纪时被引进到了中国，在13世纪时又被种植到了欧洲。到了16世纪，它和奴隶一起被带到了新大陆，并在那里迅速传播开来。

自古以来，生活在安哥拉中部高原的人们就使用西瓜籽来提取一种富含维生素E的食用油。人们将这些瓜子从水果中取出后，会先用捣杵将它们捣碎（现在仍然如此）。然后加入热水，通过澄清滗析的方法将油分离出来。

西瓜皮可用于制作大量的日常用品，如杯、勺、碗等。还可以被制作成当地的乐器。

俗名：几内亚黑胡椒

学名：*Xylopia aethiopica*

番荔枝科

葡萄牙语：Pimenta-da-Guiné, Pimenta-do-Kongo, Cabela；

英语：Senegal pepper, Guinea pepper, Negro pepper, Grains of Selim

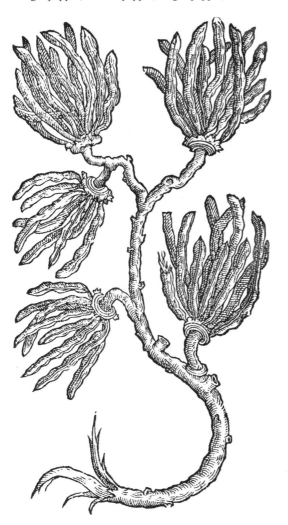

克里斯托旺·达科
斯塔，1602年

巴永,《植物史》, 法盖
配图, 1866年

　　这是一种生长在非洲西部的高大植物, 分布在从塞内
加尔到安哥拉一带。这种植物会结出细长的果实, 内含10
到12颗对齐排列的种子, 种子外包裹着一层果肉, 这些果
肉变干后仍会粘在种子上。在北非地区, 这是一种已经
使用了很长时间香料, 被称为cabela; 在法语中则被称为
graine de Selim (谢里姆的种子)、poivre du Sénégal (塞内
加尔胡椒), 有时也被称为kili (基利)。

　　　　改变人类历史的植物

变干后，它们会产生刺激性味道，并带有一股麝香的香气，这一点很像生姜、姜黄和胡椒。这种香料在非洲西海岸地区被广泛应用于烹饪调味或制药。

它在安哥拉的马永贝森林中很常见，当地人称之为gindungo-do-Congo，而在圣多美，人们则称之为inhé-bóbó。多内利亚（1625年）将它们称为malagueteiras，但与椒蔻（参见第183页）有一些轻微的混淆：

> malagueteiras是一种小树，能够出产优质的木材和坚韧的树皮，后者可用于塞填船只的木板间缝；人们会用它来制造火柴或步枪的导火线；它的果实细长，看起来像鸡爪子；里面有多颗种子。许多人用这种香料来治疗腹痛和胃痛，也可以用来拌米饭或杂烩炖肉吃。

它可能也是由阿拉伯人穿越撒哈拉沙漠带到欧洲的香料之一。当价格更便宜的东方香料出现之后，它很快就被放弃了。如今，这种香料几乎完全只供当地人食用。尽管品质出众，但在欧洲市场的摊位上依然很难找到它的踪迹。

学名：*Piper guineense*

胡椒科

葡萄牙语：Pimenta de rabo；西班牙语：Pimienta de Guiné；

英语：Ashanti pepper, Benin pepper, False cubeb pepper

几内亚胡椒

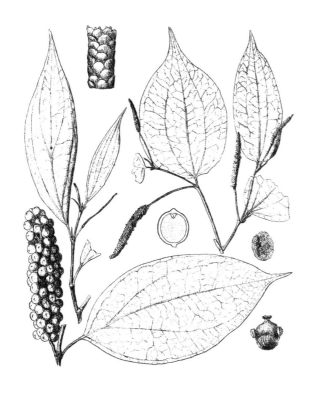

弗莱施曼，1912年

　　几内亚胡椒，又称野胡椒、基西胡椒、阿散蒂胡椒等，是一种生长在低海拔地区热带雨林中的草本植物。这种植物对水分需求很大，在科特迪瓦沿岸地区经常能见到，似乎它就原生于此地；此外，它在利比里亚也有生长。它的果实具有强烈的刺激性味道，当地人种植它们主要供本地食用。

Poyvre à queue.

在一段关于圣多美之行的描述（约1541年）中，一位姓名不详的记录者提到了它在非洲西海岸的生长状况：

> 在那里有一种非常辛辣浓郁的胡椒，它的刺激性至少是卡利卡特胡椒的两倍，我们葡萄牙人称之为pimenta-de-rabo。它看起来很像荜澄茄，但刺激性更强，一盎司（约60克）就能达到半斤普通胡椒的效果：虽然被禁止出口，违者会受到严厉的惩罚，但仍然有一些人会将它们走私出去，以普通胡椒两倍的价格卖到英国。（……）因为拥有生姜一般的微妙滋味，这种香料在当地特别受欢迎，尤其是作为鱼肉的调味品更是美味。同时，人们还会用它与棕榈油和棕榈灰一起制造一种肥皂，这种肥皂具有为手部或亚麻制品增白的作用，效果是普通肥皂的两倍。

这段描述说明当时的人们对东方香料已经十分了解，比如荜澄茄，虽然不是使用最多的品种，但依然会被提及。此外，这里还提到了曼努埃尔一世（逝于1521年）因担心损害到每年被大量运抵里斯本的胡椒的皇家垄断地位而设置的禁令对"非洲胡椒"在贸易中形成的障碍。然而，英国人开始频繁出入这些地区之后，便无视葡萄牙方面的禁令，私自进口这种香料。

在第二次世界大战期间，我们注意到，这种香料和其他西非地区的香料一起进入了欧洲市场，以消除东方香料供应不足所带来的影响。除此之外，它一直仅限于在当地市场进行买卖。它不仅仅是一种调味品，种子和叶子还具有药用价值，因此深受当地人追捧。

学名：*Ricinus communis*
大戟科

葡萄牙语：Rícino, Mamona；西班牙语：Rícino；英语：Castor
bean

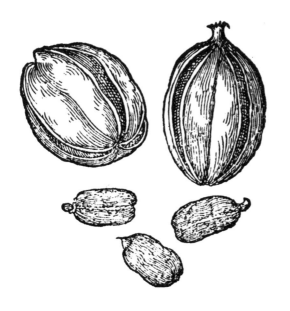

克里斯托旺·达科斯塔，
1602年

　　在距今有四千多年历史的埃及石棺中，人们发现了蓖
麻种子。这种植物应该原生于非洲或者印度。它的名字来
自于拉丁语中的ricinus，意为"蜱"，因为它的种子看上去
与蜱螨有些相像。

　　不同品种的蓖麻，外观形态各不相同。这是一种一年
生或多年生的草本植物或灌木，叶片很大，掌状浅裂，呈
绿色或红色，并具有长长的叶柄。花序生在花茎之上，花

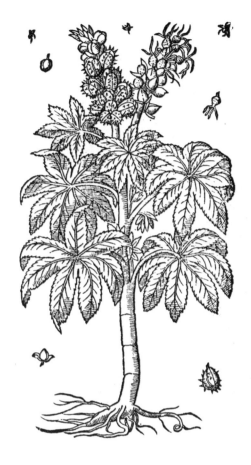

科林，1602年，马蒂奥利，1571年

束的最底端为雄花，雌花则位于其上。果实为三棱状的红色蒴果，表面布满棘刺，成熟后会爆裂，内含三颗种子，种皮具光泽但生有暗斑。

种子含有丰富的油，很早之前就被用于药物或化妆品制造。药剂师们将这种油称为"海狸油"，并用它来制作一种须慎重使用的强力泻药。这个名字显然是不恰当的，它之所以会出现，是因为这种油有时会被用来代替海狸体内特有腺体分泌的海狸香。

蓖麻也因此被推广到了世界各地的各种不同生态环境之中，这也解释了为什么这种植物会存在如此多的品种和形态，对于它的植物学分类也仍然存在很多不同声音。虽然我们还不清楚具体的细节，但很可能是葡萄牙人将蓖麻带到了包括巴西在内的众多葡属殖民地；而其他欧洲人，也同样将这种植物引进到了各自的殖民区域。经过不断进化和改良，我们如今在从赤道到极圈附近的整个区域内都能看到它的身影。而且在许多地区，它还能通过非人工的方式进行传播。

由于蓖麻油在高温下也能保持稳定的黏性，所以被大量用作机器和车辆的润滑剂，这也使蓖麻种植从19世纪末开始发展了起来。

种子中的脂肪含量取决于生态环境和品种。野生蓖麻种子的脂肪含量约为40％，改良品种则可高达种子干重的50％。蓖麻油酸的含量超过80％，这使其拥

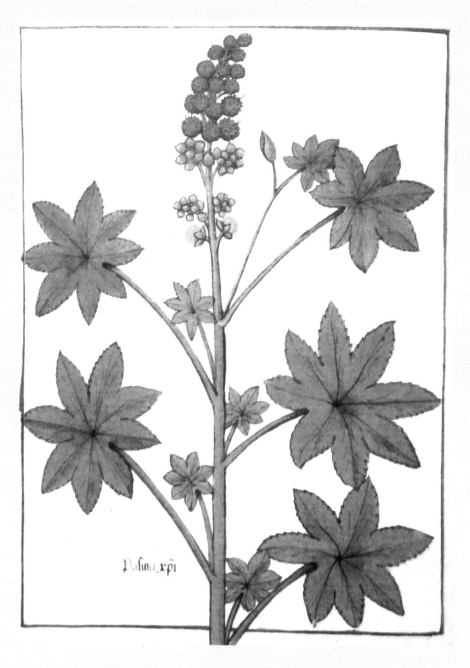

普拉泰拉柳斯，《简明医学手册》（12世纪），罗比内泰斯塔尔配图

有许多特质。提取蓖麻油之后所剩余的植物汁液中拥有丰富的蛋白质，但由于含有蓖麻毒素（有使血液凝结的作用）、蓖麻碱（一种有毒的生物碱）和其他有害蛋白，它不能作为动物的饲料。另一方面，它在分解时会释放出热量，所以被视为一种极好的时鲜蔬菜肥料。

蓖麻籽是一种强力毒药，只需摄入极少量，就足以引起恶心、头痛、腹泻、脱水、高血压和失去意识等，更高剂量甚至可能导致死亡。有传闻说三颗蓖麻籽就能杀死一个孩子，六到八颗就能要了一个成年人的命。

在印度生活的戈迪尼奥·德埃雷迪亚（约1612年）认为蓖麻是一种性热的药用植物；蓖麻叶经火烤后可用于治疗着凉，将其涂抹在伤口上还能起到镇痛的作用。

在20世纪的武装冲突期间，蓖麻种植具有相当的战略意义，因为蓖麻油能为大多数军用车辆的内燃机提供燃料。在第二次世界大战期间，交战各国将市场上的所有蓖麻种子抢购一空并发展蓖麻种植以保证其军需供应。战后，蓖麻油的市场需求明显下降，分布在世界各地的众多蓖麻油提取工厂都纷纷倒闭。另外，由于氧化速度过快，它在20世纪80年代时随着矿物油的兴起而逐渐退出了市场。但对于特殊润滑油的强烈需求使其仍保有相当的重要性，因为人们能够从中提取出一种品质极高的多元醇酯，可被用于赛车、飞机和航天器之中。

除了这一用途，蓖麻仍然拥有丰富多彩的前景。因为叶片颜色非常漂亮，有些地方会把它们作为观赏植物种植。而在其他一些地方，人们会用它的叶子养蚕。因为具有毒性和驱虫性，有些地方也会将它们栽种到耕地中，使老鼠和鼹鼠不敢靠近；或者将它们与马铃薯混种在一起，以驱离马铃薯甲虫。它曾经是贫穷国家的照明燃料，后来则成了生物燃料制造领域的生力军。至于蓖麻油，它可以用于制备一种强力杀真菌剂（十一碳烯酸）以及一些其他溶剂、涂料、食品添加剂（E1503）和一种工业应用广泛的塑料物质——丽绚。同时，它在化妆品中也有应用，能够使头发、睫毛和眉毛恢复活力。

蓖麻是一种对生存环境要求不高的植物，很容易在路边和废弃的田地里生长。于是，不知何时，它和麻风树一起被引进到了佛得角群岛。在圣安唐岛上，蓖麻种植也占有一席之地。

蓖麻油长期以来一直被用作轻泻药，但如今因其具有毒性已被禁止使用。在意大利，在20世纪20年代墨索里尼的法西斯政权期间，"黑衫党"就以强迫囚犯服用蓖麻油来折磨他们而闻名。

番石榴枝头的巾冠拟鹂（*Icterus cucullatus*）

皮埃尔·贝尔纳，路易·库阿亚克，《植物园》，1842年

起源于美洲的植物

―――――

PLANTES D'AMÉRIQUE

俗名：槚如树、鸡脚果

学名：*Anacardium occidentale*

漆树科

葡萄牙语：Cajueiro；巴西葡语：Cajueiro, Acajaíba, Acaju, Acaju-açu, Acajuba, Acaju-pakoba, Cacaju, Casca-antidiabética, Salsaparrilha-dos pobres, etc.; 西班牙语：Anacardo；英语：Cashew tree

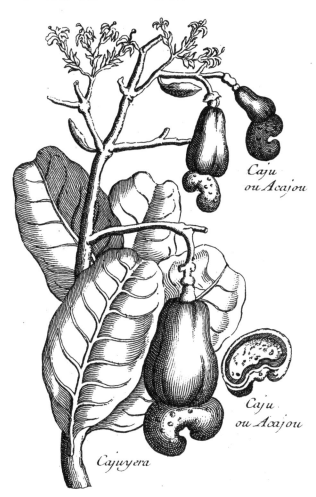

普列沃斯，《世纪旅游札记》
1752年

虽然腰果确实是来源于美洲的植物，但人们对于其原产地的地理位置却并未达成共识。有些人认定它原产自巴西的北部和东北部海岸，因为人们在那里发现了野生状态的腰果；而另外一些人则认为它的原生地应该是包括加勒比海地区、墨西哥南部、中美洲，甚至秘鲁以北的南美洲北部地区在内的整个区域。

支持第一种观点的人认为，西班牙人一直都非常关注他们遇到过的植物，但却从未提及腰果。在费尔南德斯·德奥维多（1526年和1535年）的作品中没有出现该树种及果实的相关信息。时至今日，人们所发现的腰果属植物中80%都原产于巴西东北部。据计算，单单在这一个地区就生长着大约五千万棵成年树木，这可算得上是一笔巨大的宝贵财富。曾几何时，林地面积因甘蔗等经济作物和木薯、番薯、薯蓣等淀粉类粮食作物等种植需求的扩张而不断减少，所剩的有限树木也仅仅被用于为工厂生产提供木柴。

腰果是一种果实形状有些奇怪的植物，以至于最初见到它的欧洲人都惊呆了。腰果树的树形中等，叶丛不舒展，树枝能从树干很低的位置长出来，花和果实的重量甚至会使这些树枝垂到地面。叶片生长紧凑，初时会略呈红色、古铜色或黄色，后渐变为深绿色。花簇密集，且聚集在树枝末端，呈宽大的圆锥花序。在盛花期，粉红色的花序与深绿色的叶丛形成强烈的对比，煞是好看。

只有少数花朵能结出果实，核果呈肾形，最初为绿色，随着时间推移会渐渐变为红色，成熟后会变成灰褐色。果实外壳坚实而略有弹性，表面为有光泽的蜡质，或多或少点缀着一些暗色斑点；中间层由充满棕色黏性油脂的海绵状组织构成，被称为腰果油，这种油脂物质具有很好的润滑作用；内壳坚硬而厚实，紧紧包裹着果仁，干果仁就是我们熟悉的"腰果"。

这种可食用的果仁含有丰富的蛋白质和脂肪，是如今深受大家熟知和喜爱的一种坚果。不过，将果实内壳与果仁分开非常困难，因为在操作过程中，残留的腰果油可能会使果仁失去商业价值。因此，在很长一段时间内，人们会选择用明火烘烤果实，以便使油脂充分燃烧，然后再取出果仁食用。如今在一些乡村地区仍然沿袭着这种处理方法。不过，这样一来，人们就完全无法利用这些油脂了。

在接近成熟时，腰果的花序梗与花托结合在一起，慢慢膨胀到一颗小苹果般大小，以至于人们常常认为这就是腰果的果实。其实，这颗苹果状的果实并不是真正的腰果果实，因此被称为假果。假果中富含水和碳水化合物，其果汁可直接发酵。人们将假果剥离后，才能获得真正的腰果。最早提到腰果这种植物的人是安德烈·泰韦（《法国南端的独特性》，1557年），根据他的描述，在马拉尼昂的圣阿戈斯蒂纽角：

这个国家有很多树，当地人称之为acajou，它们会结出像拳头大小、形如鹅蛋的果实。这种果实既不好吃，也无法被制成饮料，它的味道就像是半熟的

花椒。果实的底部会长出一种栗子大小、形如兔腰的棕色坚果。里面的果仁，只要稍稍在火上烤制一下就会变得非常美味。果壳中间夹了一层油脂，味道非常强烈。这种野生的坚果比我们栽种的欧洲坚果数量多得多。这种树的树叶很像梨树的叶片，只是略尖一点，叶尖呈红色。（第61章）

随后，在1585年，卡丁神父又多次提到了它：

我们在一棵长满新鲜果实的腰果树下吃饭，这些果实外观看起来就像卡维勒苹果，有些是黄色的，有些是红色的。在果实生长过程中，底部会长出一个像栗子一样的坚果；这是一种美味的果实，很适合在酷热天气下食用，因为它的果汁含量非常丰富，不过这些果汁一旦溅到亚麻或棉布上，会留下很难清洗的污渍。底部的坚果味道比葡萄牙的栗子更好吃，人们用它们代替杏仁来制作点心和其他甜品。这些树看上去也很特别，就像是失去了树叶的栗子树。这在巴西也很罕见，因为这里的树木通常和春日里生长在葡萄牙的树木一样郁郁葱葱。（《叙事书信》）

大约在1587年，加布里埃尔·苏亚雷斯·德索萨又补充了一些信息，指出果壳中间有一层"很'厉害'的油脂，即使最轻微的触碰也会在皮肤上形成水泡；这层油脂呈现橄榄油的颜色，并散发出非常强烈的气味"，以至于"当人们试图打开果壳取出果仁时，果壳内的油脂便会流到手上"。那个时代的许多人都认为这种树是"所有美洲植物中最有用的"。对于它们的描述也大同小异：假果有时看起来像鹅蛋般大小，有时则像鸡蛋；而真正的果实看起来很像兔腰或羊腰。

1500年，当葡萄牙人抵达巴西时，当地印第安人已经开始充分利用这些树了，而且对它们的评价也极高，认为它们是上帝的馈赠。有时，为了争夺这些树木的所有权，他们之间还会爆发冲突。他们在树荫下建造自己的房屋，食用树上的果

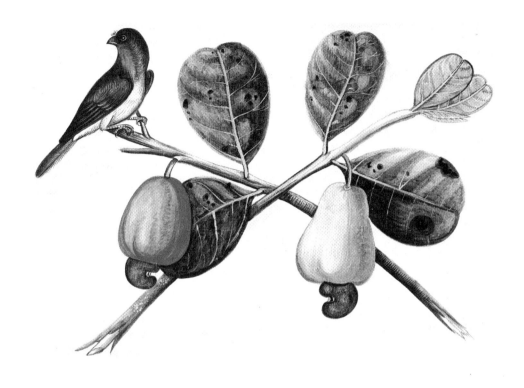

实，用树皮和树叶制作药品，用假果调制一种芳香、清爽并含有酒精的饮料（这一点引起了欧洲人的注意）；树干和树枝会被当作木柴，也能用来建造木屋或独木舟。他们在树干和粗壮的树枝中提取一种像阿拉伯胶一样的树胶（这种胶还具有杀虫防蛀的特性，所以经常被用于书籍装订）。这些树的树液也具有防蛀效果，能够被制作成清漆，刷在物体表面起防水作用；或者用于制作不褪色的染料来装饰衣物；也可以用来将棉布染成黑色。油脂可以用来给织物染色；也可以刷在渔网上，使其在盐水中更耐分解。树的外皮可以用来鞣制皮革，用这些树皮泡水还可以治疗糖尿病。

葡萄牙无名氏，18世纪

当地人很喜欢食用腰果的果仁，因为它们的营养非常丰富。在食用前，人们会先把这些核果放在火上烤，来除掉果壳之间的油脂；然后在放入炭灰中揉搓，以便除去所有刺激性物质。

如今，人们发明了很多用来提取腰果果仁的专利系统，这些系统跟传统的提取方法比，都更为有效和方便。大多数方法都会先将坚果放入沸水中浸泡，使果壳受热膨胀裂开，以便提取夹层中的油脂；然后通过离心作用清除掉残留的油脂；最后再剥掉覆盖在果仁外边的内壳。

在非洲，腰果的主要生产国都没有这样的工业设备，因此会将这些腰果出口到印度来进行加工处理，因为大部分加工设备都集中于此。这里的劳动力非常便宜，所面临的健康风险也会更小。因为，通过研究发现，腰果夹层中的油脂对白种人的伤害最大，对非洲的黑人的作用次之，而对东方黄种人的伤害最小。

在巴西，有好几种饮料都是用腰果的假果加工而成的，其中就包括腰果酒和腰果汁。

在荷兰占领期间（1630—1654年），为了保护巴西东北部被毁掉的野生腰果树林，慕黎斯王子专门制定了一项罚款：每砍伐一棵腰果树，将被罚款100荷兰盾。

从果壳中提取的油脂含有非常丰富的酚类，能够被应用于从表面防水到车辆制动轮的制造等众多工业领域之中。假果的药用价值也早已得到了认可：葡萄牙人就曾把它当作一种很好的防腐剂。

1612年，曼努埃尔·戈迪尼奥·德埃雷迪亚提到了当时将腰果树引进到印度的情形，称最初引进它们主要是用于制作绳索和药品。他还补充道："它有助于消除脓疱、化痰和促进消化。"在很长一段时间内，其治疗效果都广受认可：腰果的果汁被认为是"一种提神药剂"。1908年，爱德华多·马加良斯医生称赞了巴西东北部的腰果疗法：

> 那些身体虚弱，患有湿疹、风湿、厌食、腹泻或梅毒的人选择在夏天来到塞尔希培州的美丽海滩度假。这里的树林中结满了黄色和红

克里斯托旺·达科斯塔，
1578年

色的腰果。人们或是直接吮吸水果，或是饮用压榨的果
汁，很快就恢复了健康。因此，即使是过度饮用腰果的
果汁，对身体也是有益的。（热苏埃·德卡斯特罗，《饥
饿地缘政治学》，1951年）

印第安人用腰果的假果制作出了一种甜味的发酵饮料

（泰韦称之为腰果酒——也可以使用木薯来制作），这种饮料被认为具有提神、滋润的功效，因而深受当地人的喜爱，葡萄牙人也非常喜欢它。在当地，这种饮料被称为mucuroró或mocororó，是专门为了特定仪式而准备的。根据皮奥·科雷亚的说法，只有一些女性有权制作这款饮料，制好的饮料也只是在节日期间才分发给大家，平时只有呼吸道疾病患者才能享用。

很快，葡萄牙人就注意到了腰果这种植物的特性，并且将它种植到了他们占领的所有土地上。我们并不太清楚它是何时被引进到印度的，但很可能是在1563年到1578年之间。前者是加西亚·达奥尔塔发布《印度香药谈》的时间，但其中并未提到腰果；而后者是克里斯托旺·达科斯塔发表他的《东印度医药》的时间，在这部著作中配有一幅腰果果实的图片和简短的介绍。在这个时期，果阿和科钦郊区的花园中已经出现了腰果树。随后，腰果便从这两个地方传遍了全印度和整个远东地区，直到澳大利亚北部海岸。雷戈指出，在马拉巴尔海岸一带，腰果的假果（也称梨果）被称为parankimawa，在马拉雅拉姆语中是"葡萄牙人的芒果"之意；将腰果与芒果相提并论，标志着它在这个地区的重要性。有资料表明，从16世纪末起，腰果与波罗蜜、芒果、凤梨和蒲桃一起位列东方地区五大最重要树种。直至今日，腰果汁和腰果酒依然是当地非常受欢迎的产品，甚至在当地经济中仍扮演着非常重要的角色。有趣的是，在果阿有一种名为fenim的烈酒，也是通过发酵和蒸馏腰果的假果来制作的。

在欧洲，卡罗卢斯－克卢修斯在1564年至1565年逗留于里斯本期间至少曾看到过腰果的果仁："这是一种从巴西运到里斯本的坚果，当地人称之为腰果"。他1574年发表了一部著作，内容翻译自加西亚·达奥尔塔的书籍，在这本书中的补充注释中出现了腰果这种植物，还配有一幅切割果仁的插图。我们认为这个注解是源自加西亚·达奥尔塔的书籍中一种名为anarcado的植物，而这应该就是腰果树。但卡罗卢斯－克卢修斯则表示，在印度，这种名为anarcado的植物被葡萄牙人称作"马六甲蚕豆"，但"它并不是腰果"。他还

在1656年出版的《中国植物志》一书中，卜弥格提及了包括腰果（上图）、凤梨和番木瓜在内的多种美洲植物，这也证明了自从16世纪被葡萄牙人和西班牙人引进之后，这些植物已经在整个东方迅速蔓延开来

具体介绍道：

> 腰果树的树叶很大，这一点与梨树相似，而果实的形状和大小都接近鸭蛋，里面充满了果汁；它应该是柠檬的一种，比较像巴西人喜欢吃的一种青柠。在果实的末端有一颗兔腰形的灰色或红灰色坚果。这种坚果由两层果壳保护，内外壳中间充斥着一种海绵状物质，其中蕴含着一种刺激性的热油脂；坚果的果仁是一种可食用的白色杏仁，味道不亚于亚历山大胡桃，果仁外边覆盖着一层灰色的薄衣，食用时需要先将其剥掉。当地人会把它放在火上慢慢烘烤后食用。这种果仁营养丰富，据说还有激发体力、缓解疲劳的功效。

腰果是从东海岸被引进到非洲大陆的，不过我们无法确定它究竟是由阿拉伯人在与巴西或印度进行贸易时从当地进口的，还是由葡萄牙人移植到非洲的。恐怕后者的可能性更大。所有迹象都表明，人们在16世纪时就在马达加斯加发现了腰果，由此可见它应该是从那里登陆非洲大陆的。

如今，腰果树遍布整个非洲东部海岸线区域和全球的所有热带地区。在莫桑比克，它的种植区域形成了一个从北到南的沿海带，中间仅仅被赞比西河河口三角洲隔断。受到气温和湿度的影响，这条沿海种植带的宽度也会随之变化，最远的边缘距离海岸可达数十公里。直到20世纪80年代，印度和莫桑比克都还是腰果的主要生产国。但随后，非洲东部的腰果产量急剧下降，而西部热带非洲地区的产量却大幅增加。

在佛得角和圣多美几乎看不到腰果树。而在几内亚比绍，它却被广泛种植，当地人非常喜欢一种用腰果的梨果汁制作的酒。同样，在科特迪瓦、贝宁、尼日利亚、塞内加尔和加纳的腰果种植面积也很广阔。在安哥拉，腰果目前仅被种植在北部沿海的沙地区域，政府试图扩大其种植面积，不过当地居民却不太感兴趣。

俗名：露兜子、菠萝

学名：*Ananas comosus*

凤梨科

凤梨

葡萄牙语：Ananás，Ananaseiro，Abacaxi (certaines variétés)；

西班牙语：Piña americana，Ananas；英语：Pineapple

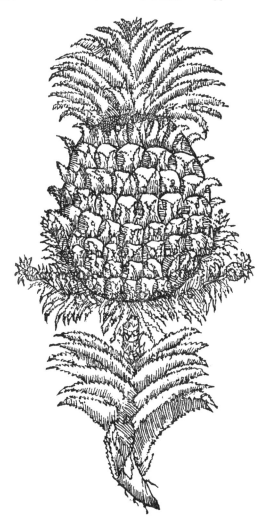

克里斯托旺·达科斯塔，
1578年

凤梨是一种草本植物，原产地很可能在巴西内陆的热带地区，因为在那里仍能见到野生的凤梨。卡瓦尔坎特认为，更确切的原产地应该在巴伊亚州的伊比拉皮坦加地区，因为在这片南美大陆的热带区域上光照十分充足，这样的生态环境很早之前就已经形成了。ananas（凤梨）这个名字应源于瓜拉尼语。

欧洲人很早就注意到了凤梨的存在。虽然在克里斯托弗·哥伦布留下的所有手稿中并未提及它，拉斯·卡萨斯也没有分享任何与之有关的信息，但是在哥伦布第二次航行（1493—1496年）中同行的米凯莱·达库内奥在给一位远在萨沃纳的朋友的书信中第一次描述了这种水果：

> （在瓜德罗普岛，我们发现了）一种形似菜蓟的灌木，但它看上去比菜蓟大四倍；它的果实形状很像松果，却也比松果大两倍；这种果实真的棒极了！当地人会用小刀把它切成小块后食用，看起来非常健康。（写给杰罗拉莫·安纳利，1495年10月15日至28日）

皮特·马特·德安吉拉补充道：

> 斐迪南国王说他吃过这些地方出产的另一种水果，这种水果表皮很硬，但并不比甜瓜的皮更硬，它的形状和颜色都很像松果。它比花园里其他所有水果都要更美味。这种水果不是长在树上，它是一种看起来很像菜蓟或老鼠簕的植物的果实。国王很喜欢这种水果。我没尝到这种水果，因为同批运来的水果中只有一颗保持完好。（《新世界》，第二个十年，1516年）

德安吉拉提到的这一幕，应该发生在哥伦布第三次航行（1498—1500年）和文森特·亚涅斯·平松的美洲之行（1499—1501年）之后。在那时，凤梨被认为是来自达连（哥伦比亚）的水果。

葡萄牙人登陆巴西后，在这里发现了被广泛种植并深受当地人喜爱的凤梨。在尝过之后，他们对这种水果赞不绝口。1519年，跟随麦哲伦一同出海航行的安东尼奥·皮加费塔在里约湾短暂停留时第一次提到了凤梨，当时他把这种水果叫作"甜松果"。费尔南德斯·德奥维多在西班牙的领地上见到了凤梨，并对它的植株及果实进行了描述（1526年，《西印度通史与自然研究》）：

> 它的味道比桃子更甜美，只要一两颗果实就足够我们回家路上吃了。在我看来，无论外观还是味道，它都是世界上最好的水果之一。

旁边这幅图取自出版于1535年的《西印度通史与自然研究》，这也是凤梨第一次出现在书中。

1548年，人们开始在马提尼克岛种植凤梨。迪泰尔特在他的《法属安的列斯群岛通史》（1667年）中把凤梨称为"水果之王"，并认为它是"地球上最漂亮和最好吃的水果，也正因如此，上帝才为这种水果加了一顶王冠，它就像一个世代相传的皇家标识，作为对水果品质的认可。"在这里，他引述了费尔南德斯·德奥维多有关凤梨种植的相关信息，强调它的繁殖并不需要种子。

泰韦在《法国南端的独特性》（1557年）第46章中也描绘了这种水果：

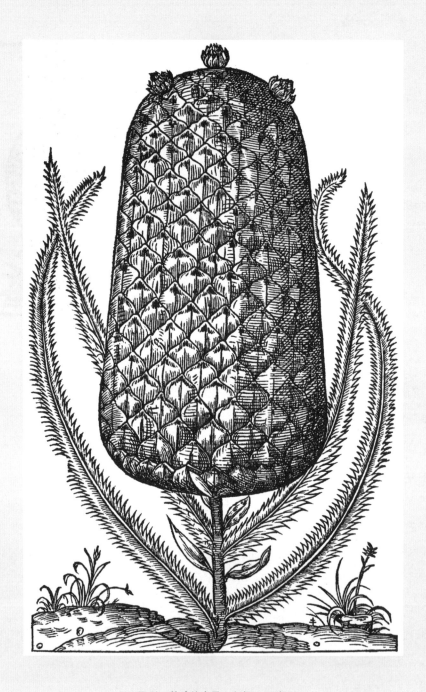

凤梨，美味的水果 泰韦，1557年

当地人在生病时经常食用一种被称为nana的水果，果实大小如中等个头的南瓜，但外形更像松果，就像下图所绘的样子。这种水果在成熟后会变成黄色，此时的口感和味道俱佳，如细砂糖般惹人喜欢，却又更香甜袭人。但是，这种水果很不方便携带，除非将它制成罐头，因为它在成熟后无法长久保存。更奇妙的是，它没有种子，而是利用植株分生出来的冠芽来进行种植，有点儿像我们所知的嫁接技术。另外，在成熟之前，这种水果非常涩口，不适合食用。在生长过程中，它的叶冠看上去就像一小丛灌木。

冈达沃（1576年，第五卷）也提到了它：

这种水果被称作凤梨，它的味道很好，而且深受当地居民喜爱。它生长在一种看上去很不起眼的植物上，这种植物的茎很短，长有很多像芦荟一样的宽大肉质叶片，果实的生长方式有些像菜蓟，而外形则看起来像一颗松果，大小与松果相仿或更大一些。果实成熟后会散发出宜人的芳香。此时，人们会将它们采摘下来，用刀切成四瓣后食用。它的滋味比我们国家的所有水果都更加美味，所以在当地广受欢迎，几乎家家户户都在种植。

通过这段有趣的描述，我们不难发现，在那个时期当地人就已经开始种植和食用凤梨了。而且，由于这些凤梨的大小与松果相似，所以我们也可以判断，当时的凤梨应该还非常接近野生种。

随后，又有很多欧洲人提到了它。皮索和马格拉夫（1648年）认为这是"大自然创造出来的一种非常与众不同而又值得称道的植物"：

它的叶子很像芦荟，而果实则像来自葡萄牙的松果；它的味道和香气会让人联想起最细腻芬芳的蜜桃。大自然还为它装饰了一顶漂亮的冠饰。将这顶叶冠割下来，再种到土壤里，便会生长出另一株凤梨。这是一种既能饱腹又能治病的水果，既能直接食用，也可以制成更易保存的蜜饯，印第安人还会用它的果汁混合一定比例的水来制作药物。

根据上面的描述我们可以得出结论：凤梨是被制成蜜饯后装船，然后经由印度航线和葡萄牙人开发的其他海上航线被运往世界各地的。与之类似的还有甘蔗，它之所以能够被迅速引进到巴西并被当地人广泛接受，美味的甘蔗汁绝对功不可没。

直到17世纪，仍然有不少人对凤梨这种水果赞不绝口。克里斯托旺·德利斯博阿（约1627年）在马拉尼昂时曾做出了如下描绘：它是"这片土地上最好的水果；当它成熟时，从很远的地方就能闻到芳香；果实呈蜡黄色，表层长有很多眼睛状的果瘤芽，把它挖出来种在土壤里，很快就能生根发芽；熟透的果肉可食用"，这段描述中提到了凤梨的另一种繁殖形式，不过后来发现这种方式对于植物的传播并不是很有效。

罗沙·皮塔在一篇介绍巴西成立以来历史的论文（1730年）中，也没有吝惜对凤梨的赞誉："在巴西本土出产的所有水果之中，凤梨是独一无二的，说它是水果之王也不为过。正因如此，大自然为它授予了一顶由布满棘刺的叶片组成的冠冕，就像弓箭手一样保护着它。"

1753年至1767年间，匈牙利神父弗朗索瓦-格扎维埃·埃德曾在秘鲁居住，他也非常喜欢这种美味的水果：

> 在美洲，最常见的食用凤梨的方法是，将其切成块，洗净，然后撒上糖和酒进行腌渍，等到享用时，再加入肉桂粉即可。

当地人食用鲜凤梨，主要是看重它的药用价值；而欧洲人迅速接纳这种水果，却是源于它奇异的外观、美妙的滋味和独特的保存方式。借助葡萄牙的大航海之

弗雷·克里斯托旺·德利斯博阿，约1627年

旅，凤梨迅速被其他大洲的居民所认识。对此，皮奥·科雷亚表示，凤梨不仅是第一种被移植到其他大陆的美洲植物，其传播之迅速更是无可比拟。

根据科林斯的说法，葡萄牙人在1505年就已经将凤梨种到了圣赫勒拿岛上。1549年，它也出现在了马达加斯加的土地上。然后，人们很快就在从印度到日本这一带由葡萄牙占据的东方领土上发现了它的身影。之后，它又被西班牙人经由阿卡普尔科至马尼拉航线引进到了菲律宾和太平洋的群岛上。

有些资料显示，路易斯·德瓦斯康塞洛斯在1552年首次将凤梨从巴西带到了印度，但诸多迹象表明凤梨被引进

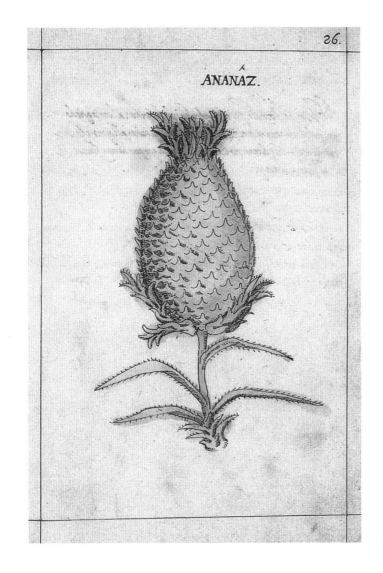

ANANAZ.

26.

到印度的时间应该更早。1578年，克里斯托旺·达科斯塔
在谈起凤梨的巴西血统时表示凤梨已经被引进到了"整
个西印度及东印度地区，并被广泛种植在这里的大多数
地区"。

目前还不清楚凤梨被引进到非洲大陆的确切时间，不过我们猜测应该是在16世纪初。在费尔南·瓦斯·多拉多1575年绘制的地图集中，非洲大陆的部分出现了好几处凤梨形状的装饰物，因此我们可以判断出它当时在非洲就已经很常见了。若昂·多斯桑托斯在其《东埃塞俄比亚和东方非凡之物的各种故事》（1609年）一书中提到，在莫桑比克种植着大量"凤梨，它们与巴西出产的一样美味"。凤梨在非洲广受欢迎，因此卡瓦齐·达蒙泰库科洛神父在描述17世纪中期的刚果、安哥拉和马坦巴王国时这样写道：

> 所有土地上都种着凤梨，甚至连荒地上都是（……）；每一株都结着大小不一的果实，或青涩或成熟。即使最大的凤梨，也只有一个人双手合围的大小；人们将它们切成薄片，然后加少许盐腌渍之后再食用（……）；这是最好吃的水果，至少非常适合欧洲人的口味（……）；每当看到一些凤梨形单影只地生长在树林里时，我都会想，

这些当地人并没有把这些美味的水果当回事，不过这仅仅是因为他们的懒惰和疏于照料。

通过这段描述，我们可以确认凤梨在很早之前就已经被引进到非洲了，因为"在树林里"可以看到近乎野生状态的植株。

凤梨无法在低于10℃的温度下生长，所以欧洲的自然环境不利于它的露天种植。正因如此，17世纪末期，在距离莱顿不远的维沃霍夫，阿格妮塔·布洛克在她的许多同胞都种植失败后，在自己的花园温室里第一次成功种植了凤梨。在她之后，又出现了不少效仿者，这其中就包括彼得·德拉考特——一位富商和园艺爱好者，他将凤梨的种植技术发扬光大，并在1737年发表的园艺论著中描述了自己的成功。

在英国，亨德里克·丹克茨于1675年至1680年间创作了一幅著名画作，在画面中，国王查理二世站立在右侧，左侧则跪着一个男人，可能是他的园丁约翰·罗斯，他向国王递上了一颗凤梨。这幅画据说是为了纪念在英国成功种植

出的第一颗凤梨而创作，不过它作为一种进口水果早已出现在英国了。事实上，英国最早的凤梨植株是由彼得·德拉考特于1719年寄给里士满（萨里）的马修·德克尔爵士的，第一批"英国"凤梨也正是从那里的温室中培育出来的。

在法国，曼特农夫人在她的青年时期曾在马提尼克岛尝过这种水果，但坊间传说多次提及路易十四在1702年也曾享用过一颗，这颗凤梨出自舒瓦西－勒鲁瓦的温室，据说他曾在这里为自己的情人培育过这种水果，不过这一说法并没有被证实。然而可以确定的是，在凡尔赛宫，负责替国王打理菜园的路易·勒诺尔芒在1730年收到了两颗来自美洲的凤梨，并掌握了它的培育方法。经过了三年的不断尝试后，他让路易十五吃到了法国产的凤梨。

在此之前不久，菲勒蒂埃在他的辞典（1690年）中给凤梨做出了定义：

> 凤梨，印度的一种具有神奇效力的水果，据说如果在晚上放一颗钉子在上面，第二天整颗钉子都会生锈。它的口感有些像樱桃汁，香甜可口，又略带葡萄酒的味道，会在口中留下玫瑰花露的芳香。这种水果生在一种悬铃木（或香蕉树）上，人们在果实青涩时进行采摘，待其成熟变黄后食用。

在百科全书中，也专门配了一篇文章和一幅插图来介绍凤梨，并称赞它"比

位于苏格兰的"邓莫尔凤梨",1761年由威廉·钱伯斯建造,以其凤梨形屋顶而闻名

所有已知的水果都还要棒",文末这样写道:

> 通过压榨凤梨而获得的果汁可以酿造出很棒的酒,它具有很强的功效,能够缓解恶心,提神、利尿,但孕妇禁服。人们还可以通过腌渍凤梨来制作蜜饯,这种蜜饯对于体弱的人大有益处。

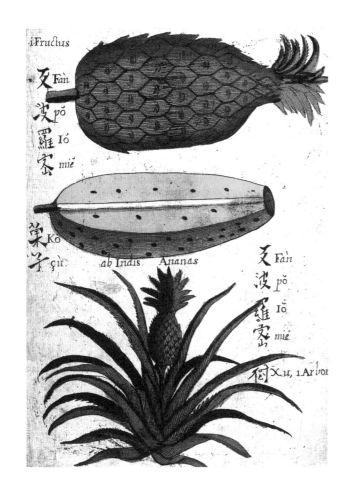

i.Fruclus

叉 Fàn
浚 pǒ
羅 Ió
蜜 mie

棠 Kō
子 çiū.

ab Indis   Ananas

叉 Fàn
浚 pǒ
羅 Ió
蜜 mie

樹 Xū, 1 Arbor

凤梨和香蕉
卜弥格，《中国植物志》，
1656年

　　除了欧洲大陆之外，凤梨于1863年被引进到了亚速尔群岛中的特塞拉岛和圣米格尔岛，随后人们便开始在特塞拉岛上进行种植。1864年，第一批种植的400颗凤梨被出口到了英国。

　　凤梨还具有很高的药用价值，巴西印第安人主要用它来缓解恶心、祛风和利尿。此外，新鲜的凤梨茎部和根部含有凤梨蛋白酶，这是一种蛋白水解酶，可以用于制作驱虫、促消化、抗血凝和吸收水肿的药物。

戈迪尼奥·德埃雷迪亚在其1612年的手稿中也提到，在印度，"凤梨是一种人工种植的植物，性喜炎热而干燥的环境，果实香甜爽口，易储存、利消化，但切忌过度食用，否则会导致发烧和胃部不适。"

过量的凤梨会刺激舌头上的味蕾，产生麻涩感，所以建议敏感人群控制食用量。还有些人推荐神经衰弱及呼吸道炎症的患者饮用凤梨汁。

在各地还流传着一些关于凤梨的用途，比如，在马达加斯加，人们会从凤梨叶中提取纤维来织布；在刚果有一款用凤梨制作的啤酒，在布隆迪则有一种名为bourasine的利口酒，而在安哥拉也有一款特制的凤梨酒，当地人把它们作为葡萄酒的替代品，因为葡萄酒在这些地区非常昂贵。

早在1813年，人们就将凤梨引进到了夏威夷。但直到20世纪，夏威夷的凤梨种植才取得了巨大的发展，可惜近年来它的产量又遭遇了断崖式下跌。在20世纪60年代，夏威夷的凤梨产量占据了全球市场的80%，而现在的占比已不足1%。

在全球出产的凤梨中，10%左右以鲜果形态被出口到温带国家，30%被当地人消费，其余60%则经过工业加工（切片或切块后，用于制作糖浆、果汁、蜜饯以及其他一些昂贵的副产品）后出口。

学名：*Annona* spp.

番荔枝科

刺果番荔枝
费尔南德斯·德奥维多，
1535年

番荔枝的拉丁属名来源于泰诺族（加勒比地区原住民）语言中的anon。目前已知的番荔枝有数十种，果实均可食用，这些种类几乎全部来自加勒比地区的海岛和中美洲。

当欧洲人来到这里时，当地已经种植了某些种类的番荔枝。不过，这些水果当时是否也已经出现在巴西还存在疑问，尤其是一些现在常见的主要种类。毕竟那些描绘巴西自然宝藏的著作中对此只字未提。

弗雷·克里斯托旺·德利斯博阿（约1627年）在他的著作中记录了在马拉尼昂生长着的很多种果树，但从未提到过番荔枝。它们是典型的适于在湿热气候下生长的植物，如今在大多数气候适宜的低海拔热带地区都很常见。现存的资料中并没有留下这些植物是在何时、通过何种方式被引进到其他大洲的记录，更没有葡萄牙人将它们带到非洲和印度的任何证据。在不同的产地，番荔枝有很多种，其中最主要的有以下几种：

1 刺果番荔枝

学名：*Annona muricata*

葡萄牙语：Sap-Sap, Coração-da-India, Coração-de-preto；巴西葡语：Graviola, Araticum-grande, Coração-de-rainha, Jaca-do-pobre, Jaca-do-pará, Jaqueira mole, 等等；西班牙语：Guanabano；英语：Soursop.

刺果番荔枝，也被称为带刺的番荔枝、带刺的牛心果或是人心果（留尼汪地区的叫法），是一种原产于中美洲和南美洲北部的中等树形的灌木；它的果实上有一层长满棘刺的壳，所以很容易与其他的几种番荔枝区分开来，这是一种果肉含量丰富的水果，白色的果肉中混有大量黑色种子。

在安的列斯群岛，人们用它来制作一种"刺果番荔枝酒"。拉巴神父在1698年曾经尝过这种酒：

> 这种植物被法国人称为corossolier，它的果实叫作corossol；西班牙人叫它guanabo；而生活在美洲的其他欧洲人会称之为cachiman或momin（……）法国人在卡拉克海岸附近的荷属岛屿上发现了很多这种果树。这个名为Curaçao或Curasso的岛屿被法国人根据自己的发音规则称为Corossol，所以当人们把这些水果带回法属岛屿时，就用岛屿的名字给水果命了名，这也许是因为他们不知

雅坎，1781年

道这种水果在当地叫什么，也可能是出于我不知道的其他原因。(……)人们会将这种水果榨汁，然后稍微添加一点糖来中和它的酸味，就能制作出一款非常清爽宜人的利口酒。当然，如果让它再发酵三十到四十小时，它便会失去自身的所有酸度，从而变成一款更受欢迎的小酒，但饮用这种酒会使人头脑变得疯狂。这种酒只能保存一天半到两天的时间，然后就会慢慢变质，大约经过五六天的时间，它就会变成最酸的醋。(《美洲法属诸岛游记》，1722年)

这是一种非常优质的水果，主要用于制作甜点、果汁和冰淇淋。

还未熟透的青色果实可用来制作罐头；叶子有药用价值，用其泡水后做茶饮可以降低血糖；种子则可用于制作催吐剂和镇痉剂。

2　牛心番荔枝

学名：*Annona reticulata*

葡萄牙语：Coração-de-boi, Nona, Jaca-dos-portugueses；西班牙语：Mamon, Anona colorada；英语：Bullock's heart

牛心番荔枝也被称为牛心果或网脉番荔枝，原产于中美洲及安的列斯群岛，并在17世纪时登陆了亚洲海岸地区，但目前尚无资料证实其当时在巴西是否已经为人们所熟知。虽然当时葡萄牙人和西班牙人通过两条不同的路线分别将它带到了东方，但有一点值得我们注意：在印度的马拉巴尔海岸地区，这种水果被称为"葡萄牙木菠萝"，这似乎说明了到底是谁最先将这种番荔枝引进至此的。

在所有番荔枝中，牛心番荔枝的果实并不是最美味的。然而，它被引进到安哥拉后却得到了广泛的认可，甚至被认为是当地的半原生种，尤其在宽扎河流域更是如此。

德库尔蒂，1822年

3 秘鲁番荔枝

学名：*Annona cherimola*

葡萄牙语：Anona-da-Madeira, Cherimolia；西班牙语：
Chirimoyo；英语：Cherimoya

这是一种树形中等的植物，原产于安第斯高原，自古以来就被种植在这片辽阔的温带地区，我们甚至在印加帝国的墓穴中发现了它的种子。这些种子应该是从13公斤的果实中提取出来的。

这些水果在当地是一种常见的基础食材，能够制作出"品种丰富的美味、精致而芳香的食物"，或是通过发酵来制成饮料。它的名字来自克丘亚语中的chirimuya一词，意为"寒冷的种子"。

这种植物在气候炎热的地区很难存活，但在包括地中海盆地和大西洋上的葡属岛屿在内的众多温带地区却长势良好。在马德拉岛上种植着大量的秘鲁番荔枝，最近人们又开始把它们栽种到阿尔加维地区、西班牙南部和加那利群岛，不过种植的品种已经过了改良，果实出籽比较少。

秘鲁番荔枝甜香宜人，果实不易保存，不过在市面上依然能够买到。此外，它们还是制造利口酒、糖浆和冰淇淋的原料。

德库尔蒂，1822年

4 番荔枝

学名：*Annona squamosa*

葡萄牙语（巴西葡语）：Fruta-pinha, Araticum, Ateira, Condessa, Fruta-do-conde, Pinheira；西班牙语：Anona blanca, Fruta del conde；英语：Sugar apple, Custard apple

番荔枝原产于加勒比地区和中美洲，也被称为释迦果，生长在从海平面到海拔1000米之间的区域。由于对各种气候条件的极佳适应性，它能够在热带地区和偶尔出现霜冻的温带地区正常生长。

有时候，即使在一些荒芜之地或斜坡路旁，番荔枝也依然能够生长和结果，比如，在佛得角群岛中一些干旱贫瘠的岛屿上就能找到它们；甚至在热带非洲的干旱地区也能发现它们的身影。

它长有鳞片的果实会让人联想到意大利五针松的松果或松塔（所以这种水果在葡萄牙语中有一个名字叫作fruta-pinha，松塔果）。在喜欢番荔枝的人眼里，它的果肉柔软，滋味绝妙，是所有番荔枝中的极品。

不过，这种水果也并不是那么完美无缺，比如它的果肉中时常会出现局部纤维化的现象，从而影响口感；而且它无法长时间保存，所以即便味道很好，却依然无法在广阔的市场中占据一席之地。

1526年，费尔南德斯·德奥维多在书中第一次提到了这种水果，当时它被称为guanabano，这是印第安语的叫法；1535年，他又为它增加了一幅插图（参见第237页）。同样，我们在弗朗西斯科·埃尔南德斯的著作中也能找到关于它的介绍和一张配图，在里面它被称作ahate或quauhtzapotl。除了对水果滋味的描述，他还提到"果实的种子似乎具有驱虫的特性；用切碎的叶子敷在溃疡处，能有效促进愈合；植物的根可以被用于制作强力泻药"。

这种植物很可能是由1627年至1635年期间任总督的米兰达伯爵迪奥戈·路易

树懒与番荔枝
亚历山大·罗德里格斯·费雷拉，1783—1792年

斯·德奥利维拉从安的列斯群岛连同其他物种一起引进到
巴西的，因此这种水果最初被称为fruta-do-conde（即"伯
爵之果"）。不过也有一些资料显示，这一物种在1611年就
被从安的列斯群岛带到了巴西，而在1627年又被带到了印
度，这一切应该是葡萄牙人所为，因为他们每到一处都会
带上所有可食用的植物。

不过，时至今日，这种水果在马拉巴尔海岸地区仍被

称为"马尼拉木菠萝"，所以我们猜测也有可能是西班牙人先将它带到了菲律宾，而它也是从那里被传播到其他东方国家的。

从它的法语名字可以看出，这种水果的果肉能释放出一种如肉桂般的芳香。此外，这种植物具有很高的药用价值，因此，在药用植物需求旺盛的那个年代，它的身影很快就遍布了世界各地。

它的种子拥有杀虫剂的特性。它的根和叶也可以制成多种药剂，其中最广为人知的便是强力泻药，当然它们还可以被制成轻度泻药、促消化药、发汗药、祛风剂、抗风湿药、驱虫药等，同时对缓解胸部疼痛症状也有疗效。

正式中文名：落花生

学名：*Arachis hypogaea*

豆科

葡萄牙语：Amendoim, Alcagoitas, Mancarra；西班牙语：Mani；

英语：Peanut, Groundnut

瓦伦蒂尼，1719年

花生是一种原产于美洲的草本豆科植物，尽管一些人认为它应该原产于非洲或同时在美洲和非洲均有生长，有些人甚至认为它的原产地在亚洲。这些不同的看法说明了一个事实：这种植物在地球上的不同地区均有生长，而且由来已久，完全融入了当地植物群落，所以有些人会认为它就是当地的原生植物。

花生最初被人工种植应该是在包含巴拉那河与巴拉圭河河谷在内的格兰查科地区，因为这里的生态条件很适合它的生长；也正是从这里开始，人们慢慢把它种植到了整个美洲大陆。当欧洲人抵达新大陆时，他们在中美洲和巴西发现了这种植物。埃尔南德斯特意提到了墨西哥，因为"在此之前欧洲人只在海地看到过它"。

随着种植区域的扩大，出现了许多新的花生品种。这些品种看起来并不太容易区分，但迪巴尔认为应该将其分为两大类：一种原产于巴西，被葡萄牙人经由大西洋航线传播到欧洲、非洲和亚洲地区；另一种则原产于秘鲁，由西班牙人通过太平洋航线引进到东方国家。至于二者的形态区别，通常来说，每颗巴西花生有两粒花生仁，而秘鲁花生则有三粒。

冈达沃（1576年）曾为我们介绍了许多在巴西发现的可利用植物，却没有提及花生，所以我们猜测它应该不在当地印第安人的日常基本食物之列。

不过，苏亚雷斯·德索萨（1587年）却详细描绘了这种植物，包括它在巴西的食用方式：

> 我们只在巴西见过这种植物，人们用手将种子埋在土壤里，两颗种子通常会间隔一掌的距离；植物的叶子与荷包豆相似，但枝茎往往匍匐在地面上。每株植物都会在根部末端结出很多"大杏仁"，大小与橡子相仿，也都有坚硬的果壳，不过它的果壳是皱巴巴的白色硬壳，每一颗果实的壳内有三到四粒果仁，每粒果仁外边都包裹着一层果皮，跟松子比较相似，但个头明显比松子更大。去皮后的果仁为灰白色，味道也有点儿像松子。果仁可以生吃，滋味接近

弗雷·克里斯托旺·德利
斯博阿，约1627年

鹰嘴豆；也可以像栗子一样带壳烤熟或煮熟后食用；去
壳后烤食则味道更佳。

　　这里提到的花生品种，茎蔓是匍匐于地面的，不过实
际上也有茎枝为直立和半直立于地面的花生品种。

　　上文的作者并非植物学专家，所以并不清楚其实花生
的果实并非像他描述般生长在"植株根部的末端"，而是生
长在花葶（雌蕊）的底部，被埋在了土壤里而已。第一眼
看上去确实很像果实生长在根部。基于这种特殊的结果方

式，花生比较适宜种植在土质松散的土壤中。

在弗雷·克里斯托旺·德利斯博阿（约1627年）描绘"马拉尼昂动植物"的一本著作中，有一幅很奇特的插图，图中展示了一株在根部和茎部同时结果的花生，并补充介绍说这些花生的果实"如同橄榄般大小，比其他品种要更为优质……"

此外，他还详细介绍了花生的药用价值，但似乎忽略了它的食用方法："……对于摔断了腿或手臂的人来说，将尚未成熟的花生仁碾碎后涂抹在断处，对恢复大有益处。"

花生被印第安人称作mandubi或mandobi；西班牙人则称之为mani、manobi或cacahualt，最后一个词在阿兹特克人的语言中是可可的意思，而花生在同种语言中被称为tlâlcacahuatl，意为"土地里生长的可可"，至于可可和花生为何拥有相同的词源确实值得研究。在法国，花生被叫作arachide，这个词源自Arachidna quadrifolia，是1703年由普吕米埃神父创造的名字，用于代指安的列斯群岛上的居民所说的"土地里生长的豌豆"或"土地里生长的开心果"。Arachidna一词源于希腊语中的arakos，在古代，泰奥弗拉斯托斯用它来命名拥有"方形种子"和匍匐茎蔓的山黧豆。显然，普吕米埃选择的参照不太准确。

16世纪时，葡萄牙人在好奇心的驱使下，开始在里斯本周围的花园和田地里种植花生，可惜最终不了了之。不过，这些远道而来的植物却在南部的阿尔加维地区和下阿连特茹海滨沙滩"定居"了下来。在同一时期，葡萄牙人还将花生引进到了非洲。有些人则认为这件事发生的时间要更晚些，是因为葡萄牙人开发新大陆时需要充足的食物来养活船上的奴隶，才将花生带到了非洲。

一个有趣的现象值得我们关注：在非洲的一些地区，当地居民在欧洲人到来之前就已经开始种植班巴拉豆（也称班巴拉花生）了，这是原产于非洲中部地区的一种与花生很相似的豆科植物，它们结果的方式都一样，不过班巴拉花生的荚果中只有一颗果仁。在这里，人们采用相同方法种植美洲花生却能获得更好的收成，因此这一外来种毫不费力地取代了原生种，并迅速在整个非洲大

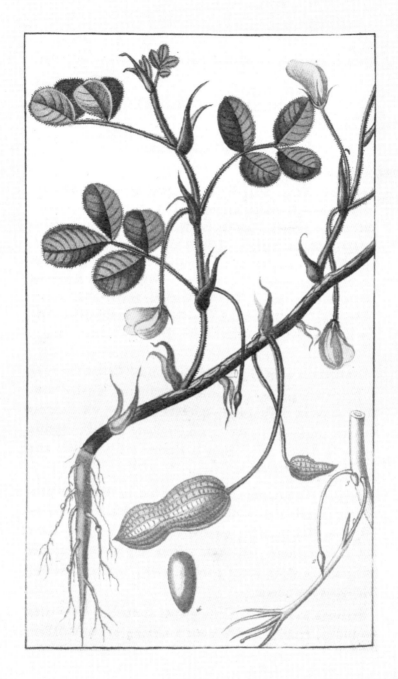

德库尔蒂，1827年

陆获得了认可。

瓦伦廷·费尔南德斯（约1506年）写道：16世纪，在葡萄牙人将花生带到非洲大陆之前，居住在几内亚海岸的人们以"大米、小米、薯蓣和曼卡拉豆"为食。曼卡拉豆是花生在几内亚比绍的比热戈斯群岛和安哥拉的宽扎河岸地区的名字，它在比热戈斯被称为mancarra-dos-Bijagós（比热戈斯的曼卡拉），而在宽扎则被称为ginguba或mancarra-de-Cambambe（坎班贝的曼卡拉）。因为这个原因，花生在葡语国家也常常被称为曼卡拉豆。

还有另一条线索，让我们可以断定花生是由葡萄牙人引入非洲的。

事实上，两个物种的果仁中脂肪含量有明显区别。曼卡拉豆富含蛋白质，但脂肪含量占比相对较低（6.8%），这点与芸豆、蚕豆和豌豆更为相似。而花生的脂肪含量通常高于40%，属于油料作物。因此，在非洲某些地区，人们将花生称作tiga，这个名字很可能源自葡萄牙语中的manteiga（即黄油）。

在非洲的许多地方，花生已经成了当地居民的日常食物，食用方法则多种多样。不过，直到19世纪末期，人们才开始把它当作一种非常重要的榨油原料，而花生榨油也成为许多国家和地区的一项主要经济活动。

花生仁经过压榨和提取后，剩余的残渣中含有非常丰富的蛋白质和多种氨基酸，尤其是一般谷物所缺乏的赖氨酸。利用这些残渣生产出来的"花生粉"深受国际权威机构认可，将其与谷物、木薯、山药、芋头、番薯和千年芋等淀粉产品一起食用，能使人体保持更为均衡的膳食结构。有些花生品种很好地适应了温带地区的生长环境，但当地生态条件导致果仁中的脂肪含量降低，从而无法用于商业榨油。然而，通过精心培育和不断改良种植技术，这些品种能够生长出更为饱满的果仁，从而被广泛用于零食制造业（比如烤花生或腌渍花生）。

随着公众对动物脂肪逐渐失去信任，工业界又通过将花生去壳去皮后进行研磨加工，生产出一款非常适于涂抹在面包上食用的花生酱，深受北美富裕国家和非洲地区的孩子们喜爱。

俗名：牛油果、酪梨

学名：*Persea americana*

樟科

葡萄牙语：Abacateiro，Abacate；西班牙语：Aguacate；

英语：Alligator Pear，Avocado

卡罗卢斯－克卢修斯，
1601年

　　鳄梨是一种树形中等的常绿乔木，它的树冠伸展，分枝茂密，叶片多呈圆形。它原产于墨西哥南部到南美洲北部之间的地区，生长范围一直可从海平面以上延伸到中海拔区域。这种分布特征使得不同地区所产鳄梨的抗寒能力各不相同，从而又分化出了墨西哥系、危地马拉系和西印度系三大种群。近年来，种植者又利用这三大种群杂交培育出多个新品种，以适应新的生态环境。

　　该物种通常对风和土壤盐度十分敏感，这决定了它的种植区域主要集中在多风的沿海地区，同时还需要设置专门的植物屏障对树木进行保护。

　　西班牙人马丁·费尔南德斯·恩西索在1519年于哥伦比亚逗留期间就曾提到

过鳄梨，他也成为第一个提及这种植物的欧洲人。而费尔南德斯·奥维多在1526年也提到了鳄梨，不过他只是把它称为"梨树"，而没有专门为其命名。

其实，早在1492年时，鳄梨就已经在美洲大陆被广泛种植，且深受当地原住民的喜爱。不过殖民而来的西班牙人却对此并不感兴趣，因为它的果实并不具备欧洲人喜欢的芳香、美味和多汁等水果特性。

印第安人将鳄梨视为圣果，认为它是上帝的恩赐，是一种赋予他们力量和生育能力，并能治愈多种疾病的植物。16世纪70年代末，当时身在新西班牙的弗朗西斯科·埃尔南德斯为我们做了如下描述：

> 这是一种形似鸡蛋的水果，但在有些地区，它的个头会更大一些。这种水果果肉厚实，带有一种青涩坚果的味道；（……）这些水果营养丰富，口感温润宜人，不过略显油腻，对于刺激性欲和增加精液作用明显。它的果核中可以提炼出一种类似杏仁油的油脂，其中所蕴含的收敛作用能有效治疗皮疹、疤痕和痢疾等疾病，也有预防脱发的功效。（《有关在新西班牙地区药典中收录的动植物特性的四部自然百科》，1615年）

当时，人们认为鳄梨的果肉具有壮阳特性，这从它的命名上就能看出端倪。实际上，鳄梨果实的名字来自纳瓦特尔语中ahuacatl一词的音译，原意为"睾丸"，这与果实形状不无关系；而植物本身则被称为ahuacuahuitl。在这样的大背景下，时至今日，秘鲁每年仍会举办一场名为acataymita或lacataymita的生育节，时间定于12月，这既与年轻女孩和男孩的成长启蒙有关，也恰好与果实的成熟期相吻合。

尽管有些人认为鳄梨的原产地也包括亚马孙北部地区，我们却并没有在巴西找到任何相关的证据，而在葡萄牙人在其他大洲引进的植物清单中也没有看到它的名字。

我们认为，应该是在葡萄牙王室因拿破仑军队入侵而迁至里约热内卢避难

LAURUS *Persea.*

帕翁，1830年

（1808—1821年）之后，若昂六世为了促进当地农业的多样化，才下令从中美洲将鳄梨引进到巴西的。

最初，西班牙人对这种水果并不买账。卡罗卢斯-克卢修斯为我们提供了证据：早在1601年，瓦伦西亚植物园里就出现了鳄梨的身影，不过它们好像并没有得到广泛种植。

根据不同资料显示：鳄梨在1650年被引进到了牙买加，在1780年被引进到了毛里求斯，随后在1833年被引进到了美国佛罗里达州。

在欧洲人眼里，鳄梨的味道很怪，而且它的种子在很短的时间内就会丧失发芽能力，幼苗又十分脆弱，这些因素都导致了该物种在很长一段时间内都只生长在美洲大陆的原生环境中。人们先后多次想将其引进到欧洲都没有成功。

直到19世纪时，鳄梨才真正得以在其他大洲的热带或温带地区落户生根。如今，为了满足新鲜果蔬市场的各种需求，人们创新了多种混合种植的形式。某些脂肪含量很高的品种则仅仅被用于提炼鳄梨油。

在鳄梨被引进到加利福尼亚州和佛罗里达州，并变成当地学生日常零食的能量来源之后，北美人就成了促进其种植发展的重要力量。

为了满足近期欧洲和美国对于新鲜鳄梨的需求，不少温带地区也开始建立大型种植园，并栽种一些更耐寒的品种。比如，美国扩大了本土种植范围，以解决内部市场供应不足的状况；而一些地中海国家也采取了同样的措施，以满足南欧、北非（包括加那利群岛）、马德拉群岛和近东地区的需求。

在此期间，人们发现鳄梨果肉中的脂肪物质具有预防和治疗某些皮肤疾病的特性，这使其拥有了更多的开发价值，有人甚至开辟了专门栽种适于提炼鳄梨油品种的种植园。这些种植园通常会建在热带地区，因为这里的生产成本更低，生态条件也更利于高脂肪含量品种的生长。

在葡萄牙，鳄梨主要种植在马德拉群岛和亚速尔群岛上，而在其本土的种植则主要由一些在阿尔及利亚战争后定居于此的法国人进行经营。

如今，我们在阿尔加维所看到的鳄梨，主要是满足当地酒店房客的需求，

德库尔蒂，1829年

而葡萄牙人本身并不特别喜欢这种水果。

鳄梨的果实属于浆果，果壳很厚，但并不是很坚硬，反而略柔软。果肉呈油性，几乎无味，只带有淡淡的松子或榛子的味道。籽实很大，约占果实重量的30%左右，被果肉所包覆。不过，不同品种的果实，大小、形状、颜色和籽实都大不相同。鳄梨与橄榄、油棕果实一样都属于"高脂果实"，这三种果实都至少含有约20％的脂肪和大量脂溶性维生素。根据这些特点，墨西哥人把鳄梨叫作mantequilla-de-arbore 或 mantequilla-de-pobre（意为"生长在树上的黄油"或"供穷人食用的黄油"）。

鳄梨的果肉可食用，经常被当作餐后点心。可以直接食用，也可以根据口味与牛奶、糖、盐、甜葡萄酒甚至醋一起搭配食用。在一些葡萄牙殖民地，殖民者主要是因其药用价值而食用鳄梨。不过为了使它的味道更易于接受，他们习惯在其中加入一点点波尔多葡萄酒，所以当地有一句俏皮话是这样说的："即使没有鳄梨来衬托，波尔多葡萄酒的味道也很棒！"

在欧洲，人们习惯将这种水果切成薄片或捣碎，然后搭配肉类菜肴一起食用；有时也会搅拌在蛋黄酱或其他酱汁里，为大虾及其他海鲜类食材做配菜。

鳄梨油在其产地国通常被用在饮食之中；而在工业上则主要应用于化妆品制造领域。据专家称，其中含有不可皂化的成分，对皮肤的渗透力极佳，因此经常会被添加到剃须膏、润肤露和各种治疗皮肤病的产品之中。

人们已经开始研究如何从其巨大的果核中提取油脂。此外，果核中还被发现含有一些抑菌物质，只是目前尚未用于制药行业。

鳄梨被认为是一种药用植物。除果肉外，将其叶片晒干后泡水服用，可治疗肝脏、肾脏和泌尿系统疾病，降低血液中的尿素和氯化物含量，抗腹泻、痢疾甚至梅毒。不过它的叶片中含有一种有毒的脂肪酸，在高剂量时可能致命。用新鲜叶片制成的凉茶具有助消化和利尿的功效，可以缓解胃肠胀气，降低胆固醇。在热带地区，人们经常把鳄梨作为一顿丰盛大餐的压轴之选。

学名：*Theobroma cacao*

锦葵科

葡萄牙语：Cacaueiro；西班牙语：Arból del Cacao；英语：Cacao Tree

可
可

弗朗西斯科·埃尔南德斯，
1615年

人们普遍认为，可可树原生于亚马孙河流域和奥里诺科河下游地区热带雨林中的林下灌木丛，因为丛林中高大树木的茂密枝叶能使其免受赤道地区阳光的强烈照射。由于可可树的品种众多，所以一些人认为它的原生领域更为广阔，应该包括南美洲北部以及从中美洲到墨西哥南部之间的低地地区。

可可是一种树形中等的乔木，树干呈暗灰褐色，树干上生长有众多的短小花枝，之后便会从这里开花结果。可可树的树冠形如伞盖，但有一点看起来却十分特别：它的果实直接长在树干上，这点和亚洲的波罗蜜十分相似。树叶为互生，叶片很大，背阴处的树叶通常较薄，向阳处的树叶则更具皮革质地。叶柄生于叶片的基部，拥有一种类似动物关节的特性，会根据外部条件而改变位置：当阳光不足时，叶片会平摊开；而在下雨时，叶片则几乎变为垂直，这能有效避免水分积存和传染源的附着。

可可的花朵很小，但花很茂盛，不过大多数花都会在受粉前凋落；果实也是如此，当它们的数量超过花梗所能承受的限度时，多余的果实便会在成熟前腐烂或干枯。

可可的果实在法语中叫作cabosse，是一种形如西班牙蜜瓜的大而细长的浆果，不过果皮厚而坚硬，表面有十条深浅交错的纵沟。果实内部被纵向分为五个瓣室，里面排列有多粒种子。待果实成熟时，种子会被包裹在香甜的果肉之中。种子的形状看起来像个豆子（因此得名"可可豆"），拥有白色或粉红色外皮，不同品种的子叶颜色不同：克里奥罗可可豆的子叶呈淡淡的肉桂色，而佛拉斯特罗可可豆的子叶则为紫色。

将种子从果实中取出，洗净并晒干后进行烘烤，会散发出一种类似芸豆的味道。若要可可豆散发出我们所熟悉的巧克力香味，必须先将种子进行加工，使其发生一系列特殊的物理化学变化后再进行焙烤。

最初，生活在热带地区的美洲人认为可可树拥有神圣的起源，是神赐予人类的礼物。那时的人们不仅食用香甜的可可果肉，还会将其蒸馏发酵后制成颇受欢迎的饮料，不过没有人会食用味道苦涩且令人不快的种子（即可可豆）。人们就像老鼠和猴子一样，在将香甜的

凯茨比，1753年

果肉啃食干净后，就对可可的种子弃之不顾了。后来，出现了一些种子没那么苦涩的可可品种，再加上处理工艺的提升，这些种子在整个中美洲及南美洲北部逐渐具有了非凡的意义。人们将去皮的种子在陶器中煮熟，再放入空心石块中捣碎，得到的糊状物会散发出令人陶醉的巧克力香味。当地印第安人在这些糊状物之中加入香草、辣椒、胭脂红、花瓣和一些不知名的特殊配料及热水，制成一款特殊的芳香饮料。

当各种亚洲香料被运到美洲大陆的欧洲殖民地时，人们又在这款饮品中加入了胡椒和丁香。最近的一项研究表明，是奥尔梅克人发明了巧克力饮品的配方，几个世纪后，这个配方传到了玛雅人手中，随后又传给了阿兹特克人。

在纳瓦特尔语中，可可树被称为cacahoacuahuitl，这其中充满了神话色彩。在贝尔纳迪诺·德萨阿贡看来，这种植物被从天堂带到了墨西哥的图拉，并种植在当地的花园中，那里居住着致力于天文学、医学和农业研究的羽蛇神及他的追随者们。他从占星法师那里得到了一个启示：食用了可可的人可以获得永生。受到诱惑的他发了疯，亲手毁掉了自己悉心打理的花园后逃离了这里。随后，他在四处游荡的过程中穿越了尤卡坦半岛，变成了雾神（值得注意的是，在可可的种植区域，至今仍常有雾霾天气侵扰），登上一艘有蝰蛇装饰的小船离开了。在离开之前他承诺，终有一天他会变成一位长有胡须的白人回到这里。如今，人们经常借用这个传说来解释西班牙人在最初踏上新大陆时为什么会受到欢迎。

欧洲人与可可豆之间最初的联系要追溯到1502年7月，据克里斯托弗·哥伦布的兄弟埃尔南多所言，哥伦布在第四次航行中抵达洪都拉斯的海岸附近时遇到了一艘本地的大船，船上很可能是一些商人，他们在运送被当成货币的"杏仁"。看起来，当地人似乎很好地利用了这些可可豆。

1519年，埃尔南·科尔特斯登陆墨西哥，当地人非常平和地接纳了他。如日中天的阿兹特克君主蒙特祖玛还专门设盛宴款待，宴会在菜肴和仪式安排方面都使用了高规格。在所有的菜肴中，最引人注目的是一款"深色"的饮料，从盛放它的金杯来看，这款饮料应该价值不凡。1520年，科尔特斯在写给查理五世的书信中提到了可可，并解释道："这是一种类似杏仁的干果，当地人会将它磨碎后售卖。这些果仁具有很高的价值，并被当地人当作货币，可用于购买市场上和其他地方的各种东西。"他还发现，在当地，如果一个人家中存放了大量的可可种子，便足以说明他的地位和财富。

1521—1523年期间，皮特·马特·德安吉拉在撰写《新世界》第五个十年中有关教皇克雷芒七世的部分时也提到了可可，他也是第一个为我们详细描述这种植物的人：

有一种树的果实，很像我们这里的扁桃仁，当地人称之为可可，并将其当成日常流通的货币。不过，这些果实具有双重用途：除了作为货币外，它的种子还可以制作饮料。事实上，这些种子本身并不算好吃，它的味道有一点儿苦。种子的外壳比较柔软，很容易剥离。这些种子在研磨后方可用于制作饮料。人们将一小撮磨碎的粉末加入水中，不断搅拌后便能获得这款只有皇亲国戚才配享用的饮品了。哦，这真是一种奇妙的货币！它不仅为人类提供了美味的饮料，还能避免让那些拥有它的人沉溺于贪婪的地狱之中，因为人们无法囤积它，更无法长期保存。（1530年，第五个十年，第四章）

不过，最后一点似乎与人们所看到的并不一致。接下来，他又解释了可可的种植方法：

人们通常会将可可树栽种在森林的林荫下，使其免受太阳的灼烤或浓雾的危害。就仿佛一个幼小的婴孩被保姆揽在怀中悉心照料一样。当可可树开始生长的时候，为了让它的树根有足够的空间伸展，也为了它能享受到充足的空气和阳光，人们会砍伐掉它身边的"保姆树"。至于那些货币，我们已经谈论得足够多了。如果那些市井庸人不愿认可这些细节，也不必强迫他们去相信。（1530年，第五个十年，第四章）

在1524—1525年左右撰写第八个十年的时候，他又一次提到了"生长在树上的

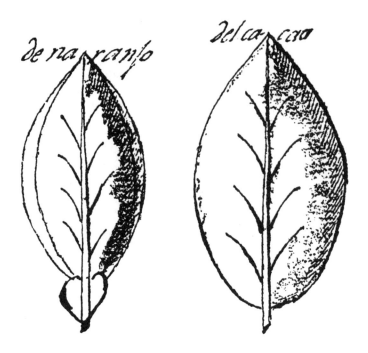

柑橘与可可的树叶
费尔南德斯·德奥维多，
1529年

奇妙货币"。同时，他更详细地描述了这款饮料，形容其
"香甜，但不太上头；不过，如果不节制地饮用也会感觉晕
头转向，就像过度饮酒一样。"此外，他还补充道：

> 权贵们及他们所管辖的富庶州郡，将可可作为支付
> 给科尔特斯的贡金和其随行人员的酬劳，这些可可既能
> 为他们提供饮料，也能供他们购买所需物资。我们注意
> 到，适宜这种珍贵植物生长的国家，其土地并不利于谷
> 物生产。所以，商人们会从其他地方带来玉米、棉花和
> 衣服，用来交换可可。（第八个十年，第四章）

1528年到1529年期间在尼加拉瓜短暂逗留的费尔南德

斯·德奥维多成为第一位完整介绍可可这种植物的人，相关内容收录在他的《西印度通史与自然研究》（第八卷，第30章）手稿中，题为"一种被称为cacao或cacaguate的树和它的果实，以及由其制成的饮料和油；这些水果在某些地区是如何被印第安人当作货币来进行各种商品交换的，以及这种植物的其他特性……"。他对可可树做了详细描述，认为"它的树干、树皮和树叶看起来都很像柑橘"，同时还介绍了它的种植方法以及它的果实和种子。他也提到了可可的货币角色，并详细介绍了可可饼的制作及食用方法，尤其是不同地区的人是如何用不同方式来调制出专供富人享用的特殊饮料的，因为"老百姓没有能力来享用这种饮料，这种行为无异于主动损毁和吞食自己的钱财，是一种纯粹的浪费"：

他们先像烘烤榛子一样烘烤可可豆，然后再充分研磨；因为他们喜欢喝人血，所以会在这种饮料中加入深红色的胭脂红，使其呈现红色。在研磨的过程中，人们会用石轮将可可豆反复碾压四到五次，待其变为粉末状后再加入少量水，使其变成一种浓稠的面饼状，并放在一旁备用。为了使它的口感更好，必须要将这些可可饼放置至少四五个小时；所以早上制作晚上食用或者当天制作次日食用效果更佳。制好的可可饼能够保存五到六天或更长时间。（……）

饮用的方法也很奇特：首先在杯中放入大约三十颗可可豆研磨出的"面饼"，再加入一升水，用手将其搅拌稀释成粥状；一旦其充分溶解，他们就会取另一个空杯子放在地板上，然后将稀释后的可可糊从相距两掌高的高度猛地倒入空杯中；如此，杯中的饮料表面便会出现丰富的泡沫，然后才会被人们喝掉，看上去就好像在喝泥汤。所以，从未品尝过它的人会觉得很恶心，但那些喝过的人却会对它爱不释手。这种饮料非常健康，味道也很好。

人们在喝完它之后，嘴唇周围往往会残留一些泡沫。如果饮料中

正在制作巧克力并使其产生泡沫的妇女　马德里，《图德拉药典》，约1533年

添加了胭脂红，便会呈现红色，看起来就像刚喝完血，显得很恐怖。而未添加胭脂红的饮料则会呈现棕色。但无论如何，这样的画面看上去都令人作呕。

来自欧洲的基督徒们发现它具有提神开胃的功效；而印第安人非常喜欢它，将它视为贵族身份的象征，他们认为它是世界上最好、最值得珍惜的东西（……）（《尼加拉瓜的独特奇观》（1529年著），1998年版，第255—268页）

对真金白银更感兴趣的西班牙人起初根本看不起这些豆子，把它们称作"杏仁币"；而且也并不喜欢当地人喝的这种饮料：不过，他们还是逐渐掌握了可可豆的烘烤技术，并从原始配方中去掉了玉米面及其他附加成分，加入了产自加那利群岛和加勒比地区的蔗糖。

这款改良后的"西班牙风味"饮料首先在西班牙的富裕阶层中流传开来，随后又被推广到了欧洲其他地区，不过西班牙并没有将处理可可豆的方法公之于众。这种垄断局面持续了整个16世纪：

西班牙人和葡萄牙人（……）长期以来一直掌握着（制作巧克力的方法），而没有分享给其他国家。事实上，其他国家的人在当时对这种植物知之甚少，以至于荷兰海盗在掠夺了一批可可豆之后，由于并不了解它们的价值而把这批货物全部扔进了大海，还用蹩脚的西班牙语将它们形容成cacura de carnero（即羊粪）。（托马斯·盖奇，《西印度群岛新调查》，1648年）

直至今天，在西班牙西北部的小镇阿斯托加，人们仍然保留着"古法"制作巧克力的传统，当地还建有一座令人惊叹的主题博物馆。

对于这款饮料，不同的人给出的评价也各不相同，且褒贬不一。对于本佐尼（1565年）来说，这是一种"更适合喂猪而不是供人类饮用的混合物"。

纳瓦特尔语中的chocollatl[1]一词，是从xocoatl演变而来，但最初的出处不明：我们第一次看到这个词，是在弗朗西斯科·埃尔南德斯（1580年）的手稿之中；然后在何塞·德阿科斯塔（1590年）的手稿中又一次见到了它。对于后者而言，巧克力只是一种"让人发疯的恶心东西"。

1595年，意大利人弗朗切斯科·卡莱蒂在环游世界（1594—1606年）期间曾在中美洲逗留，并在墨西哥和萨尔瓦多发现了巧克力及其制作方法：

> 可可生长在一种奇特而脆弱的灌木上，人们在种植它时必须要先将土壤翻松并清除所有杂草，同时，它会被种植在人们的居所附近，而且会被种植在两棵大树之间，这两棵树被印第安人称为可可树的父母，它们会保护可可树不受阳光和风的侵扰。只有这样，它才会结果，而且一年也只结一次果而已。（……）对于可可来说，当地最流行的食用方式是把如橡子一般大的果实跟热水与糖一起混合，制成某种饮料，印第安人称之为cioccolatte（……）这款饮料的味道很与众不同，它能使人恢复体力、填饱肚子和精神焕发，获得极大的满足感。习惯喝它的人一旦停止饮用就会觉得精神萎靡。即使刚刚享用了大量其他食物，如果没有饮用这款饮料，人们也会感觉昏昏欲睡。（《周游世界评说》，1999年版，第106页）

在回到托斯卡纳大公的身边之后，卡莱蒂把这一发现告诉了身边的人。这种新奇的饮料在当时富甲一方的奥地利迅速流行开来，王亲贵族们对它痴迷，饮用它也成为一种真正的潮流。

1615年，腓力三世之女奥地利的安妮（也称奥地利安娜）与路易十三结婚，

---

1 编注：chocollatl译成中文为"巧克力特尔"，指阿兹特克人用可可豆制作的皇家饮品。巧克力（chocolate）即是由这个词演变而来。需要注意的是，文中所提到的"巧克力"均指巧克力饮料，而非我们现在熟悉的以可可浆和可可脂制成的甜食。

并将在维也纳宫廷中流行已久的巧克力带到了法国。1661年，对巧克力情有独钟的奥地利公主玛丽·泰蕾兹与路易十四结婚，也确立了这款饮料在法国宫廷中的地位。难怪有人说："国王和巧克力是玛丽·泰蕾兹的两大挚爱。"

1659年，法国国王颁发了一项法令，为了感谢其私人卫队长达维·沙约的尽忠职守，赋予他在整个法国领土上"制造并销售一种名为巧克力的饮料的专属权"，限期33年。1693年，巧克力被获准在法国进行自由交易，其在法国的消费量也稳步增长（这一点从太阳王路易十四宫廷中的情形就可见一斑），尽管塞维涅夫人对这种饮料持怀疑态度：

> 不过说到巧克力，怎么说呢？您一点儿都不害怕那种血液在燃烧的感觉吗？在所有这些神奇的效果背后，它不会在我们身体里留下什么祸患吗？我向您保证，亲爱的孩子，从您的情况来看，我很担心这些影响。您是知道的，我也喜欢巧克力；不过我总感觉它仿佛让我整个人燃烧了一般，后来，我又听说了一些不好的事情；不过您向我讲述了它为您带来的神奇作用，我不知道该怎么想了（……）科埃特洛贡侯爵夫人喝了很多巧克力，去年她变胖了不少，还生了个像魔鬼一样的黑皮肤男孩，这个男孩后来死掉了。（《给格里尼昂夫人的信》，1671年10月25日）

在美洲返航的水手们经常光顾的地方，大家都很喜欢喝这种饮料，它在这里也总能获得新的青睐者。到后来，在伦敦富人聚集的俱乐部里也能够喝到它了。

1641年，来自纽伦堡的约翰·格奥尔格·弗尔查默将被当地人视为催情药的巧克力推广到了整个德国。随后，巧克力饮品在1657年左右被带到了英国，又在1660年打开了荷兰的大门，并使当地售卖它的地方变得世界闻名。

在英国，人们对巧克力饮品的偏爱，使当地啤酒制造商不得不面对销量下降的窘境，甚至从当时的政策上也能看出啤酒业的税收有所减少。这件事引起了极

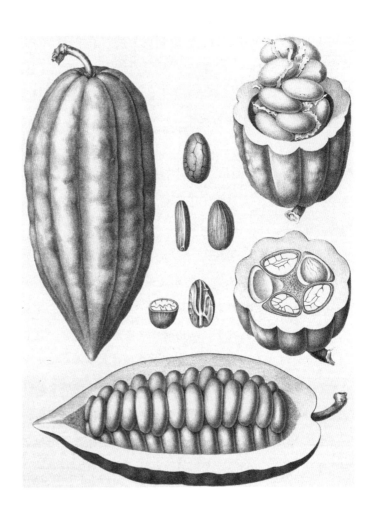

卡尔·冯·马齐乌斯，
《巴西植物志》，1886年

大关注。1673年，在议会上还专门对此进行了讨论，甚至为了阻止新饮料的继续流行向众议员施加了巨大压力。后来，当局发现根本无法禁止，只好对其征收更高的税金。

　　欧洲对可可的需求日益增长，这也意味着其在美洲的种植面积必须进一步扩大。1525年，西班牙人已经从委内瑞拉将可可树引进到了特立尼达，并逐渐占据了加勒比地区的所有岛屿。17世纪时，他们曾试图在菲律宾进行种植，但最终不了了之：因为来自美洲的可可已能够满足当时的需求；而距离问题也增加了在亚洲种植可可的潜在成本。

尽管可可树的原产地在巴西，但仍有人认为它来自西班牙16世纪时的美洲殖民地。不过这些人也不得不承认，殖民者的先遣队于17世纪在亚马孙雨林定居时确实在那里发现了野生的可可树。

在巴西，人们最初在帕拉州开始大规模种植可可树，主要是"甜可可"品种。1664年，在巴伊亚州，总督 D. 瓦斯科·马什卡雷尼亚什曾致信塞阿拉州的耶稣会会士哈科沃·科克莱奥神父，希望他能寄来一些可可种子。1665年，他又直接当面向帕拉州总督保罗·马丁斯·加罗索要过这些种子。1674年，若昂·贝滕多夫神父为马拉尼昂州带来了2000颗种子，成功种活了1000多株可可树，并于1677年结出了第一批可可。在此前的很长一段时间，这里并没有人工种植可可树，而第一批出口的可可则是采摘自亚马孙流域的野生可可树。

直到19世纪，可可才被葡萄牙人从巴西经由圣多美岛引进到非洲。在当时，由于奴隶贩卖的原因海上运输十分繁忙，而圣多美岛正是其中一个重要枢纽。

1819年接受任命的圣多美总督若昂·巴普蒂斯塔·达席尔瓦，在1821年11月30日的信中告诉国王若昂六世：

> 我从巴伊亚州将好几箱可可树苗带到了岛上，并分发给农民让他们去种植。我亲自去勘察土地，并选定合适的地方建立种植园。
>
> 只要您愿意拨款给我，这些种植园便能给当地居民带来巨大利益，因为产出的果实能大大促进商贸往来；而对国家来说，农业无疑是最重要的。

圣多美岛的开拓者们对这个新的植物品种没有多大兴趣，因为他们生活的年代是小粒咖啡极度繁荣的时期。不过，也有一些农民开始尝试种植可可树，因为

肖默东，1829年

两种植物完全可以共存：咖啡树适宜生长在海拔600米以上的区域，这里的气候更加凉爽，而可可树在同样的环境下却产量极低。

废除奴隶制后，此前在种植园劳作的许多工人认为自己已经"自由"了，于是放弃了这里，这为种植园主们带来了严重的问题。因为在同一时期，国际市场上对可可的需求日益增长，不少种植园已经把可可树作为了唯一的种植作物。事实上，"同样是种一棵树，可可的果实中含有大约四十颗可可豆，而咖啡则只能产出六颗左右的咖啡豆。"当然，人们可以在两种植物各自喜欢的生态环境中分别进行种植，不过，随着大家对可可的关注度越来越高，咖啡就靠边站了。

从那时起一直到20世纪初，圣多美和普林西比所属岛屿上的可可产量稳步增长，在1895年到1905年期间，这里成为世界上最大的可可生产国。

在那之后，种植园的土地日益枯竭，再加上很多参天大树遮蔽了可可生长所需的阳光，引发了各种病虫害，可可树的种植遭受了极大损失。时至今日，虽然它仍是这里的主要种植作物，但曾经的盛况再也没有重现。

不过，也有一些人认为，可可树最初登陆非洲的地方在费尔南多波岛（比奥科岛的旧称），时间则发生在西班牙殖民时期。不管最早种植可可的究竟是圣多美和普林西比，还是它邻近的费尔南多波岛，可可树终归在非洲大陆扎了根。

与略显单薄的本地种植相比，英国资本家们在"黄金海岸"及其他一些气候同样炎热潮湿的殖民地建立了大型种植园，以便满足欧洲的需求。为了更快在竞争中站稳脚跟，他们在几乎同一时期引发了关于"可可奴隶"的著名论战，严厉抨击葡萄牙殖民地的可可生产方式。

东南亚地区直到20世纪才开始种植可可，不过这一地区的产量在今天已变得非常重要。尽管非洲国家的可可产量仍然居高不下（65%），而美洲可可的品质极佳，但亚洲可可产量（18%）的增长速度是惊人的，因为这里的生态条件有利于可可生长，现代技术的运用也降低了不必要的劳动力成本。

近年来，可可饮料、糖果巧克力和可可酱的消费量都大幅增长。全球掀起了真正的可可热潮，整个产业吸引了大量投资注入。

人们把种植园建到了更多的适宜地区，同时也在努力使已枯竭的土地重新变得肥沃，预计未来几年内，可可的产量将稳步增长。不过，由于可可的保质期较短，无法建立战略性缓冲库存，因此价格波动非常明显。

2006年，科特迪瓦国家农业研究中心培育出了一个新的可可品种，生产者将其命名为默西迪丝（mercedes），它的问世使整个领域发生着革命性的变化。2014年，尽管科特迪瓦发生了很多状况，但依旧创造了可可产量的新纪录（174万吨，一年的产量上涨了17%），这一切都要归功于这个新品种：它在种植十八个月后就能够开始产出可可豆，而不像传统品种那样需要等待六年；它的荚果更为饱满；它能够更有效地抵御对传统品种伤害极大的肿枝病侵袭。而且，新种植园的生产力是传统种植园的三倍。这么看来，科特迪瓦的可可产业拥有非常光明的未来。

俗名：巨麻，毛里求斯麻，缝线麻

学名：*Furcraea foetida*

龙舌兰科

葡萄牙语：Carrapato；西班牙语：Pita hoja；英语：Mauritius Hemp

弗朗西斯科·埃尔南德斯，
1615年

雅坎，1786年

万年麻又被称为绿芦荟，不过这极具误导性，会让人们把它与芦荟混淆。芦荟是一种常用于化妆品制造的植物，但属于另一科。万年麻和剑麻及其他"硬质叶纤维"植物一样，都原产于热带美洲半干旱地区，随着时间的推移，现已遍布整个热带地区。不过，它在现实中已经没有多大利用价值，而是和其他龙舌兰科植物一样被视为一种有害的入侵物种，尤其是在诸如留尼汪岛等岛屿上。

龙舌兰科植物有众多不同的种类，主要用作观赏植物。毫无疑问，是西班牙人在中美洲发现了这些被当地人称为maguey的植物，并把它们带到了世界各地。作为龙舌兰科植物中的一种，万年麻能够极好地适应半干旱的气候和贫瘠的土壤，它通过萌蘖芽进行无性繁殖（一生之中只会开一次花，随后便会死去）。在生命结束前，它会生出一枝5到8米高的花茎。

人们普遍认为万年麻很早就被引进到了佛得角，当时被称为carrapato。它最初生长在水土流失非常严重的海岸附近，种植环境只有薄薄的一层土壤，人们可以看到它褐色的根部随着土壤越来越稀薄而不断延伸，一直生长到下方斜坡处的玉米田里，这里降雨稀少但雨量集中，土壤来不及吸收大部分的雨水。玉米被种植在更低的地方，一旦它无法继续生存，万年麻便会取而代之。

在当地，万年麻标志着可耕种土地的极限。因此，它的种植区域位于玉米田和菜豆田的上方，这两种作物是村民们的日常食物。万年麻会不断延伸生长，直至土地贫瘠，它在防止水土流失方面发挥着重要作用。

如今，它仍然在很多方面体现着价值：它的茎干可以用来制作篱笆，叶纤维可以制作细绳和床垫，叶片还能够代替瓦片来遮盖房顶。

在干燥的气候环境下，这些材料都具有很好的耐久性。而在佛得角，人们制作用于替代普通食用糖的甘蔗糖蜜时，还会用它的汁液作为甘蔗原汁的提纯剂。

学名：Cucurbitaceae

葫芦科

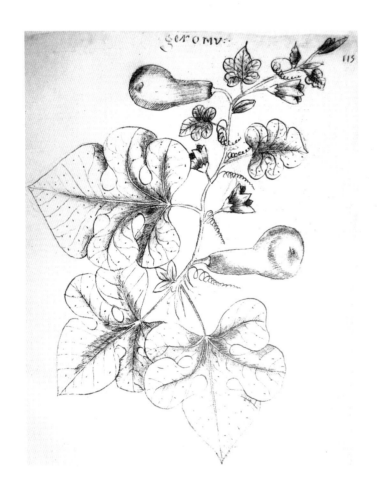

西葫芦

弗雷·克里斯托旺·德利斯

博阿，约1642年

葡萄牙无名氏，18世纪

葫芦科植物包含许多种，其中一些的种植历史甚至可以追溯到上千年之前，因此很难确定它们的原产地及其在世界范围内的传播路径。

对于西瓜这一早有记载的物种，我们可以确认它原产于南非；而甜瓜则有可能来自伊朗和印度西北部：葡萄牙人将它带到了巴西，哥伦布又把它带到了中美洲。当时，这个物种在欧洲已经很有名了。

惠特克认为，在1492年之前，旧大陆的人们对于南瓜属植物一无所知，因此断定它们原产于美洲。人们在新大陆多处考古地点进行开发时，在两千年前的地层中发现了这类植物的种子和花梗，这其中最古老的物种应该是金丝瓜（葡萄牙语：chila，西班牙语：cayota）。伊比利亚半岛的先遣者们很早就把这种蔬果引进到了欧洲。它在法语中被称为courge de Siam（暹罗南瓜）或melon de Malabar（马拉巴甜瓜），这些名字都表明，这一物种在亚洲热带地区迅速传播是葡萄牙人的功劳。

考古人员在秘鲁挖掘出了多座一千多年前的坟墓，里面出土了葫芦科植物(包含西葫芦、瓠瓜、南瓜和金丝瓜等）的种子。

在佩罗·瓦斯·德卡米尼亚（1500年）的书信中，航海家提到了一种让很多评论家困惑不解的"水葫芦"。它是一种同时生长在亚洲和非洲却无法判定其来源的葫芦科植物吗？

它是在欧洲人到来前就被引进到非洲大陆了吗？它是美洲特有的葫芦属植物吗？

不管怎样，葫芦科的各种植物在大航海时代就已经被传播到各大洲，并在当地落户生根了。它们在世界各地都随处可见，尤其在贫困地区人民的日常生活中扮演着重要角色。除了果肉可食用外，它们的种子也营养丰富且易于保存，而某些种类被掏空后还可以制造各种器皿。

学名：*Psidium guajava*

桃金娘科

葡萄牙语：Goiabeira，Goiaba；巴西葡语：Araçá das almas，Araçã-goiaba，Araçu-uaçu，Goiaba-comum，Goaiaba-pera，Goiaba-maçã 等；

西班牙语：Guayaba；英语：Guava

Guayavæ arboris ramus.

卡罗卢斯 – 克卢修斯，
1601年

鹦鹉和番石榴　亚历山大·罗德里格斯·费雷拉，1783–1792年

番石榴树是一种中型乔木，能适应炎热地区的不同生态系统，因此在整个热带美洲地区迅速传播，使我们很难确定其原产地的具体位置。

第一次提到这种水果的是拉蒙·帕内修士：相关著作的西班牙原版已经失传，但在1571年出版的意大利文翻译版本中可以找到关于它的记录，它在书中被称为guabazza。帕内修士在1494年到1499年期间居住在伊斯帕尼奥拉岛上，在那里收集了很多泰诺族印第安人的神话。其中一段是这样描述的："如果亡者在白天被关起来，他们夜间便会跑出来四处游走并食用一种名为guabazza的水果。"（第13章）德安吉拉曾阅读过帕内修士的书籍，在他1516年出版的书籍的第一个十年和第九个十年的章节中都提到了一种叫作guannaba的水果，并注明这是一种"我们不知道的水果，看起来很像木瓜"，流浪的亡魂会"在夜晚出来食用它"。两人提到的这两种水果在形状上很相似。费尔南德斯·德奥维多在1526年所著的《西印度通史与自然研究》中也介绍了这种植物，并称之为guayabo。

在巴西，加布里埃尔·苏亚雷斯·德索萨在1587年提到：

> 它的树形大小、树皮颜色、树叶的味道以及果实的颜色和形状，都与苹果树十分相似。它的花为白色，外形与桃金娘的花相近，且香气宜人。

> 完整的番石榴果实被称为araçazes，看起来有些像欧楂的果实，但个头往往更大些：它在成熟前是绿色的，然后慢慢会变成梨的颜色；果肉里很多籽，但比欧楂籽要小很多。

弗雷·克里斯托旺·德利斯博阿在大约1627年时更详细地描述了这种植物：

> 这种树大概有八九米高，果实像鸭蛋大小；当它们成熟时，表皮会变成黄色，里面充满了籽。除果皮外，其他部分均可食用，而且味道很好。人们会用它制作一款味道很棒的果酱。它的花是白色的。

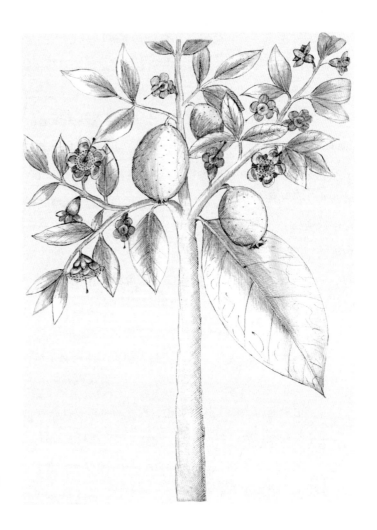

弗雷·克里斯托旺·德利
斯博阿，约1627年

　　如今，在巴西，人们把另一种同属植物叫作araçá，即
草莓番石榴，不过该种的果实要更小些。

　　美洲原住民非常喜欢番石榴，因为它含有丰富的维生
素C。用它的树皮泡水还可以治疗腹泻。

　　很可能是葡萄牙人把它带到了非洲和东方国家，由于

在卜弥格1656年出版的《中国植物志》中已经出现了番石榴

它对环境的适应性强，果实品质极佳，所以迅速在这些地方传播开来。不过，目前仍无法找到它是何时被引入其他大洲的具体信息来源。

在佛得角和安哥拉，第一次有人提及这种水果的时间可以追溯到17世纪。而在印度，加西亚·达奥尔塔（1563年）和克里斯托旺·达科斯塔（1578年）都没有提到过它。但据了解，1590年，番石榴曾出现在莫卧儿皇帝阿克巴的餐桌上。随后，人们又把它带到了孟加拉，因为外形与梨（在葡萄牙语被称为pera）相似，所以在那里最初被称为peyara、piara或peara。

如今，由于对环境的良好适应性和水果本身的多种品质，番石榴已成为热带地区最常见的水果之一。在巴西，人们会用它制作一款被称为goiabada的传统番石榴软糕，这款甜品在当地非常受欢迎。这种植物在一些不常发生霜冻的温带地区也能生长得很好，比如在一些大西洋岛屿上，在葡萄牙的阿尔加维以及在地中海周边的许多地区。

动物们也非常喜欢熟透的番石榴，它们会吃掉它的果肉甚至整个果实。它的种子会被动物带到不同的地方，然后再由消化道排泄出来，其中大部分都并没有失去发芽的能力。因此，我们经常能在森林中看到番石榴树，这就是它得以在美洲大陆上广泛传播的最原始方式。

俗名：百香果、紫果西香莲

学名：*Passiflora edulis*

西番莲科

葡萄牙语：Maracujá, Maracujaseiro；西班牙语：Granadilla, Maracuya,

Pasionaria；英语：Passion fruit, Granadilla

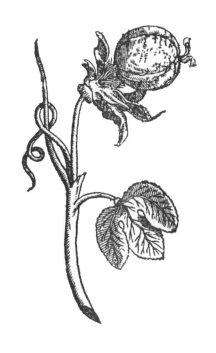

弗朗西斯科·埃尔南德斯，
1615年

　　属于西番莲科的植物超过四百种，在大航海时代之前，
几乎所有种类在旧大陆都不为人知。它们来自南美洲的低
地地区或安第斯山麓以及中美洲地区。其中有大约六十种
的果实可食用，还有一些被药典所收录。只有很少的几种
得以在美洲大陆之外的地区传播或开发利用，而且也都是
最近才发生的事情。

鸡蛋果的名字总是被与耶稣受难联系到一起[1]，因为传教士会用它的花来解释神圣之谜：它的花（包括雄蕊、子房等在内）的形状和结构确实能让人联想到耶稣受难时所戴的荆冠、耶稣身上的五处伤口和钉在十字架上的三颗钉子。拉坎蒂尼写道：

> 这种被印第安人称为marocato、而被我们的当代园丁叫作鸡蛋果的植物的花，被认为是上帝为我们清楚地展示我们的圣主受难和死亡主要奥秘的一个奇迹；我们仔细观察下花朵周围的树叶，它们代表犹太人的嘲笑；这些尖尖的棘刺是不是像极了耶稣头上的荆冠？而这些蔓延开来的血色花丝，为我们呈现了耶稣遭受严酷鞭笞后留下的伤痕；花朵正中央的这根花柱向我们展示了彼拉多无情绑缚他的那根柱子。上面的这顶帽子（花的子房）象征着那块蘸满苦胆汁和醋的海绵。

---

1 译注：鸡蛋果英文名 Passion fruit 中的 passion 一词就有耶稣受难的意思。

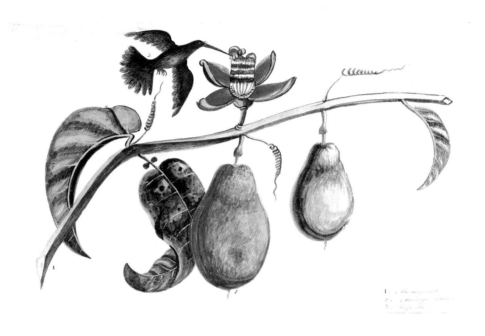

蜂鸟与鸡蛋果
葡萄牙无名氏，18世纪

　　这三四根"小木桩"（雌蕊）生在花柱上方，周围形成一圈尖钉（雄蕊），它们被毫无人道地钉入了耶稣的手和脚。上边这些尖尖的叶片与茎的底部紧紧相连，就像是刺穿他肋部的长矛。耶稣受难过程中出现的所有物件里，只有十字架没有出现在这朵花上。（《果园与菜园详解》，1690年，第二卷，第513页）

　　在释义者们看来，这朵花还有其他象征性的暗示：根据某些传统，花心的细丝让人联想起耶稣受难时戴的荆冠，而且细丝恰好72根，与荆冠上的棘刺数量一致；10片花瓣则对应十二使徒（这里面没有背叛

弗雷·克里斯托旺·德利斯博阿，约1627年

耶稣的犹大，也没有曾否认认识耶稣的彼得）；茎的卷须会使人联想到执刑的皮鞭；锋利的叶子，代表隆金的长矛；背面的圆形斑点，象征犹大收取的30个银币。在旁边这幅插图中（尼伦贝格，1635年），鸡蛋果的花被刻画成了一块宗教金饰。

所有种类的西番莲果实都是果壳坚韧的浆果，果实内部几乎被包裹在假种皮内的种子所填满。假种皮是果实中利用价值最高的部分，不过不同种类的香气各不相同。

卡丁神父也简单描述了这种植物：

> 这些植物非常漂亮，它的叶片很大，会像常春藤一样爬满墙壁和树木；叶片中所含的绿色汁液是一种能够治疗外部创伤和腹股沟淋巴结炎的特效药物。它的果实有些是像橙子一样的圆形，但也有些看起来形似鸡蛋，不同种类的果实颜色不同：或黄色或黑色。果实中间充满了果汁和籽实，外边包裹有一层薄膜，这些都可以食用。它的味道很美妙，但略带一丝酸味，这是当地人很喜欢的一种果实。（《巴西的土地与人民纪实》，1593—1601年）

弗雷·克里斯托旺·德利斯博阿（约1627年）描述并绘制了生长在马拉尼昂的五种西番莲，并介绍了它们的特性和常见用途。

目前种植最广泛的品种就是鸡蛋果，在巴西被称为maracujá-azedo或maracujá-liso，而在非洲葡语国家则被称为maracujá-pequeno；在非洲还有一个常见品种是大果西番莲，在当地被叫作maracujá-grande或maracujá-melão。

这两种西番莲均为蔓生植物。不同在于，鸡蛋果的茎蔓相对更为细长，即使沿着一根细绳或铁丝也能够生长，它的果实较小，但结果数量较多。而大果西番莲的茎为四棱形，相对更粗，它的果实更大，但数量较少，单颗果实重量更沉，因此只能生长在乔木的枝干或结构复杂的藤架上。

鸡蛋果被广泛种植于世界上所有的热带国家和地区以及极少霜冻的温带地区，拥有很多不同品种，其中一种果实成熟后为紫色，而另外一种则呈黄色。

在葡萄牙，前者能够很好地适应科英布拉南部、阿尔加维沿海地区以及马德拉岛和亚速尔群岛的气候条件，并能够正常开花结果。在亚速尔群岛上，人们在19世纪时还从巴西引进了一种名为maracujá-roxo的西番莲，并在一个多世纪前利用这种西番莲在圣米格尔岛上开发出了一款非常著名的利口酒。

在安哥拉，从20世纪50年代开始，人们为了生产果汁，在高地上建立了多个大型种植园。

值得一提的是，在秘鲁有一种馨香西番莲（*Passiflora odorantissima*），人们用它的果实为当地女性的衣服增香；他们还会把这些果实放进衣柜里，这和我们使用薰衣草是一个道理。

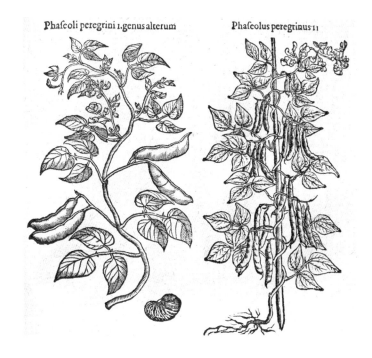

Phaſeoli peregrini 1.genus alterum   Phaſeolus peregrinus 11

卡罗卢斯－克卢修斯，
1601年

　　不难发现，豆科植物成员众多，但分属不同的属和种，
也来自不同的大洲，我们在研究时很难理清头绪。此外，
有一些种类原产于旧大陆，种植和食用的历史都可以追溯
到很久以前。

　　在法国，人们长期以来把豆类叫作dolique（短豇豆）
或phaséole（菜豆）。后一个名字源自希腊语，在葡萄牙语
中写为feijão，在西班牙语中写为frijol，在意大利语中写为
fagiolo，在民间法语中被称作fayot或flageolet，当然还有俄

语、波兰语、罗马尼亚语、希腊语、阿尔巴尼亚语和土耳其语的不同叫法。我们现在使用的haricot（豆）这个词源自aracos，最早被老普林尼和泰奥弗拉斯托斯用来定义其他豆科植物，比如豌豆。1628年，菲吉耶在所著书中使用了这个词，这也是它第一次以法语形式出现在我们面前。

我们可以确定的是，以下三种豆科植物原产于美洲：

1　菜豆

学名：*Phaseolus vulgaris*

葡萄牙语：Feijoeiro；西班牙语：Judia；英语：Common bean

拉斯·卡萨斯援引哥伦布1492年11月4日日记的内容指出，伊斯帕尼奥拉岛上的居民种植的豆类与欧洲的大不相同。身处佛罗里达州的卡韦萨·德巴卡、身处中美洲的费尔南德斯·德奥维多和身处加拿大的雅克·卡蒂埃也都发现了同样的问题。西班牙人用船把这些豆类运回了伊比利亚半岛，继而使它们传遍了整个欧洲。

菜豆最早生长于中美洲地区和安第斯山脉的山坡上。在葡萄牙人1500年抵达美洲之前，巴西就已经在种植它了。人们把它带回了葡萄牙，继而将它传播到了他们的船只曾停靠过的整个热带地区，尤其是非洲。

菜豆也自然成了当地日常食物的一部分，就像其他已被当地人食用的豆类（蚕豆、豌豆、兵豆）一样。不过与其他种类不同，它辜负了自己的热带起源，很难抵御寒冷的冬天。起初，人们只食用晒干的豆子；从19世纪末开始，在意大利，人们也开始食用它们的豆荚。

菜豆的种类繁多，种子颜色也各不相同。巴西名菜黑豆炖肉饭中使用的黑豆就是其中之一。

菜豆的一种　弗雷·克里斯托旺·德利斯博阿，约1627年

2　荷包豆

学名：*Phaseolus coccineus*

葡萄牙语：Feijão-dos-sete-anos, Feijoca；西班牙语：Judia pinta；英语：Scarlet runner bean

荷包豆也被称为多花菜豆或看花豆，是一种既可食用又具观赏价值的豆类，原产于中美洲山区。

3　棉豆

学名：*Phaseolus lunatus*

葡萄牙语：Feijão de Lima；西班牙语：Judion；英语：Silva bean

棉豆，也被称为"利马豆"，在西班牙被称为garrofó，是制作瓦伦西亚海鲜饭的重要原料。目前已知的棉豆分为两大品种，其中一种的种子较大，另一种则较小。前者在秘鲁至少已经有八千年种植历史，这一点已在考古工作中得到了证实；而后者的种子则被称为"皂豆"或"根豆"。

乌普霍夫还为我们补充了几个种类，包括：来自美国南部的*Phaseolus diversafolius*，产自新墨西哥州、亚利桑那州和其他邻近地区的*Phaseolus retusus*，来自北美洲的*Phaseolus polystachyus*等。

在古巴岛上，巴托莱梅欧·拉斯·卡萨斯注意到了一种被称为frijoles的豆类，但没人知道这是什么种类。加布里埃尔·苏亚雷斯·德索萨（1587年）在描绘巴

菜豆或棉豆的一种　弗雷·克里斯托旺·德利斯博阿，约1627年

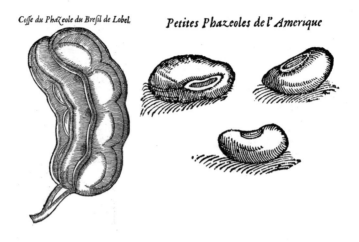

Coffe du Phazeole du Brefil de Lobel.

Petites Phazeoles de l'Amerique

马蒂亚斯·德洛贝尔，
1605年

西时，也表达了同样的疑惑：

> 在这片土地上生长着各种各样的豆子，有白色的、
> 红色的、黑色的，还有黑白相间的；当地人亲手将它们
> 埋进田地里。
>
> 当它们发芽时，人们会在旁边放一根支柱，它们的
> 藤蔓就会像豌豆一样向上攀爬，慢慢便会在花园里搭起
> 一个棚架。每一株都会结出很多与荷包豆相似的豆荚，
> 但比荷包豆更长；叶子和花与豌豆比较相似。人们像在
> 葡萄牙一样将它们焖熟后食用，非常美味；也可以像豌
> 豆一样连同豆荚一起炒熟食用，同样能令人食欲大开。"

我们从上边这段文字中可以了解到，这些豆类植物有
很强的向上攀爬能力，甚至可以在花园里形成棚架，这说
明它们应该不是菜豆。

其他一些常见的豆科植物都来自亚洲。其中主要包括：赤豆（*Vigna angularis*），原产于日本，在东方已有很长种植历史；在安哥拉也有种植，在那里被称为feijão adzuki。绿豆（*Vigna radiata*），在印度已种植了几个世纪；在安哥拉也有种植，在那里被称为feijão espadinho。赤小豆（*Vigna umbellata*），主要分布在亚洲的热带地区。

人们还将一些属于其他相近属的植物也称为"豆（feijão）"。接下来，我会列举一些种植在非洲葡语国家的植物，当然，这种情况其实在非洲大陆的其他国家也很常见。

以安哥拉为例，戈斯魏勒指出，在印度已有超过三千年历史的豇豆（*Vigna unguiculata*），在这里被称为feijão-da-China；扁豆（*Lablab purpureus*），在这里叫作feijão-cutelino；矮生刀豆（*Canavalia ensiformis* var. *nana*），在这里叫作feijão-gotani；直生刀豆（*Canavalia ensiformis*），在这里叫作feijão-feiticeiro。

在佛得角，人们发现了木豆（*Cajanus cajan*），这可能是原产于非洲的一种豆类，因为考古学家在埃及第十二王朝的墓穴中也看到过它，这说明这种植物至少在公元前2000年就已经开始种植了，在当地它被称为feijão-congo、feijão-ervilha或feijão-figueira。

扁豆在这里被称为feijão-pedra、feijão-careca、feijão-vaca或feijão-araújo。之前提到过的豇豆，被称为feijão-bongalon。黎豆（*Mucuna pruriens*），被称为feijão-bitcho或feijão-lagarta。还有一种原产自中非的豇豆，被称为feijão-frade等。

学名：*Hevea brasiliensis*

大戟科

葡萄牙语：Seringueira, Árvore-da-borracha；西班牙语：Árbol del caucho；

英语：Rubber tree

Hevea brasiliensis Müll. Arg.

橡胶树

科勒，1890年

这种树原生于亚马孙流域，树高可达30米。人们会运用技术手段将树皮深深切开来提取胶乳，这也是天然橡胶的主要原料。当然，其他一些植物中也能提取出同种物质，比如亚洲的印度榕（*Ficus elastica*）、墨西哥的银胶菊（*Parthenium hysterophorus*）、美洲橡胶树（*Castilla elastica*）、某些种类的乌桕（*Sapium* spp.）、橡胶草（*Taraxacum kok-saghyz*）和一些其他植物。

在大航海时代之初，西班牙人就在中美洲发现当地人会制作一种奇怪而陌生的传统物品，便把它带回欧洲以丰富收藏家们的私人宝库。他们还注意到这些当地人使用它来玩一种类似"回力球"的游戏。游戏需要在指定的场地进行，规则是在不使用手和脚的情况下让球尽可能长时间地待在空中。它的计分方式也非常复杂，以至于西班牙人始终无法掌握它的准确规则，不过他们记住了其中最特别的一幕：游戏者要让球穿过固定在场地一侧墙壁上的圆环——这恐怕是篮球运动最古老的起源了。这并不是一个单纯的游戏，对于阿兹特克人、奥尔梅克人和玛雅人来说，它还具有很多不同的用途：占卜、象征、宗教、战争，等等。

1524年，海外的开拓者们把懂得这个游戏的人带回了西班牙，并将整个过程演示给国王卡尔五世。在1525年至1528年期间被意大利派驻于此的使臣安德烈·纳瓦格罗便是其中一位见证者："所用的球像用轻木材质制成的，能够轻松从地面弹起"。在1528年，科尔特斯又将其他来自阿兹特克的游戏高手带了回来，皇宫上下渐渐迷恋上了这种游戏。我们可以在现保存于纽伦堡博物馆的克里斯托夫·魏迪茨所著的《西班牙航海之旅所见传统服装集》（1529年）一书中看到游戏的画面。

在皮特·马特·德安吉拉的著作中，我们也可以找到相当详细的描述：

这是墨西哥人和我所居住的岛上的居民们很喜欢的一项活动，看上去是一种球类游戏。游戏用的球是用缠绕在树干上的一种藤蔓的汁液制成的。有人认为这种藤蔓是在树篱上常见的啤酒花。人们把这些汁液放在火上烧煮，煮沸的汁液会慢慢变硬。在它凝固的过程中，人们便会按照各自的想法把它塑造成想

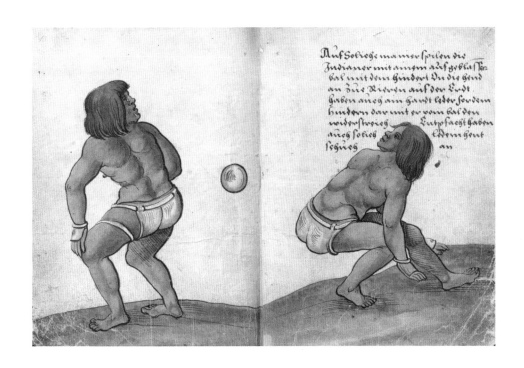

要的形状。也有人认为游戏用球是用植物的根制成的，在煮过之后重量便会增加：但不管怎样，我无法理解这些实心的球为何会变得如此有弹性，即使只用很小的力量将其抛出，在触地之后也能以不可思议的方式弹到空中。参与这个游戏的人技艺都非常娴熟。他们极少用手触球，而是用肩膀、肘部和头部等部位接球。偶尔，如果对手在他们背身时将球传过来，他们也可能会用臀部来接球。在游戏过程中，他们会像摔跤手一样赤身裸体。（《新世界》，1530年，第五个十年，第十章）

在费尔南德斯·德奥维多（1535年）、马丁·德拉克鲁

在这幅图中，印第安人正在用他们的背部使球弹起到空中，不让其落到地面。在接球时，他们还身着短裤和手套等护具，以防受伤。魏迪茨，1529年

美洲橡胶树　科勒，1890年

斯（1552年）、贝尔纳迪诺·德萨阿贡（第1582年）、德埃雷拉（1601年）、德托克马达（1615年）的著作也都提到了与橡胶相关的内容，但当时他们只知道它被印第安人叫作olli或ulli，而且是用美洲橡胶树（一种遍布整个中美洲的桑科植物）的胶乳制作的。他们还了解到，这些胶质物会被用于某些仪式和药典之中，当地人还会拿它来制造各种物品，包括上面提到的游戏用球、摔不坏的器皿，以及鞋子、护甲等。中美洲居民还会将这种胶乳与白色番薯汁混合在一起，使橡胶发生硫化。可能皮特·马特·德安吉拉在前文中所提到的攀爬植物正是这种番薯（一种"蔓生植物"）。

弗雷·胡安·德托克马达是第一个描述如何从美洲橡胶树中提取胶乳的人：

> 这种树拥有一种像牛奶一样的白色液体，黏稠而有弹性。为了提取它，人们会用斧子在树干上砍开一个口子，然后液体便会像我们受伤后流血一样从树干伤口中流出。印第安人将其收集盛放在各种尺寸的圆形葫芦里，不仅能让其在里面慢慢凝固，变得更有黏性，同时还能令其变成人们所需的形状和大小。也有人会用新鲜的液体涂抹身体，干燥后身体表面就会形成一层薄膜，很容易剥离（……），用它制作出来的回力球拥有非常出色的弹性。（《西印度的君主制》，1615年）

德托克马达还提到，西班牙人会将这种乳胶涂抹在布料表面用来防水，不过他们也注意到它会因为阳光照射而破损。

1637年，由佩德罗·特谢拉指挥的葡萄牙探险队沿亚马孙河溯流而上，希望找到一条进入秘鲁的通道。耶稣会士克里斯托瓦尔·迪亚特里斯坦·德阿库尼亚于1641年记录下了这次旅行的故事，并为我们盘点了这个地区的宝藏，他提到了"乳胶"但并没有详述。1653年西班牙人贝尔纳韦·科博第一次用caucho一词来命名橡胶，这应该是根据秘鲁当地语言中对其的称谓而来。

一位身处圭亚那的法国旅行家约瑟夫·德拉纳维尔的记述为我们又揭开了全新的篇章：他在印第安人那里发现了一些有弹性的"灌注器"和"橡皮圈"。他在惊叹之余写下了非常详细的介绍，题为"关于印第安人用橡胶制作梨形灌注器之事"，本文被收录在1723年发表的《特雷武回忆录》。

1736年，拉孔达明在一封信中提到：在厄瓜多尔埃斯梅拉达斯省有一种叫作Hhevé的三叶橡胶树，人们从树中能提取出一种胶质物，用来制作各种摔不坏的容器和烛台，将这种胶质物涂在布料表面还能起防水作用。

在1749年出版的《1745年科学院论文集》中，拉孔达明简单介绍了1743年的亚马孙之行，并提到"在基多省靠近海边的地区发现了一种被称为cahuchu的树脂，它在马拉尼昂州也很常见（……）这种树脂出自一种生长在埃斯梅拉达斯森林里的树中，这种树被当地人称为Hhévé，人们在树干上切口，白色的树脂就像牛奶一样从切口中流出来。"

奥古斯特·科尔迪耶在1936年发表的一项深入研究中表示，虽然树胶制品在南美洲北部随处可见，但无法确认它来自于何种植物。但另一方面，拉孔达明在厄瓜多尔及亚马孙河上游地区所观察到的树胶制品在安第斯山脉以东那些没有种植三叶橡胶树的地区也存在，它们可能是使用美洲橡胶树或乌桕等其他树种的树胶制作而成。当他到达帕拉州时，又从一种被葡萄牙称为Pao xiringa的树上发现了这种树胶。现在，我们都知道了这种树就是橡胶树，但当时我们的法国朋友可没时间去研究它。

Pao xiringa，从字面看的意思是"一种能分泌树胶来制作灌注器的树"，也正因如此，葡萄牙人曾用seringueira来指代橡胶树，而用seringueiro来指代取胶工人，用seringal来指代橡胶园。

1744年，拉孔达明在卡宴遇见了热衷植物学和园艺的工程师弗朗索瓦·弗雷诺·德拉加托迪埃尔，并鼓励他继续探索这个地区。1747年，弗雷诺在对奥亚波基河支流的一次考察中发现了橡胶树。他在一份寄给拉孔达明的报告中用一种与

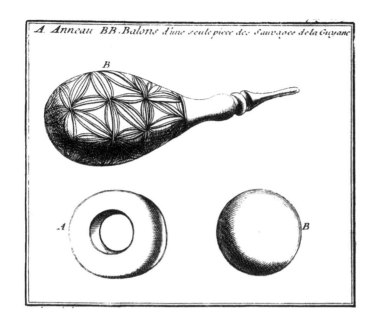

用产自圭亚那的天然物质
制成的有弹性的梨形灌注
器、橡皮圈和橡皮球
巴雷尔，1743年

众不同的方式描述了它的外观以及印第安人对它的使用方
式。在1755年发表的《1751年科学院论文集》中，拉孔达
明提到了此事（《关于一种被称为橡胶的弹性树脂》），并且
简单概述了弗雷诺的观点。他写道：

> 在基多省靠近海边的地区发现了一种被称为
> cahuchu的树脂，而它在马拉尼昂州也很常见，两地居
> 民对于它的使用方法都完全一致。在树脂还新鲜时，便
> 将其倒入相应的模具来进行定形。它有很好的防水性
> 能，而更重要的是拥有极佳的弹性。用它来制作瓶子
> 不容易被打碎，用它做的空心球也很奇妙，当受到挤
> 压时就会变扁平，一旦被松开就会立刻恢复原状。帕拉

州的葡萄牙人从奥马瓜部落那里学会了用它来制作不需要活塞的水泵或灌注器（……）

与此同时，1722年至1723年期间居住在卡宴的医生兼植物学家皮埃尔·巴雷尔于1743年在巴黎出版了《法属圭亚那的新关系》，他在书中花了很多笔墨来介绍这些树木的胶乳及其采集方法，以及使用它为原料制作灌注器、靴子和橡皮圈的方法等。

1770年，英国人约瑟夫·普里斯特利发现了这种树胶的另一种特性：它能擦干净"纸上的铅笔字及一切弄脏的痕迹"。于是，橡皮诞生了。到了1839年，查尔斯·固特异发现了天然橡胶的硫化方式，有效地去除了其中所含导致变形的成分，保留其弹性。从此，人们得以更好地利用它的特性，并开发出了更多的用途。这项技术1843年申报了专利，并于1844年获批。1868年，自行车轮胎问世了。橡胶成了一种用途广泛的材料，它在人类社会中的经济价值也变得日益重要。

巴西的橡胶出口历史可以追溯到1827年。1876年，亨利·亚历山大从巴西带了74 000颗三叶橡胶树种子回到伦敦；植物学家们又不辞辛苦地将2625棵橡胶树苗带到了所有英国殖民地，并在那里"安家落户"，尤其是锡兰。1888年，爱尔兰人约翰·博伊德·邓禄普发明了带内胎的轮胎；1892年，米其林兄弟则发明了可拆卸的车轮。

随着自行车的普及、汽车的问世以及工业需求的日益增加，全球的橡胶生产迎来了飞速发展。起初，人们在三叶橡胶树的原产地——亚马孙河流域广泛开展种植；1880年至1890年期间，贝伦和马瑙斯两地的相关产业也发展速度惊人，尤其是后者，居住人口从3000人激增到50 000人。作为这个疯狂时代象征的亚马孙剧院也落成于1896年。这是一个属于"橡胶巨头们"的伟大时代，不过辉煌是短暂的。巴西希望保持对橡胶的垄断地位，所以拒绝一切的树种出口行为，不过就像我们看到的那样，这些行为根本无法杜绝。

1895年，亚马孙地区出产的胶乳就已超过2500吨；亚洲1898年才开始生产橡胶，不过产量逐年增长。1913年，亚洲的产量（47 618吨）已超过了巴西（39 560吨）。1919年，它的产量已是巴西的12倍之多。来自亚洲的竞争达到了巴西橡胶种植业无法承受的程度，种植园的倒闭潮接踵而至。

如今，巴西仍然在生产橡胶，不过在全球生产中的地位已风光不再。在费雷拉·德卡斯特罗1938年出版的书籍《原始森林》中，橡胶工人的艰难生活被描写得淋漓尽致。这本书由布莱兹·桑德拉尔翻译后成为一本全球畅销书。

在第二次世界大战期间，橡胶被同盟国视为战略物资。为此，美国开始尝试生产合成橡胶制品，而这些合成橡胶如今变成了主流产品。

从19世纪开始，殖民者曾多次试图在非洲种植橡胶，但都未获得成功。近些年来，安哥拉开始在达拉坦多进行实验性种植，虽然效果不错，不过并未推广起来，因为咖啡生产业始终处于优势地位，而当地的劳动力不足以同时兼顾二者的生产。

正式中文名：玉蜀黍

学名：*Zea mays*

禾本科

葡萄牙语：Milho；西班牙语：Mijo, Maiz；英语：Maize, Sweetcorn

弗朗西斯科·埃尔
南德斯，1615年

玉米穗

若昂・德巴罗斯，收录在拉穆西奥编纂的《航海旅行》第二卷，1563年

在葡萄牙语中，玉米被称为milho，而这个词也代指小米、高粱及栽种在旧大陆的所有种子能被磨制成面粉的禾本植物。目前有很多介绍玉米在非洲或亚洲情况的资料，不过有些翻译有误，有些甚至让人以为，玉米在欧洲人发现美洲大陆之前就已经在亚非大陆上生长了，比如一位美国作家就坚信麦哲伦在菲律宾发现过玉米（安东尼奥・皮加费塔提到过miglio），认为最早从新大陆将玉米带回亚洲的是中国人！但事实并非如此，其实那只是一些外形与欧洲禾本植物相近的植物。

maïs（玉米）这个词最早出现在1495年10月15日哥伦布从伊斯帕尼奥拉岛写给天主教双王的一封信中："mahiz（即玉米）在当地是一种非常珍贵的食物；这种作物会抽穗，但种子和豆子相仿。"西班牙人在加勒比地区发现了这种形态与已知谷物大不相同的植物。不过，由于这种植物的用途和欧洲谷物一样，他们还是将它称为mijo。但为了区别于其他谷物，他们很快就将它改称为mijo americano或mijo maiz。

葡萄牙人在巴西时将它称为milho-americano、milhogrosso、milho-maiz、adaça-da-Índia、milho-grande、milhão、avati和cabelo-de-milho，不过最后两种叫法只有当地人才会使用。

文献资料显示，西班牙人最初对玉米种植没什么兴趣，而是打算将小麦引进到美洲。不过，他们后来发现虽然美洲的小麦产量可能好于西西里岛，但种植更适应当地生态条件的物种会获得更大收益，这其中就包括玉米。

种植效果确实非常显著，正如拉斯・卡萨斯所说："一粒种子会萌发出一株植物，每株植物会抽三根穗。每根穗上有600粒，甚至700到800粒种子，也就是说，一粒种子能够带来（超过）1500粒的回报。"在1526年所写的《西印度通史与自然研究》中，费尔南德斯·德奥维多首先描述了这种植物：

> 玉米的茎上会抽出几根穗，每根穗都有手臂般粗细，上边结满了像鹰嘴豆一样的大粒谷物（……）；叶子很像卡斯蒂利亚的甘蔗，不过更窄、更长、更绿，也更柔韧，但表面没那么粗糙（……）；每根穗表面都会包裹有三到四片略显粗糙的苞叶。

这种苞叶富含二氧化硅，能够极好地保护玉米免受热带阳光和雨水的侵扰，这一特征是我们在同样被葡萄牙人称为milho（谷物）的其他植物中找不到的。

玉米的具体起源地目前仍无法确定，但它显然是一种美洲植物。德堪多和一些系统学家认为该植物原生于安第斯山脉，但大多数植物学家和遗传学家则认为它是一种复杂的天然杂交品种，因此很难确认最初的生长地。玉米的重要价值使其能够在整个美洲大陆间流通，而杂交则很可能发生在这个物种流通的过程中。即使在今天，玉米仍然在安第斯山脉地区的日常食物中扮演着重要的角色，但我们在当地市场上也能找到不同的品种。

目前认可的说法是，西班牙人在美洲发现的玉米已经是经由野生玉米杂交后的品种，而且其他品种也已经存在了。这种巨大的遗传复杂性和外观多样性，是由明显不同品种植株的（在植株顶部的）雄蕊和（在穗上的）雌蕊杂交形成的。当地人对于这种食物的偏爱，也是帮助其扩散到如此广阔区域的推动力之一。

从学术角度来看，玉米的这种形态特征令比安基认为，高度的异花授粉和杂交性使其进化得比小麦和水稻等自花授粉谷物更快。在20世纪时，遗传学家们已经对玉米进行了深入研究，希望培育出能大大提高产量的全新杂交品种。

在同时期的巴西，安德烈·泰韦（1557年）却从未提到过玉米。这说明它在

墨西哥的玉米储存
德萨阿贡,《佛罗伦萨手
抄本》,1590年

能够出产各种食物的自然环境中显得并没有那么重要。不过在气候条件不适宜木薯或番薯生长的高海拔地区,当地居民对它的重视程度明显更高。

这可能就是为什么在很久之后当地文献中才提及玉米的原因。同时,新的问题出现了:它到底是本地品种还是为了养活奴隶而引进的品种呢?

冈达沃(约1565年)写道:在巴西,人们种植了很多谷物，并用它们来制作面包。但事实上，我们并不清楚他提到的谷物到底是不是玉米。苏亚雷斯·德索萨（1587年）也提到了一种谷物，称"当地人会把它煮熟了食用，也会用它来酿酒，这种酒很烈，所以居住在此处的葡萄牙人也不敢轻易尝试。"他还补充说，葡萄牙人"种植这种谷物是为了饲养马匹、家禽、山羊、绵羊和猪等家畜"，并认为他们"也曾把它提供给几内亚的黑人作为食物，但他们并不喜欢，而是更喜欢来自他们家乡的食物。"通过这些信息，我们可以判断：在向巴西运送奴隶的同时，葡萄牙人也把一些非洲的谷物带到了这里，这些谷物在葡萄牙语中与玉米是同一个词。

他进一步写道："在巴西，还有另外一种谷物，葡萄牙人会将它磨碎，然后加入鸡蛋和糖，从而制作出上好的面包；它的味道绝佳，可搭配肉汤、鸡汤或鱼汤一起食用，比米饭更加美味。"这次提到的谷物是玉米吗？无论它究竟指的是玉米还是当地其他的可食用谷物，但看上去并不是巴西印第安人的主要食物。

不过，赫罗尼莫·吉拉瓦（1556年）说过，在墨西哥，"面包是用玉米制成的，这是一种在当地大量种植的作物，种子形似鹰嘴豆。"大约在15世纪末，人们将这种玉米引进到了欧洲，并很快就开始在西班牙塞维利亚附近的瓜达尔基维尔河两岸肥沃而灌溉良好的土地上进行种植。

现在，有人认为西班牙引进的玉米，是与当地野生玉米杂交而生的品种，富含粉质胚乳，而葡萄牙人引进到非洲和东方国家的玉米，是与其他品种杂交而生，它的胚乳更硬，被称为角质胚乳。

1539年，植物学家希罗尼穆斯·博克曾提及在德国见到了玉米。在欧洲南部，人们习惯称之为"土耳其谷""西西里谷""埃及小麦""几内亚小麦"或"印度小麦"等。而在北部，人们则称之为"亚洲小麦"或"土耳其小麦"，最后这个名字显然带有误导性质，因为在很长时间内，人们都认为它是先被引进到土耳其，然后才转到欧洲的。事实却并非如此：所有这些名字都只是为了说明玉米是一种源于异域他乡的作物，并不代表其出处，就像英语中的turkey指的是一种"产自西印

安第斯山脉的玉米种植（费利佩·瓜曼·波马·德阿亚拉，1615—1616年）：

用植苗锹将种子植入土壤（9月）后，对土地进行灌溉（11月）。

幼苗生长出来（1月）之后，人们会清除田里的杂草，并驱赶鸟类和其他动物（2月）。

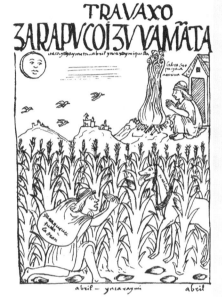

人们捕捉和驱赶落在田间的鹦鹉（3月）。

随后，会有专人留下照管成熟的玉米穗，以免鸟类或蜥蜴偷食（4月）。

收获（5月）和储藏（7月）。

度群岛的鸡"，即火鸡。在欧洲，玉米在很长一段时间内一直遭人轻视，被认为是"乞丐"（他们会用它来煮粥）或动物的食物。

西班牙人当时也不太喜欢玉米。毕竟这是一种新引进的作物，种植经验缺乏，又需要勤于灌溉，收获季节在炎炎夏日，而且当地居民更习惯食用小麦，此外，还有谣传称食用玉米对健康不利，甚至可能会引起麻风病。在16世纪，葡萄牙人从西班牙的田地里引进了第一批玉米，并将其种植在科英布拉附近的蒙德戈河岸区域，然后又将其传播到了非洲西海岸地区。不过，由于信息来源纷杂，所以无法确定这一事件的具体时间。

在加拿大，雅克·卡蒂埃在1535年提到，"在这个国家，人们种植一种颗粒如豌豆大小的谷物，与在巴西种植的一样，当地人称之为kapaye；这种谷物产量充足，他们会用它代替面包作为主食。

在非洲，提及玉米的文献资料很多。不过在这段描述圣多美之行（约1541年）的文字中，我们也许能更好地了解到当时的情况：

> 我们发现，在佛得角种植着一种穗生的白色颗粒状谷物，并且数量如此之多，以至于需要很多只船来装载……邻近8月时，在圣地亚哥岛上，人们会开始播种一种名为milho-zaburro的谷物，它在西印度群岛被称为maiz。

这位作者和其他人一样，也将高粱与玉米混为了一谈，但至少证明在那个时期人们已经开始在佛得角种植玉米了。而佛得角与圣多美及巴西之间的奴隶贸易，也带动了来自美洲和非洲的不同谷物在大西洋两岸间的交换。

但另外一些人认为，在抵达非洲东部沿海地区之前，玉米已经由黄金海岸和刚果盆地进入了非洲。

1575年，在致圣保罗－德罗安达省神父的一封信中，加西亚·西蒙斯提到，在安哥拉见到一种叫作massa的大粒谷物：

它看起来很像干芫荽，通常以生吃为主，有时也会做熟后食用；这是当地白人和黑人的口粮，他们会将它磨成粉来制作烤饼，放在炉火边上烤熟后佐餐食用（……）；有时，他们也会制作一种人头大小的圆蛋糕，被称为injunde。

这里提到的是玉米吗？目前还不确定。因为杜阿尔特·洛佩斯在1580年前后描绘刚果王国首府圣萨尔瓦多周边地区时曾提及：

整片高原都肥沃而适宜耕种。这里生长着各种各样的谷物：其中最主要也是最好的一种叫作穇子。这些谷物原产于尼罗河两岸，由于生长周期不长，所以遍布整个刚果王国（……）。当然，这里还种着玉米，不过人们并不太喜欢它，通常用它来喂猪；水稻在这里也没有多大价值。玉米被称为mazza Maputo，意为"葡萄牙的谷物"。（1591年，2002年版，第134页）

根据最后一句话，我们猜测这里的玉米是从葡萄牙引进的；而且我们也再次注意到了当地人对这些外来植物的态度：玉米和水稻想在这些地区站稳脚跟，恐非一朝一夕的易事。在番薯和木薯都很难生长的高海拔地区，它们更容易觅得一席之地。玉米对于热带地区的气候环境十分适应，因为这里与其美洲的原产地十分相似：每年最炎热的季节恰与雨季重合。但它对土地质量却要求颇高，而且对干旱的适应能力较弱，这也是它在非洲大陆推广种植的主要障碍。非洲的禾本科植物具有更发达的根系，能够更好地从土壤中汲取能源，也能更好地抵御水土流失。

关于玉米进入东方国家的历程，有人说是由西班牙人从东边先引入这一地区的，也有人说是由葡萄牙人从西边最先传播至此的，当然也可能是双方几乎在同一时期将其带到了这片土地，但无论如何，都不能算非常成功。这里居民的主食主要包括了水稻、薯蓣和16世纪引进的番薯。罗克斯伯勒证实，即使到了18世纪，

三种不同的玉米

玉米在印度的种植仍非常有限，而且通常只是出现在某些花园之中，几乎完全被视为出于好奇或打发时间而种植的一种植物。

包括布罗代尔在内的一些人认为，葡萄牙人于1597年将玉米带到了缅甸，但从我们目前掌握的资料中很难得出这样的结论。

自从20世纪50年代引进高产杂交品种以来，玉米领先于水稻和小麦，成为了当今世界上产量最高的谷物，种植面积也分布最广；随着技术水平的提高，它的用途也越来越多样化。

人类主要消费的玉米品种为"甜玉米"，不过大约三分之二的玉米还是作为动物饲料，无论是以玉米粒或玉米穗的形式；此外，它还被用于制作"动物浓缩饲料"，并成了某些工业生产的原料。一部分玉米被用于生产充当生物燃料的乙醇，还有一些则被用来生产沼气、纸张、合成药品和生物塑料等。

在葡萄牙的很多地区，人们用它来制作一款特殊的玉米面包：如今，这款面包已经成为一种精致的佐餐面包，不过消费量有限。而在美国，玉米面包的消费却相当普遍。在安第斯山脉地区的国家中，人们还会用玉米来制作一款名为吉开酒的酒精饮料。此外，它也是杜松子酒、某些威士忌和波旁威士忌的制作原料。

学名：*Manihot esculenta*

大戟科

葡萄牙语：Mandioca, Mandioqueira；西班牙语：Mandioca, Tapioca；英语：Cassava

阿尔伯特·埃克豪特，约1650年

木薯，在图皮-瓜拉尼语中被称作manioch，无疑是热带地区最著名的植物之一，自古以来就为当地人所熟悉，而且遍布整个热带美洲。

木薯本身富含淀粉却又不含麸质，在当地人的饮食中扮演着特殊的角色，并获得了"热带面包"的美誉。最初给它授予这个称号的是西班牙人，拉斯·卡萨斯曾提及，印第安人为他们提供了一种用木薯粉制成的面包，被当地人称为cazabi。此外，人们还会用它制作一种啤酒。

今天种植的木薯形态各异，主要分为两大类别：甜木薯和苦木薯。它们是从一种称为guazú-mandió的野生种演化而来的，我们至今仍能在巴拉圭及巴西马托格罗索的平原和林间空地中看到这一野生种。

由于在印第安人生活中具有举足轻重的意义，木薯一开始就受到了欧洲人的高度重视并被反复提及，他们不仅详细描述了它的加工方法，还特别介绍了当地人如何辨别不同种类木薯以及如何清除某些种类中的有毒物质。

根据拉斯·卡萨斯的转述，哥伦布在1429年11月15日的日记中曾提到"印第安人会用一种植物的根来制作面包"。这里提到的植物就是木薯，当地印第安人称之为yuca。他曾多次提到该植物在当地的广阔种植范围以及由它制成的名为casaui的面包。

在巴西，一位不知姓名的航海船员在1500年前后写下了这样一段描述："我们中的一部分人去了当地人的聚集地（……）在那里买了鹦鹉和一种植物根块，当地人会用它做一种像阿拉伯人吃的那种面包。"长期以来，人们认为这里提到的根块是木薯，但也许葡萄牙人只是看到了一种被称为cará的薯蓣（见第182页图）。当时的葡萄牙人已经认识了来自非洲大陆的薯蓣。无论如何，在包括传教士安切塔神父在内的很多后人的著作中，还是经常将两种植物混为一谈。

马诺埃尔·达诺布雷加神父在1549年所著的《巴西土地信息》中指出，"这片土地最常见的主食是一种被称为mandioca的树根，人们会把它磨成粉来食用；这里也种植一些谷物，人们将它与树根磨的粉混合在一起，可以代替小麦来制作面包。"（正如我们看到的，谷物在这里泛指各种禾本科植物，不过并不确定此处所指是否包含玉米。）

第一位在书中详细描述木薯的人是安德烈·泰韦（1557年）：

我们注意到，在战争时期，印第安人在七八个月的时间内都仅靠食用那些由干硬的植物根块磨成的、看起来毫无营养的面粉过活。（……）他们用一些我们称之为manihot的植物根茎制作面粉，这些根茎大概像手臂一般粗细，约五十厘米到六十厘米长，外形看上去七扭八歪的。这些根块来自一种大约一米高的小型灌木；它的叶片与另一种在这里被称为羽衣草的植物很相似，正如图中所示的一样，每一簇叶丛会有六到七片叶子；在每一枝的末端都是一片十五厘米长、三指宽的叶子。

而制作这种面粉的方法是这样的：当地人会用一大块的树皮包裹着坚硬的石块将这些根块捣碎，就像他们处理肉豆蔻的方式一样；然后将捣碎的粉末放进坛子里并加入一定量的水，放在火上加热；在这个过程中要反复搅拌，使其凝固成一小条一小条的形状。刚刚做好的这些木薯条味道非常好吃。

不仅仅是在秘鲁、加拿大和佛罗里达，整个美洲大陆甚至包括麦哲伦海峡地区的人都在食用这种面粉，它在这片方圆三千多公里的土地上十分常见；它通常会与肉类和鱼类一同搭配食用，像极了面包在我们生活中的角色。

这些当地人食用它的方式也很奇怪：他们从不直接用手把它放入口中，而是将它抛到嘴里，整个动作非常灵巧；如果欧洲人使用了不同的方式，还会被他们嘲笑。这些植物根块的买卖交易都是由女性完成的，男性完全不会参与。

（第58章）

此外，他还提到了一种用小米、腰果或木薯根制成的啤酒："这款名为cahouin的饮料在这里非常普遍，须由10岁或12岁的处女完成制作，制作原料是当地人作

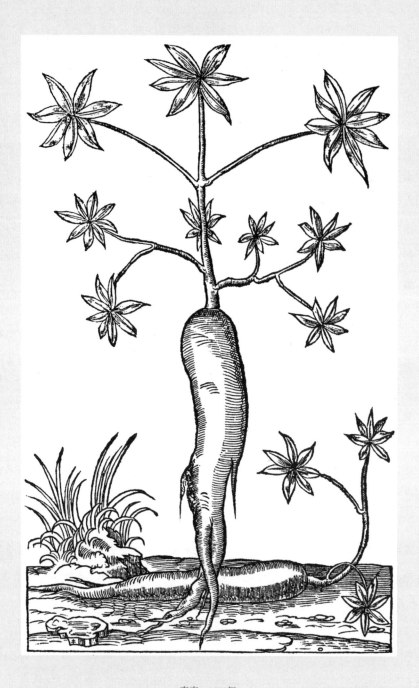

泰韦，1557年

为主食的木薯根粉。"

几年后，在巴西，冈达沃（1576年，第五卷）又为我们提供了更多细节：

这种植物差不多有一人来高，茎不是很粗壮，但上边有很多结。在种植时，人们会将它的根部切成段，埋在土壤里，每块根都会生长出一棵新的植株。然后人们会像呵护新苗一样保护这些萌蘖枝。

每一段都会生出三到四条根，甚至更多，这取决于土壤的肥沃程度：通常来说，它们的生长周期为九到十个月，不过在圣文森特，它们需要三年才能成熟，因为这里非常寒冷。这种植物的根部很大，很像圣多美地区出产的山药；有些则像牛角般修长而弯曲。人们到想要食用的时候才会将它们从土壤里挖出来：他们将植株的地上部分割断，然后将根部留在地下，如此能保存五六个月，否则它们很容易变质。在圣文森特，它们能被保存二十到三十年。

这些根会被用来制作当地人食用的面粉，方法是：先将根切好，在水中浸泡三到四天，然后细细研磨成糊状，再将其倒入用细秆编织而成的窄长小桶中。随后，人们会将其中的汁液充分挤压出来，一滴不剩，因为这些汁液是有毒有害的，无论是人或动物，饮用后都会立即致命。接着，人们会将处理后的面糊放入盆中，并置于火上加热，在此过程中须由一位印第安妇女不断搅拌，大约需要半小时，直到其中所有水分都受热蒸发干净为止。这种面粉是当地居民的主要食物。常见的有两种形态，一种是"战备面粉"，另一种是新鲜面粉。"战备面粉"需经过烘干和焙炒，能保存将近一年时间而不会变质；新鲜面粉则更加细腻而美味，但最多只能保存两到三天。人们还会用它制作另一种被称为beijù的美味，这是一种像圣饼一样的白色面饼，但更大，可以像煎饼一样卷起来食用；许多人都很喜欢这种食物，尤其是巴西万圣湾一带的居民，因为它们比面粉的口感更好，也更易消化。

弗雷·克里斯托旺·德利斯博阿，约1627年

冈达沃注意到了木薯中所含氰酸的毒性以及当地人除去这些有毒物质的方法。他还补充到，有一种叫作aypim的植物，与木薯非常相像，不过它的块根不含这种有毒物质，可以像马铃薯一样煮熟后直接食用。甜木薯和苦木薯之间的区别也非常明显，并不像某些西班牙语资料中所描述的那样。长期以来，人们都认为这是两个完全不同的物种，但事实并非如此。它们只是数量众多的木薯品种中的两个品系而已，这些不同品种中所含有毒物质的浓度也构成了一个完整的梯度。

虽然欧洲人并不怎么欣赏木薯这种食物，但耶稣会士们仍推广了它的种植，以至于"所有耶稣会的团体及其住所很快就都开始种植木薯，来养活为数众多的印第安人和黑人；而很多神父和教士甚至都忘记了葡萄牙面包的味道"。

当地人还用它来制作冈达沃提到过的发酵啤酒："他们会将aypim（甜木薯）根部煮熟，经由年轻的处女咀嚼后放入大盆中进行挤压榨汁，通过此法酿造出大量的酒，这些酒三四天后便可饮用。"这个酿酒过程说明，印第安人已经凭经验发现了唾液中所含的唾液淀粉酵素在淀粉水解中的作用，并利用其促进酒精发酵。这种传统习俗并没有完全失传，在马托格罗索州的一些地区，仍然会通过此法制作一种名为olonite的饮料。

简而言之，印第安人用木薯的根块来制作或干或湿的食用面粉。通过研磨获得的湿面粉无法长久保存，所以会被很快吃掉；但焙炒后的干面粉可以保存一年。葡萄牙人称它为"战备面粉"，因为葡萄牙军队已将它作为进入该地区内陆作战时军需供应的重要组成部分。当地人还会用它制作粗粉、蛋糕和发酵饮料；同时，他们可能也会食用木薯的叶子，就像如今世界上种植木薯的所有地方一样。

在自然环境能提供丰富食物的地方，人们并不愿辛劳耕作。木薯是一种易于种植的作物，而且无论在温带或热带地区，它都是在单位种植面积内能收获最多食物的植物：根据皮奥·科雷亚和莫赖斯的说法，它的产量比小麦高六倍。

木薯的这些特点让它在不适宜种植小麦和其他谷物的热带气候下也能茁壮生长，因此我们也就不难理解葡萄牙人为什么会将它迅速引进到非洲和亚洲了。

木薯磨粉机
巴西，皮索和马格拉夫，
1648年

非洲的环境很适于木薯的生长，以至于人们会认为木薯就原产于这片大陆。但事实并非如此。

早在16世纪时，木薯就已经被引进到了非洲。有些人表示，它可能是在1558年时被带到刚果盆地的；而其他人则认为，它应该是在1624年至1630年间经圣多美辗转至非洲大陆的。1654年到1669年间曾在刚果和安哥拉定居的卡瓦齐·达蒙泰库科洛在1687年写道，"这种据称来自巴西或圣多美的植物"十分重要："它的根能够制作不同的食物，以满足贵族和百姓的需要"。

热带非洲地区的居民最初习惯于游牧生活，农业发展原本不像牲畜饲料和水源那么重要。不过如今，在他们原本以森林植物为主的食谱中，木薯已占据了相当重要的位置，这说明它在当地已得到了很高的认可。木薯的种植方法非常简单，只需将一根枝权或一段根茎埋在地下就能成活，打理起来也非常容易，并且产量极佳。在更为干旱的地区，它被视为一种可维持多年生计的食物：人们可以根据需要来刨出一部分根茎作为食物，其他部分则留待来年继续生根发芽。有趣的是，我们注意到一个现象：美洲植物的引进打破了非洲固有的饮食结构，使这片大陆拥有了更为丰富多样的食物资源，木薯就是最令人印象深刻的例子。

关于将木薯引进到亚洲的信息少之又少。它在亚洲的种植也不如非洲，因为这里的人们已经习惯将水稻作为主食了。

在亚洲，木薯的种植应该也始于19世纪中期，与橡胶的种植同步。实际上，种植木薯也需要大量的劳动力，这些劳动力却因为要种植传统作物而分身乏术。于是，种植园主就将木薯田建在这些劳动力的住地附近。正因如此，一些亚洲国家现在已经成为了木薯粉的出口大国，他们向富裕国家出口木薯粉作为动物饲料。

毫无疑问，木薯已成为以非洲为首的低海拔热带地区最重要的粮食作物。在成功养活了当地居民人口几个世纪之后，它们也成为了工业开发的目标，除去作为饲料喂养牲畜之外，也被视为造酒的重要原料。

如今，含有生氰糖苷的苦木薯取代了甜木薯的原有地位。毕竟，前者被公认比后者产量更高，而去除其中有毒物质也不再是难事。

学名：*Carica papaya*

番木瓜科

葡萄牙语：Papaieira, Mamoeiro；西班牙语：Papaya；英语：Papaia

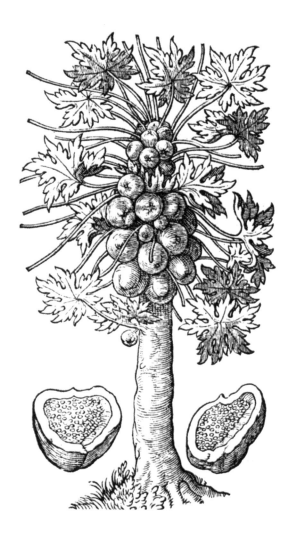

皮索和马格拉夫，
1648年

弗雷·克里斯托旺·德利斯博阿，约1627年

番木瓜很可能是一种原生于热带地区的安第斯山麓的植物。费尔南德斯·德奥维多在《西印度通史与自然研究》（1526年，第70章）中描述过它，并将它称为higo del mastuerzo：

在安第斯山西麓的阿卡市经圣布拉斯港至贝拉瓜斯地区的农布雷-德迪奥斯港一带及科罗巴洛岛，都生长着一种高大修长的树木，这种树的叶片很大，要比西班牙的无花果树叶大得多。它的树干和树顶上会结出很多像甜瓜一样大小的"无花果"（higos）。果实的皮很薄，里面是像甜瓜一样厚厚的瓜肉，非常美味。食用方法也与甜瓜类似：人们会将其切成四瓣后分而食之。

在这种水果的果肉中间，有很多小粒的黑色种子被包裹在一层膜中，跟木瓜（*Chaenomeles sinensis*）有些类似。大小不同的水果，种子的数量也不同，有时甚至可以塞满一颗鸡蛋。这些种子也可食用，嚼起来的口感很好。正因如此，您派到这里的仆从们称之为"咀嚼无花果"。人们把这些种子播种到了达连，很多已经长成了高大的树木并开花结果。我吃过很多次这种水果，它们和我描述的一样。（1526年，第70章）

该植物并未出现在1535年版的著作之中，而在《西印度通史与自然研究》的完整手稿中则被命名为papaya，并附有更为详尽的描述（第八卷，第33章）。

它很可能在葡萄牙人到来之前就已经出现在巴西了，并且已经广泛分布于整个国家及周边地区，不过一直都没被正式提及。1587年，苏亚雷斯·德索萨首次提到了它：

这是一种大小和外形都与苹果相近的水果，它的种子应该是从伯南布哥州传到巴伊亚州的。在果实成形后，无论在树上或在家里，它都能继续成熟。

成熟后的果肉会变得像甜瓜一样柔软。人们会把它像苹果一样切开，将包

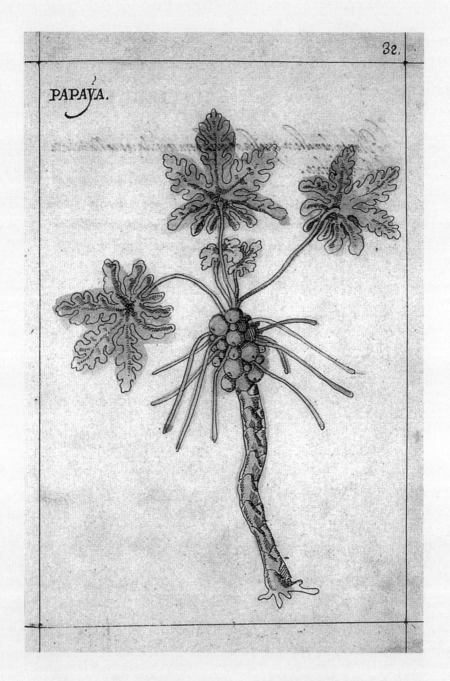

在曼努埃尔·戈迪尼奥·德埃雷迪亚的《印度植被概览》中已经出现了番木瓜树（约1612年）

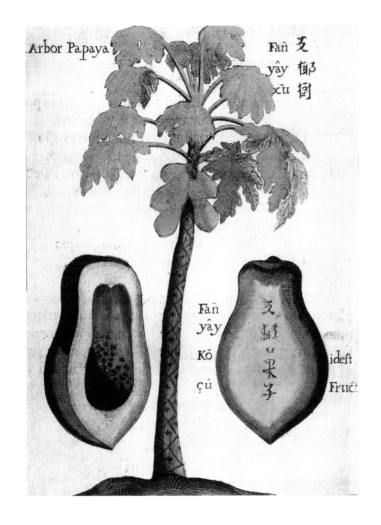

在1656年出版的《中国植物志》中，卜弥格提到了番木瓜

裹在果肉中间的胡椒般粗糙的黑色种子取出，然后将果皮与果肉剥离后食用。果肉的味道非常甜美。

他还观察到"有些雄性植株能够像酸豆树一样结出果实，而另外一些的树干会长成直径像水桶一般粗，甚至更粗"。

弗雷·克里斯托旺·德利斯博阿（约1627年）在描述马拉尼昂地区的番木瓜时也提到了这点：

> 这种树的果实形状像大个的木瓜，但表皮却和甜瓜一样呈黄色；里面包裹着很多像弹珠一样的黑色圆形种子；这种水果可以直接食用或被制成罐头；有些植株无法结出果实，当地人认为那些是雄性植株，因为周围缺少雌性植株来完成授粉，所以不会结果；这种树会开出黄白色的花朵，雄性植株的花形较长；它的果实为椭圆形。

根据不同作者的描述来推测，番木瓜树分为不同的性别，而且花和果实的形态也各不相同。实际上，番木瓜的植株分为雄株、雌株以及两性株。花单性或两性，有些品种在雄株上偶尔产生两性花或雌花，并结成果实，亦有时在雌株上出现少数雄花。雄花排列成圆锥花序，长达1米，下垂，花无梗；雌花单生或由数朵排列成伞房花序，着生叶腋内，具短梗或近无梗。

由于种植历史悠久，分布广泛，番木瓜树出现了不同的品种，在不同地方的名字也各不相同。在葡萄牙的领土上，有些地方将黄色果肉的品种称为papaia，而橙色果肉的品种则被叫作mamão；但在另外一些地方则恰恰相反！至于果实形状，有些地方把形似白人女性胸部般浑圆饱满的番木瓜称为mamão，但在另外一些地方，人们却用它来命名那些形如黑人女性胸部般修长的品种！

所有迹象表明，葡萄牙人因为这种产自美洲的水果令他们想起远在故土的甜瓜而很快喜欢上了它，并将其引进到了非洲和印度。

16世纪上半叶，有人表示在佛得角发现了番木瓜。1583年至1588年间曾居住在印度的冯·林索登也提到"这里有一种来自西班牙属印第安地区的水果，是从菲律宾经由马六甲运至此处的，被称为papaio。"

番木瓜因为其清爽的口感、易于消化的功效，以及全年均可结果及果实含糖量低的特性，得以在热带世界迅速流行开来。

该植物（尤其是果实）之中含有木瓜蛋白酶，这是一种在工业上用途广泛的蛋白水解酶，常用于嫩化肉类、澄清啤酒及其他饮料，和在纺纱过程中处理织物等。欧洲人从印第安人那里学到了巧妙的一招：用番木瓜叶将捕获的野味身上又硬又柴的肉块包裹起来，叶片的断裂处会分泌出一种乳白色液体，它能使肉质变得更为嫩滑鲜美。

不过，植物中木瓜蛋白酶含量最高的部分为果实的表皮组织。当果实接近成熟时，将其表皮浅浅地割开，将流出来的乳液收集在一种布漏斗中，令其凝固。然后，这些半成品会经由工业设备进行净化。而那些表皮被划开的果实无法直接出售，往往会用于制作果汁或蛋糕。

因为富含纤维和维生素，番木瓜长期以来一直受到营养学家和医学研究工作者的关注。成熟的果实含有多种抗氧化剂（包括儿茶素和 β-隐黄质）以及能有效预防某些癌症的番茄红素。

俗名：白薯、红薯、甜薯、山芋、地瓜

学名：*Ipomoea batatas*

旋花科

葡萄牙语：Batata-doce；西班牙语：Batata；英语：Sweet potato

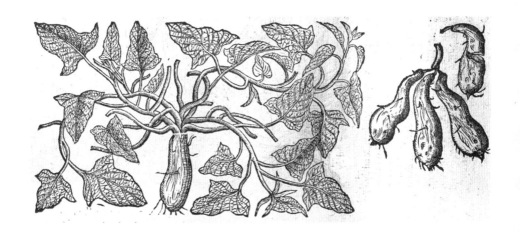

卡罗卢斯－克卢修斯，
1601年

　　在全球的主要粮食作物中，起源于美洲的番薯肯定占有一席之地。在欧洲人登陆美洲时，它已经成为了当地人生活中不可或缺的一部分。块根富含淀粉，生熟均可食用；叶子可用来制作浓汤和菜泥，也可以当作动物饲料。

　　番薯原产于尤卡坦半岛到秘鲁之间的广阔热带美洲地区以及哥伦比亚和厄瓜多尔。1500年，它被引进到了巴西，并成为了当地居民的重要食物。

　　作为低海拔热带美洲地区居民的基本粮食作物，它很

番
薯

快就被种植到了更广阔的区域。根据不同的气候条件，番薯又分化出多个品种，在茎枝颜色、叶片和块根形状以及块根颜色方面都各不相同。由于普遍采用无性繁殖进行种植，很多番薯品种都已不再开花。

1492年11月4日，哥伦布在伊斯帕尼奥拉岛上发现了番薯，并将它称为mames：

> 海军上将还说："这里的居民很和善，也很胆怯，他们就像我之前提到过那样赤身裸体地生活，既没有武器，也没有宗教信仰。这里的土地非常肥沃，当地人会种植一种形似胡萝卜但味道如栗子一般的作物，被称为mames。"（拉斯·卡萨斯）

西班牙人把番薯带了回去，作为大航海的成果呈献给天主教双王。费尔南德斯·德奥维多在1526年所写的《西印度通史与自然研究》中提到了它，但并没有展开描述。

在1516年所著的《新世界》第二个十年部分，皮特·马特·德安吉拉在介绍达连的植物时指出：

> 当地人会把这些被他们称为batatas的植物连根拔起。当我第一次看到它时，我以为它就是在米兰种植的萝卜或大个蘑菇。用水煮或火烤的方式均可以使它变软，熟透后的味道不输任何食物和甜点。它的表皮呈现泥土的颜色，比蘑菇或萝卜更坚韧。人们会把它播种在花园里，就像木薯一样。它也可以生吃，味道有些像青涩的栗子，但更甜。

在1530年所著的第八个十年部分，他在给教皇的信中写道：

> 在牙买加也有很多种不同的块根品种，都被统称为batatas。我之前还提到

过八种不同品种，它们的花、叶和芽都不一样。这些块根无论水煮还是火烤都一样美味，生吃也不错。当我写这些文字时，我面前就摆着一些这种块根。如果不是距离太过遥远，我倒是很乐意与您分享。您派到皇上身边的科森扎大主教就曾吃过不少……

在很长一段时间里，人们总是分不清薯蓣和番薯。在抵达巴西时，佩罗·瓦斯·德卡米尼亚（1500年）就曾提及当地人"仅以数量众多的薯蓣为食"：如果这里提到的不是一种名为cará的薯蓣（见第182页图），那很可能就是番薯，不过这种假设也缺乏证据。

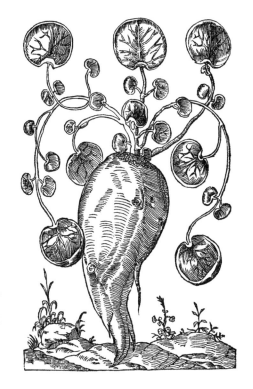

泰韦，1557年

安德烈·泰韦（1557年）用了很大篇幅来描写这种植物，还附有一张配图：

> 每当有人向他们提到上帝时——我就曾经有过几次这样的经历——他们都会心怀崇敬地聆听，还会询问是否便是这位先知教会了他们种植根块被他们称为hétich（图皮语：jéty）的作物。父辈告诉他们，在掌握这些作物的种植方法之前，他们只能像动物一样以野生的草和根茎为食。他们说，在他们的国家曾经有一位伟大的先知，他送给了一位曾帮过他的年轻女孩一些形似利穆赞萝卜的大根块，这些根块被称为hétich，他教她把这些根块分成小块，然后埋在土壤里，如此便能收获食物；她照做了；也是从那时起，种植方法代代相传，直

到现在，他们在种植方面取得了极大的成功，这些根块产量充足，以至于他们几乎不用再寻觅其他食物；他们对这些根块的依赖，与我们对面包的需求没什么区别。这种块根植物有两个品种，大小相仿：一种在熟透后会变成木瓜一样的黄色，而另一种则是白色。它们的叶子有些像锦葵，从不结籽。因此，当地人会把这些根块切成小块，就像我们在制作沙拉时切的萝卜丁一般大小，然后将其重新埋入土里，如此大量繁殖。由于我们的医生和草药商都对它没有更多的了解，所以我恐怕只能根据它的自然属性来介绍了。（第28章）

16世纪末居住在巴西的传教士若泽·德安谢塔对这种植物极尽赞美之词，引起了人们的关注："有一些块根植物，它们的根块可以被煮熟后食用，比如番薯（……）这些根块味道非常好，取代了面包在一日三餐中的地位，毕竟面包在这里算是稀罕物。"苏亚雷斯·德索萨（1587年）也证实道："番

薯原生于这片土地，并在这里获得了丰收。它一旦被种到地里，就能源源不断地生长，因为人们在收获根块时会把一部分根尖保留在土壤里，而这些根就能够重新生发。"番薯的种植和生长非常简单，在根块被采摘后，植物能够靠残留在土壤中的茎秆（不是"根尖"）继续繁殖生长，同时，它极高的营养价值也很快得到了普遍认可。

从16世纪开始，葡萄牙人将番薯引进到了欧洲，并在亚速尔群岛开始尝试种植，一直延续至今，收获的番薯主要被用于酿酒。有人回忆称，由于受海风的影响，从巴西返回葡萄牙的船只必然经过群岛。"在特塞拉岛上种植的番薯，看起来有点儿像山药，但吃起来有栗子的味道"，当时的一份资料中留下了这样的记载。随后，番薯被带到了欧洲大陆，至今在葡萄牙沿海、中部和南部地区以及意大利和法国等其他国家仍有种植。当然，西班牙人也推动了它在欧洲的传播。

根据一位姓名不可考的航海家在1541年的叙述，葡萄牙人很早就将番薯带到了圣多美岛："这种伊斯帕尼奥

弗雷·克里斯托旺·德利斯博阿，约1627年

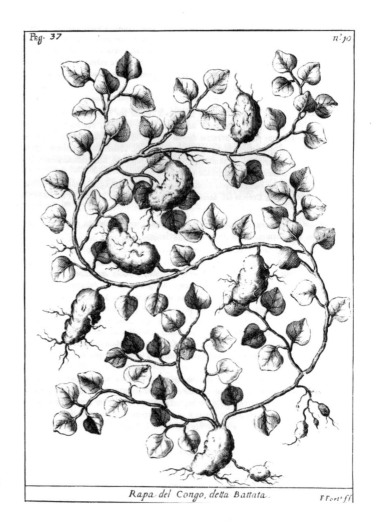

Rapa del Congo, detta Battata.

拉岛的印第安人称之为番薯的根块，被圣多美的黑人称为
山药；他们种植它并将它作为主要食物。"高产，又无须特
别照料，番薯自然就成了在非洲海岸地区习惯以山药和芋
头为食的奴隶们的新食物。目前尚无法确定最早的殖民者
是否也食用过这些番薯，因为在最初阶段，他们仍然难以

　　　　改变人类历史的植物

勒尼奥，1774年

适应当地菜肴，这点从当时的进口记录就足以证明：在从祖国引进的食品清单中，面粉、葡萄酒和橄榄油都是必不可少的。

几个世纪以来，圣多美一直都是船只往返巴西和非洲西海岸之间的重要中转站，番薯经由此地传播到非洲大陆，并很快在这里推广开来。卡瓦齐·达蒙泰库科洛神父（1687年）在1654至1669年间曾居住在刚果、安哥拉和马坦巴王国，他在撰写这段经历时也提到了番薯在这片土地上的生长情况，并留下了一幅真实可信的插图和一段清楚描述这种作物对当地黑人重要性的文字：

> 这种适宜在当地气候下种植的萝卜被葡萄牙人称为番薯，它在刚果尤其普遍。它的茎蔓匍匐于地面，根与禾本植物相似：在生长期保持绿色，但个头很大。这些根块表面凹凸不平，没有固定的形状，看上去就像手臂一般大小。表皮颜色与熟透的橙子相似。在炭火中烤熟后会变得更加美味。由于产量丰富，它已变成了当地家庭日常饮食的重要组成部分。

一些人认为这段文字是关于马铃薯的描述，不过若真如此，就无须考虑其种植的气候条件了。何况从卡瓦齐神父这段文字所配的插图来看，这是番薯无疑。

若昂·多斯桑托斯（1609年）为我们介绍了番薯在非洲东部的情况。

很快，葡萄牙人便又将它带到了东方。1594年，它出现了印度南部，1605年或1608年又被引进到了日本。同一时期，西班牙人也将它带到了菲律宾。

长期以来，历史学家们一直怀疑，产自美洲的番薯早在欧洲人到来之前就已经从新大陆传到了某些太平洋岛屿上。皮加费塔在描述麦哲伦航行的段落中提到，在1519年曾在巴西的里约湾以及马里亚纳群岛、巴拉望岛和摩鹿加群岛等地都见到过番薯。不过，他在后面三个地方看到的有可能是薯蓣，毕竟他对菜园里的各种作物并不了解，很可能把番薯和薯蓣搞混。但是在晚些时候，又有其他人提到在太平洋的无人岛屿上看到了这种植物。之后，人们在夏威夷、库克群岛和其他群岛进行考古发掘的过程中发现了番薯标本，其时间可追溯到1000年至1400年之间。还有一个新的证据：来自安第斯山脉的克丘亚人将番薯称为kumara，而在从波利尼西亚到新西兰的大多数太平洋岛屿上，当地原住民语言中对番薯的称谓却与之惊人的相似（波利尼西亚：kuma'a, 'uumara；新西兰：kuumara，oomara）。而在菲律宾，人们对番薯的叫法（kamote）与它在中美洲的名字（camotil）相似。

　　一项由法国国家科学研究中心和法国农业研究国际合作中心联合团队进行的遗传研究给出了答案：在2007年发表的一篇文章中，卡罗琳·鲁利耶证明了太平洋的番薯是秘鲁番薯的后代，在大航海时代之前就被人带到了这里。值得注意的是，人们是在对18世纪欧洲植物标本图集进行分析之后得出的这个结论；事实上，葡萄牙人从西方、西班牙人从东方分别将番薯引进至此虽然发生在更晚些时候，却掩盖了它最初的传播痕迹。

　　除了具有丰富的营养价值外，番薯还拥有很多优点：比如，它的大量茎枝纵横交错，能够形成一个保护层，能有效防治水土流失。在狂风暴雨经常肆虐的地区，它被认为是一种有益于土壤保护的理想作物。

学名：*Capsicum* spp.

茄科

辣椒

Piper Indicum bifurcata siliqua.

Piper Indicum minimum erectum.

巴西利乌斯·贝斯勒，

《艾希斯特的花园》，1613年

辣椒属的大部分植物都原产于热带美洲；其中只有两种经常被用在美食之中。

这些植物至少在公元前7000年就已经遍布整个美洲地区并且被广泛使用了，其果实既是一种生熟均可食用的蔬菜，也可以被当作香料来点缀菜肴或提味。它在调味品中扮演着重要的角色，就像食盐在欧洲菜肴中的作用一样。有些品种的辣椒因具有极强的刺激性，还曾被用来折磨俘虏。

墨西哥和中美洲其他地区的居民称其为chili，该词源于纳瓦特尔语，今天仅代指某些辛辣品种。西班牙人将其称为pimientos，与他们一路向西航行要寻找的pimenta（胡椒）一词十分接近。在寻找香料的过程中，他们显然更感兴趣那些辛辣的品种，而非不辣的品种（菜椒）。

皮特·马特·德安吉拉写到，克里斯托弗·哥伦布在伊斯帕尼奥拉岛发现当地居民经常食用一种被称为axi的调味品，比椒蔻或亚洲胡椒更辛辣，也更优质。他在1493年将它带了回来。这里提到的可能是灌木状辣椒（即小米辣）。

费尔南德斯·德奥维多（1535年）在其所著书稿的第七卷第七章中也同样提到了ají，并认为这就是胡椒，并简单描述称"这种果实像手指般大小，连同种子一起被当地人用作调料，就像胡椒一样"。而葡萄牙人在巴西也发现了辣椒，当地人称之为quijá或quiya。

西班牙人和葡萄牙人立刻就意识到了它的重要性和所能带来的效益，并将其传播到了世界各地。如今，它们的分布范围已经覆盖了整个热带地区和大部分温带地区。

无论鲜辣椒还是干辣椒（完整的或磨碎的）在贸易中都很受欢迎。辣椒中的辛辣成分被称为辣椒素，在不同品种中含量也不相同。它具有非常强的刺激性，尤其是对眼睛，所以在处理它的时候需要非常小心。

1912年，威尔伯将"斯高威尔单位"确定为测定辣椒辣度的标准，大致是通过计算消除因辣椒素含量引起的灼烧感所需的稀释用水量来加以衡量。辣椒的食用方式多种多样，无论青、熟、干、鲜都各有风味。其中一些品种更是被视为世界上最辛辣的香料：这其中包

彼得罗·安德烈亚·马蒂奥利，1571年（科林，1602年）

括哈瓦那辣椒（斯高威尔指数为100 000至325 000）、塔巴斯科辣椒（斯高威尔指数为50 000至100 000）、鸟眼辣椒（斯高威尔指数为30 000至60 000）和卡宴辣椒（斯高威尔指数为30 000至50 000）。2013年，一种被称为"卡罗来纳死神"的辣椒被公认为世界上最辣的辣椒品种，平均斯高威尔指数为1 569 300，峰值可超过2 200 000。

中等辣度的斯高威尔指数在35 000到70 000之间；低等辣度在0和35 000之间（比如，红辣椒粉的辣度为5000至15 000，一般辣椒粉的辣度在100至500之间，大多数菜椒的辣度则为0）。

按照现代的分类方法，所有的辣椒属植物均被划为了同一种（即辣椒，但它拥有很多不同的外观形态）。不过出于本书的考量，我们仍然遵循过去的分类方法，为大家介绍在这类植物中曾经最重要的两个"亚种"。

1 灌木状辣椒（小米辣）

学名：*Capsicum frutescens*

葡萄牙语：Piripiri, Gindungo（安哥拉葡语）；**西班牙语**：Guidilla；**英语**：Bird chillies

这种辣椒通常被称为"卡宴辣椒"，是一种在炎热的气候环境中非常常见的多年生植物。它的生存能力极强，往往在废弃的土地上也能生长。我们经常能在人类居住的环境中看到它。在温带气候条件下，它的叶子在每年最冷的季节会完全或部分掉落，但在来年回暖时又会再次生长出来。

它是一种拥有二歧式分枝和小个辛辣果实的小灌木。值得注意的是，即使在被称为"香料之乡"的东方，这种原产于美洲的植物在当地居民的日常饮食中也占有重要地位，尤其是在印度次大陆地区居民的饮食中更是如此：它是传统咖喱

　　　　改变人类历史的植物

的配料之一，也能被用于制作泡菜等罐头食品。它被誉为"穷人的胡椒"，是传统胡椒的替代品。我们甚至可以认定，这是葡萄牙人对印度文明的重要贡献之一。

2 辣椒

学名：*Capsicum annuum*

葡萄牙语：Pimenteiro；西班牙语：Pimiento；英语：Pepper

显然，这个种类的数量最为众多，其种植范围最广，下属分类也最多：它们形状和大小各异，有些一点儿都不辣（比如甜椒），另外一些则颇为辛辣刺激。有些果实成熟后仍为绿色，另外一些则会变成黄色、橙色甚至红色。

其中最辛辣的品种在葡萄牙和巴西被称为malagueta（马拉盖塔椒），但其实与mailaguette（几内亚胡椒）或manigutte（椒蔻）无关。它们是欧洲人在中世纪用来代替普通胡椒的。

在巴斯克地区，有一种埃斯珀莱特辣椒非常出名。它的辣度（1500到2500之间）并不比胡椒强，但拥有特殊的香味，所以经常被用在各种美食菜肴之中。它的种植历史可以追溯到1650年左右；随着时间的推移，又慢慢衍生出了一个被称为"戈里亚"的品种。2011年，它的产量为156吨，种植劳作养活了大约140名农民。

正式中文名：阳芋

学名：*Solanum tuberosum*

茄科

葡萄牙语：Batata, Batateira；西班牙语：Papa, Patata；英语：Potato

第一张马铃薯的图片（卡罗卢斯-克卢修斯，水彩画，1588年）。相传埃诺省蒙斯地区长官菲利普·德西夫里从教皇特使手中得到了一些曾在1553年被谢萨·德莱昂称为papas peruanum的块茎，并把它送给了阿拉斯的克卢修斯

约翰·杰勒德，《标本集》，
1597年

马铃薯原产于安第斯山脉的温带地区，分布区域大致
为从智利到哥伦比亚一带，在低海拔热带地区很难种植
成功。

该植物在全球范围内的食品及工业领域都扮演着重要
的角色，不过时至今日，我们仍能在其原生地区看到一些
野生植株。

　　　　改变人类历史的植物

在美洲大陆，西班牙人在抵达安第斯山脉时才发现了它的存在。事实上，它已经成为了这些地区印第安人的重要食物来源，尤其对印加人来说更是如此。皮萨罗（1532年）从未提到过马铃薯。而1544年来到哥伦比亚的胡安·德卡斯特利亚诺斯提到了它，并称之为"松露（turma）"，还注释道：该植物系1537年在哥伦比亚内瓦地区的印第安人聚集地发现的（《杰出印第安人的挽歌》，1601年）。费尔南德斯·德奥维多在《西印度通史与自然研究》手稿中提到："迭戈·德阿尔马格罗在库斯科的另一边发现了一种在地下生长的果实，这种果实为圆形，如拳头般大小，当地人称之为papas，看上去像是松露。"1537年至1538年期间，德阿尔马格罗曾在库斯科生活。papas这个称谓至今仍被保留在西班牙语之中，它源于克丘亚语，指代包括土豆在内的各种块茎植物。

在那之后，很多西班牙语著作中都提到了papas：谢萨·德莱昂（《秘鲁史》，1553年）；何塞·德阿科斯塔（1589年）则介绍了它的储存方式

秘鲁的印第安人正在种马铃薯
费利佩·瓜曼·波马·德阿亚拉，1615—1616年

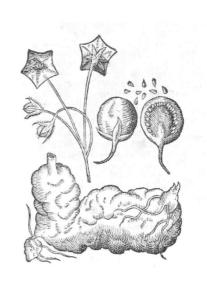

鲍欣，《植物博览序篇》，1620年

起源于美洲的植物　　　361

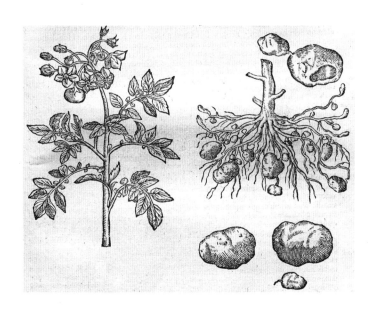

卡罗卢斯–克卢修斯，
1601年

（他那时称马铃薯为chuños）；随后，加西拉索·德拉维加（1609年）花了很大篇幅介绍印加人对它的种植和使用；后来，费利佩·瓜曼·波马·德阿亚拉在其1908年被发现于在丹麦皇家图书馆的价值连城的手稿（1583年至1615年）中保存了多幅描绘玉米和马铃薯种植的插图。

据估计，马铃薯被引进到西班牙的时间为1560年至1570年间，被引进到意大利的时间则为1564。关于它是如何传到英国的这件事，流传着很多版本，多与德雷克或雷利有关。不过，目前大家比较认可的说法有两个：其一，是从西班牙经由弗朗德斯抵达的英国；其二是从英格兰登陆的英国；至于时间，大家都认为是在16世纪，但具体日期不详。

1588年，卡罗卢斯–克卢修斯通过一幅水彩画为我们展示了马铃薯的样子，不过第一位仔细描绘其外形的人是瑞士人鲍欣，还赋予了它拉丁语学名*Solanum tuberosum*（《植物大观》，1596年）。1597年，在英国人约翰·杰勒德的《标本集》中出现了第一幅它的插图。

在法国，奥利维耶·德塞尔在他的《农业剧场与田园耕作》（1600年，第六卷）中将这些块茎命名为cartoufle，并详细描述了它的样子：

> 这种灌木被称为cartoufle，其果实同名，外形与松露相仿，因此得名。这种植物是从瑞士被带到多菲内的，不过在那里出现的时间也并不长。

由于papa这个名字与至高无上的主权教皇的称谓同形异义，因此不能继续使用。在意大利，人们保留了tartùfo、tartufolo（松露）这个名字；而在西班牙，turma de terra这个名字却很快就无人再提及，cartoufle（土豆）这个名字由此而生，而且很快又衍生出一些相关的叫法（例如taratoufli，卡罗卢斯－克卢修斯，1588年）。奥利维耶·德塞尔所使用的cartoufle这个词，是源于德语中Kartoffel一词，此外俄语和大多数中欧语言中的相关表达也都由此而来。即使到了20世纪，我们在很多法国乡村还可以听到trifle或treuf的表达方式。

在《南海航行纪实》（1716年）一书中，阿梅代·弗雷齐耶确定了pomme de terre（马铃薯）一词，用来指代智利印第安人所说的papas。而另一个通用表达patate是由batata（加勒比地区泰诺语中的番薯）和papa两个词融合演变而生，并植根于包括意大利语在内的多种语言。

根据列日亲王的厨师长朗瑟洛·德卡斯托（逝于1613年）的一道菜谱，我们可以了解到，马铃薯在被帕尔芒捷推广到法国的一个半世纪之前，在欧洲的美食中就已经拥有一席之地了：

> 将马铃薯切成片，加入黄油及切碎的牛至和香芹一起焖煮；然后取四到五

个鸡蛋黄，兑入少许葡萄酒后一同搅拌均匀；将搅拌好的蛋液煮沸后浇在马铃薯上，即可关火食用。(《美食大观》，1621年)

鲍欣也分享了一个很流行的食用方法：

> 在我们那里（巴塞尔），人们会将马铃薯埋在炭灰下烤熟，去皮后蘸胡椒食用。也有一些人会将马铃薯洗干净，切成薄片后烤制，然后加入油和胡椒焖烧，食之可以刺激爱欲和重振男性雄风。另外一些人则认为食用它对体弱之人大有裨益：他们把马铃薯当作一种很好的食物，并连同粟子和芹菜萝卜一起大量食用，不过会引起胀气。(《植物博览序篇》，1620)

在法国，马铃薯直到1643年才首次出现在国王路易十三的餐桌上。不过，由于它的叶子味道特殊，使人们有一些担心，害怕食用它会对健康有害（同样的情况也发生在了番茄身上）。这种偏见阻碍了它的传播。直到19世纪，这种偏见仍然没有完全消除：例如荷兰化学家赫拉尔杜斯·米尔德就曾写道："这些块茎没什么营养，食用它会损害整个民族的身心健康！"(《科学美国人》，1849年)

众所周知，马铃薯获得普通大众的认可，主要归功于国王的园丁帕尔芒捷。他是一位农学家，而且可能是最早认识到这种植物在旧大陆居民的饮食及农业领域重要性的那个人，也是他将所有认为马铃薯有害的谣言一扫而空。

在1769年和1770年的大饥荒之后，贝桑松学院于1771年发起了一场关于如何对抗饥荒的竞赛，而帕尔芒捷在1772年从竞赛中脱颖而出。

他发现马铃薯是一种制作面包的上好原料，能够替代谷物或作为补充。他大力推广马铃薯的种植，尤其是在法国北部，因为这里的生态条件最适宜它的生长。他直接与当时的统治阶级进行沟通，使其进入了他们的菜园。

为了让人们认识到它的益处，他曾说服路易十六举办了一次推广活动。如今，

Serpillum citratum.　　Papas Peruanorum.　　Thymus vulgaris.

巴西利乌斯·贝斯勒，《艾希斯特的花园》，1613年

所有的法国学生都听说过这个故事。一方面，他在皇宫里举办了一场晚宴，所有皇亲贵族无一缺席，宴席上的所有菜肴均以马铃薯为原料；另一方面，他在首都郊区（战神广场，以及萨布隆平原）种植马铃薯，并声称这片田里的作物"仅供国王享用"，并象征性地派了一名卫兵看守。当田里的马铃薯成熟后，他私下示意卫兵放松警戒，以便所有人都能趁机"偷取"这种宫廷食物。就这样，马铃薯被传播到了全国各地。这真是一个成功的策略！

起源于美洲的植物　　　　365

从此，马铃薯的种植遍及整个欧洲。到了1876年，英国人已开始使用机械收获马铃薯。

我们找到了1651年在印度看到马铃薯的相关记录，但对于它何时被引进到非洲却不得而知。不过，由于马铃薯很难适应在非常炎热的气候下生长，所以有人认为它是最近借着欧洲农业在非洲高原地区开拓发展的契机才得以在那里落户生根。

马铃薯的含水量很高，比那些含水量低的农产品更难保存，所以很难持续供应。因此，在有些地区，人们更喜欢用木薯或番薯来代替它。这些根块更便于保存，而且在一些半干旱气候的地区，人们全年都能获得稳定的收成。

在富裕国家，人们会种植不同品种的马铃薯来满足各种需求：人类食品或动物食品生产（占12%）、淀粉的工业生产、酒精饮料制作、生物降解塑料生产等。

学名：*Jatropha curcas*

大戟科

葡萄牙语：Purgueira；西班牙语：Frailejón；英语：Physic nut tree

麻风树

德库尔蒂，1822年

一些人认为，麻风树是一种原生于安的列斯群岛或巴西东北部干旱地区的灌木，植株高度可达8米，拥有极高的抗性。在植被稀少的地区，当地居民会使用它的枝干作为木柴；同时，它还具有药用价值：只需服用两粒种子，就能起到强力排毒的作用，而叶片中所含成分则有助于伤口愈合。

西班牙植物学家弗朗西斯科·埃尔南德斯在16世纪70年代末的一部介绍新西班牙的著作中提到了当地人对它的使用：

> 它的种子有助于人体内各种体液的排泄，尤其对那些浓稠的体内毒素效果更佳，服用后可能会导致上吐下泻，可用于治疗慢性病，每次使用五到七颗种子，总是奇数，具体原因不详。人们会将种子进行烘烤令其变软，然后再置于水或葡萄酒中浸泡一定时间使其溶解。这些种子性温热且多脂。该植物往往生长在炎热的地区。

麻风树的种子在法语中被称为pignon d'Inde，而在葡萄牙语中则被称为pinho-manso，含有一种名为curcine或curcasin的毒性蛋白，摄入之后会抑制核糖核酸活性，从而导致神经麻痹。这种毒素由于在抗肿瘤方面具有积极意义，成为了当今医学研究的主题之一。不过也正因如此，尽管蛋白质含量很高，但麻风树种子的油和残渣都不能食用。

从历史上看，我们知道，国王曼努埃尔一世在还是贝贾公爵和佛得角领主时，曾将圣地亚哥岛上的肥皂厂赠予"执掌半座岛屿的"罗德里戈·阿丰索。当时，岛上还没有麻风树，用于制造肥皂的油脂都来自海洋动物，甚至是山羊和牛身上的脂肪，不过随后，麻风树油渐渐取代了这些原料。

我们并不清楚麻风树被引入佛得角的确切日期及其方式：有些人认为是由葡萄牙人从巴西带过来的，另一些人则认为是由西班牙人来此掠夺奴隶时从安的列斯群岛带过来的。无论如何，这种植物非常适应这里的干燥气候，所以很早就在此扎根了。除去在临近小溪的几块灌溉区域种植的蔬菜、香蕉和甘蔗之外，麻风树是少数几种无须特殊照看就能茁壮生长的植物之一，当地居民也很乐于采集它含油量颇高的种子。整颗种子的含油量可达到26％，而种仁的含油量更是高达50％。此外，这种灌木还有一个优势：不会被为给中转逗留的船员提供新鲜肉食而散养在岛上的山羊吃掉。某些人给出了一种略显夸张的说法：山羊宁愿饿死在麻风树下，也不会去触碰它。这些树还为岛上居民提供了木柴，长期以来，这几乎也是他们的唯一燃料。

由于佛得角的农业并不发达，所以必须要为当地长势良好的麻风树寻找出路。于是，人们开始在当地提取其中的油，用于肥皂制造和公共照明。到了19世纪末，当地消费不完的麻风树油被运到里斯本，用作路灯照明。第一家提取麻风树油的工厂建在了圣阿波洛尼娅，随后被迁至阿尔坎塔拉。随后人们发现，提取完油之后的剩余残渣在迅速分解时会产生热量，能为塔霍河岸沙地上种植的时令蔬菜提供一种极好的肥料，而这些蔬菜会被出口到欧洲各地。

麻风树从佛得角登陆了非洲西部的法属殖民地和马达加斯加。为了不与佛得角群岛唯一的财富形成竞争，麻风树在几内亚比绍的种植受到了限制，不过如今在当地仍然有不少麻风树，用来分隔花园或小块土地，或者像在马达加斯加一样作为包括香草、辣椒和西番莲在内的某些植物的天然守护者。在佛得角和非洲一些贫困地区，麻风树油如今仍被用作照明来源，因为这种油在燃烧时既不会产生气味也不会产生烟雾。有时，人们也会将种子像念珠一样穿在金属线上直接点燃用来照明。

从19世纪中叶起，佛得角当地政府开始尝试在群岛上人工种植麻风树，因为这比采摘野生植物种子的收益更为稳定。但当地居民更喜欢种植豆类和玉米等维持日常生计的植物。1949年，政府又进行了新的一轮尝试，但同样也没有取得多大成功。尽管如此，佛得角依然是全球第一大麻风树出口国，1934年的出口量达到了创纪录的2200吨，出口目的地主要为葡萄牙市场；其他的麻风树产地大多分布在法国殖民地，用以满足当地肥皂厂及国际大都市的日常需求。

这些种子所带来的收入很低，很多麻风树都因为缺少买家或利润太低而被人们放弃采摘，导致出口量不断走低，这种局面一直持续到了20世纪50年代末。究其根本原因，一方面是由于种子残渣被禁止作为肥料使用，使其利用价值降低；另一方面则是因为庞大而复杂的机器设备在处理完麻风树种子后需要经过彻底清洁后才能继续进行食用油作物的提炼，增加了成本支出。于是，麻风树失去了对企业家们的吸引力，而商人又将收购价格压得非常低，使得岛上居民也不愿再继续从事采摘工作。

其实，麻风树在传统医学等领域也发挥着作用。比如在安哥拉，人们会用它的种子来制作泻药；在海地，它被用于伏都教的某些仪式之中；在印度，它的树胶被视为一种极好的黏合剂；在佛得角，产妇服用煮熟的叶子可增加乳汁分泌。

19世纪晚期，麻风树被引进到亚洲，主要被印度人用于生产照明的灯油。随后，中国人发现了它的一个新用途：将麻风树油与氧化铁一起煮，获得的物质可用于制作清漆。

自第二次世界大战结束以来，人们针对将非食用植物油用作燃料方面进行了大量研究。麻风树油被认为拥有诸多优势能够取代汽车现有的燃料：其能效接近柴油，燃烧后造成的发动机添加剂降解更低，释放出的污染物也更少。由于近几十年来石油价格居高不下，包括印度和马里在内的许多热带和亚热带国家都倾向于建立麻风树种植园作为生物燃料的替代来源。

从理论上讲，一公顷麻风树可以生产出20公石（2000升）的二酯，远远超过大豆或油菜。因为它在热带地区某些遭到农业活动破坏的土地上也能够生长，所以能够带来更大的经济利益。根据联合国粮食及农业组织和其他机构（地球之友联盟，国际农业发展基金）的最新报告，尼加拉瓜和莫桑比克反馈的第一批数据结果令人失望。出于这个原因，人们开始尝试在印度培育一种转基因麻风树。

学名：*Cinchona* spp.

茜草科

葡萄牙语：Quineira；西班牙语：Quinai；英语：Cinchona, Jesuit bark

鸡纳树

伊波利托·鲁伊斯·洛佩斯及何塞·安东尼奥·帕冯，《秘鲁与智利植物大观》，1798-1802年

金鸡纳属的植物不止一种，均原生于安第斯山脉，树高可达到6米左右。后来，一些种类的药用价值逐渐获得了人们的认可，因此被引进到了欧洲人的其他殖民地。

如今，即便带来的危害已有所减弱，但疟疾仍然是热带地区最严重和最普遍的疾病之一。据估计，每年仍有超过2亿人感染疟疾，超过50万的患病者死亡。这是由（发现于1888年的）疟原虫属寄生虫引发的一种疾病，人类通常会因为被携带病原体的雌性蚊子叮咬而引发感染。

在很长一段时间内，人们在治疗疟疾时所使用的唯一药物是从鸡纳树（*Cinchona pubescens*，也称红金鸡纳）和金鸡纳树（*Cinchona calisaya*）两种植物的树皮中提取出来的某种粉末；但奇怪的是，正鸡纳树（*Cinchona officinalis*）却不具有这样的特性。由于对金鸡纳如何被引进到欧洲以及相关称谓的起源有很多不同的解读，本书在参考菲亚梅塔·罗科2003年出版的著作相关内容，并反复阅读各种信息来源之后，为大家归纳出了一些主流的客观数据。

1630年左右，耶稣会士们最早对该植物产生了兴趣。在1735年至1743年期间跟随拉孔达明的法国探险队一起居住在厄瓜多尔的约瑟夫·德朱西厄在他的回忆录中写道：

> 可以确定的是，最先发现这种树的特性和功效的是居住在马拉卡托斯村庄（洛哈地区）的印第安人。由于受到不稳定的湿热气候影响，他们中的很多人都会出现间歇性发烧（疟疾）的症状，寻找一种能治愈这种令人生厌的疾病的药方就变得非常必要。（……）在对不同植物进行实验后，他们发现金鸡纳树的树皮几乎是治疗间歇性发热的唯一有效药物。（……）有一次，一位患病的耶稣会士恰巧经过这个村庄，一位首领在了解了他的病情后心生怜悯，对他说：'别着急，我会让你恢复健康。'说完，这位印第安首领就亲自上山带回了一些树皮并制成汤剂让他服用。恢复健康的耶稣会士便好奇地询问印第安人使

用的是什么药物。当他知道详情后，便去采集了大量的这种树皮。(《关于金鸡纳树的描述》，著于1737年，1936年版)

在1630年至1640年间，多位宗教人物证实了传教士对金鸡纳树皮的关注：有些人还注意到了它对于"间日疟"或"四日热"等间歇性发热疾病的疗效。在来自塞维利亚的医生卡斯帕·卡尔德拉·德埃雷迪亚1663年所著的《印第安部落医药图鉴及实践观察》中，还出现了一段有趣的注释：

> 金鸡纳树，树形与粗壮的梨树相仿，被印第安人称为quarango；当地人会使用它的木材搭建房屋。耶稣会士们还注意到，当感到寒冷和潮湿时，他们会将树皮磨成粉后兑水饮用。

事实上，其主要活性成分——奎宁的一大特性就是作为肌肉松弛剂，有效抑制因寒冷而引发的发热和颤抖等症状。

一位名为阿古斯蒂诺·萨隆布里诺(1561—1642年)的在俗修士是将这一药物在耶稣会士之中推广开来的主要人物。从1605年被派驻利马开始，他在圣巴勃罗的教团中创建了药房，并使其不断发展：他对所有新奇事物都很有兴趣，还建了一座药用植物园。这家药房很快就变成了一座仓库，为该地区不同教团提供各种原料和药品。"能治愈发热的神奇树木"的树皮也被记录其中；圣巴勃罗的药房在将近一个世纪的时间内为整个拉丁美洲地区提供由金鸡纳树皮制成的药粉，同时，传教士们还把这些药粉传到了欧洲乃至中国，形成了一种垄断。

根据圣巴勃罗的相关记载，阿隆索·梅西亚·贝内加斯神父在1631年返回欧洲时，最先将其带到了罗马这座疟疾肆虐的城市。其他传教士也纷纷效仿。由宗教人士带回的数量有限的"秘鲁树皮"在圈内广泛流传。1649年，巴托洛梅·塔富尔神父带了一箱给罗马红衣主教德卢戈，后者大力推广，并跟那些往返秘鲁的

CINCHONA *montana*

蒙大拿的金鸡纳树　孔塞桑·韦洛索,《葡属领土的金鸡纳树概览》,1789年

正鸡纳树
菲茨，1800年

商人签订了大批订单，希望将其惠及普通大众。很快，药物被传到了邻国，并逐步扩散到了全世界。人们称之为"耶稣会士的药粉"，有时甚至称之为"红衣主教德卢戈的药粉"。解热药物广受欢迎，随之而来的是对于其有效性的争论，这些争论主要集中于罗马或法国，都带有反耶稣会的色彩，不过，这些伟大人物的善举最终还是得到了大家的支持。

在当时最早提及金鸡纳的出版物中，来自热那亚的医生塞巴斯蒂亚诺·巴尔迪1663年所著的《一种名为Chinae Chinae 的秘鲁树皮的疗效》一书广为流传。根据书中讲述，秘鲁总督的妻子钦琼伯爵夫人患上了间日疟，病情严重。洛哈州州长胡安·洛佩斯·德卡尼萨雷斯得知这个消息后告诉了总督这种药物。在"奇迹般"痊愈后，总督夫人将药方分享给了身边的人，大家都将这种药称为"伯爵夫人的药粉"，然后把它带回了西班牙……不过，在钦琼伯爵的档案以及他的书记官的日记中，都没有找到任何有关他妻子患病的痕迹：里面记录1630年总督感染了发热症状，但没有提及任何与治疗有关的信息。后来，伯爵夫人于1641年在返回欧洲的过程中在卡塔赫纳去世。所以，这一逸事的真实性也很值得怀疑。

尽管如此，钦琼伯爵夫人的名字和她患病发热的故事在随后发表的许多关于金鸡纳霜（即奎宁）的论文中被广泛引用或提及。无论是否属实，她都与这种植物永远联系在了一起。拉孔达明在1738年发表的《金鸡纳树论》中，也详细讲述了伯爵夫人的故事，与巴尔迪所写如出一辙。1742年，林奈将这种植物用拉丁语命名为Cinchona，这个词也源于伯爵夫人的名字"钦琼"。

1817年，德让利斯夫人在她的小说《祖玛》中修改了巴尔迪的描述，并为这个故事赋予了新的情节：伯爵夫人有一位关系十分亲密的本地女仆，她甘冒风险用本族的神秘药方救了伯爵夫人，而这个药方原本是她的族人们因仇恨西班牙人而一直小心翼翼保守着的秘密。

虽然发音比较接近，不过要说明的是，quinquina（金鸡纳霜）这个名字并不是源自伯爵夫人的名字，而是最早出现于巴尔迪1663年所著的书中。他当时提到了这种植物在当地的好几种叫法，同时指出当地人会把它叫作china china（ch在意大利语中发k的音），后来这个词又被很多其他语言所借鉴，有时还会被缩写为quina，比如拉·封丹在1682年写过一首长达616句的科学诗，名为《金鸡纳霜》：

用金鸡纳（quina）制作的利口酒也不例外：

就像无味的水和苦涩的啤酒一样，

人们痛快地畅饮着所有这一切；

而我们还可以选择一款准备好的茶饮。

不过颇为讽刺的是，这个词其实代表另一种植物：秘鲁香胶树。拉孔达明在1738年出版的《金鸡纳树论》中第一次提到了这件事：

> 金鸡纳霜的名字源自美洲原住民语言，不过在欧洲，人们对其树皮的这一叫法在秘鲁和洛哈却都并不为人知。（……）还有一种非常有名的树，在南美洲的很多地方被称为 quina quina（……）；这种树内含有一种带香味的树脂；它的种子形似蚕豆或扁杏仁，西班牙人称之为 pepitas de quina quina。

在约瑟夫·德朱西厄（1737年）所写的一份长期未被发表的报告中，我们找到了造成这一混淆的根源：

> （印第安人）称之为 yarachucchu carachuccu。yara 意为"树"，cara 意为"树皮"，chuccu 意为"因发烧而打寒颤"。（……）在（在马拉卡托斯被治愈的）耶稣会士带回来的各种标本中，有一种名为 quina quina 的树的果实，人们把它当作了治愈间歇性发烧的树的果实。这位耶稣会士无法反驳这一说法，因为他从未见过这种树，也不知道它长什么样子，只是带回了它的树皮。于是，quina quina 就被赋予了退烧散热的特性，从此，人们便将产自秘鲁的具退热功效的树皮称为 quinquina（金鸡纳霜）。

从1658年起，金鸡纳霜也被推广到了英国和法国。1679年，它使还是王储的路易十五从发烧症状中恢复；1686年，它又治愈了国王路易十四；从此，这种药便

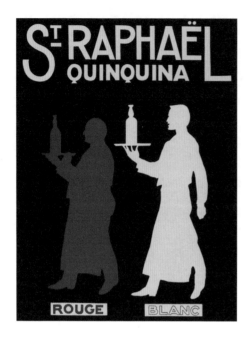

圣拉斐尔酒的广告海报　1933年

在贵族阶层之中流行开来，就像拉辛在1687年8月17日写给布瓦洛的信中所提到的：

> 我们的朋友中有不少人都生病了，包括谢弗勒斯公爵和德尚莱先生；两人所患病症都是间日疟。德尚莱先生已经服用了金鸡纳霜，谢弗勒斯公爵今天也开始服用这种药了。宫廷里的人好像都灌了一肚子金鸡纳霜！

在很长一段时间内，这是对付疟疾的唯一药方。1820年，化学家约瑟夫·佩尔蒂埃和约瑟夫·卡旺图从中分离出了两种活性成分，即奎宁和辛可宁两种生物碱。

19世纪中叶，欧洲国家将鸡纳树引进到了他们在热带地区的殖民地：1850年，英国人将其引进到了大吉岭地区，随后又把它带到了锡兰。1885年之前，他们一直在这方面保持着垄断地位。此时，于1854年将其引入爪哇的荷兰人，又刚刚从玻利维亚引进了富含奎宁的金鸡纳树。正是这一新树种的到来，在三年内致使锡兰的种植者纷纷破产，从而一举主宰了全球的奎宁贸易，直到1939年。

英国殖民者们习惯在饮用（原产于荷兰的）杜松子酒时加入一些奎宁水，从而发明了"金汤力"。如今，所有被称为"汤力水"的饮料中都含有奎宁，比例各不相同但含量都很低，因为高剂量的奎宁会对神经系统产生毒副作用。1830年，朱佩博士以金鸡纳霜为基础发明了一款传统开胃酒，并冠名为"圣拉斐尔"，可惜现在已无处可觅。

在两次世界大战之间，爪哇金鸡纳的奎宁产量占了全球的95％。1942年，在入侵菲律宾和印度尼西亚期间，日本人抢夺了马尼拉的生产工厂，并毁掉了爪哇岛上的15 000公顷种植园，使正在疟疾肆虐的亚洲地区作战的双方士兵失去了抵抗病患的珍贵药物。而在西方，人们却在加速制造包括高毒性扑疟喹（发明于1926年）、阿的平（1930年）或氮芥喹吖因（1932年）在内的各种合成药物。1949年，氯喹正式问世，它与甲氟喹等其他合成物一起，取代天然奎宁在药物生产中的位置。

20世纪60年代，出现了一波抵制这些人造药物的浪潮，使廉价而有效的传统金鸡纳霜又恢复了昔日光彩。在20世纪50年代几乎消失殆尽的金鸡纳树种植产业也有所反弹，尤其是在一直保留着殖民者所建金鸡纳种植园的刚果北基伍区，自1933年以来这里的产量一直在增加。

学名：*Bixa orellana*

红木科

葡萄牙语：Anato；巴西葡语：Açafrão-do-Brasil, Anato, Urucu,

Urucuzeiro, Açafroa-da-Bahia, Açafroeira-da-terra, Urucuuba, etc.；

西班牙语：Achiote (Bolivie, Nicaragua)；英语：Anatto, Annatto,

Achiote

弗朗西斯科·埃尔南
德斯，1615年版

弗雷·克里斯托旺·德利
斯博阿，约1627年

红木是一种源自南美洲的植物，原生地很可能在圭亚那和巴伊亚地区之间。它的果实是一种表面覆有软刺的深红色蒴果，每颗果实之中含有10到20粒锥形的种子，每粒种子都包裹着一层深红色的果肉状种皮。

在佩罗·瓦斯·德卡米尼亚1500年所写的一封描述巴西见闻的书信中，我们看到了这样的描述：

（一位印第安人）佩戴着他的弓箭，他的胸部、背部、臀部、大腿、小腿一直到脚踝处都涂有红色染料，但肋部和腹部都保持着正常的肤色；这种红色染料不会被水溶解或洗刷掉；相反，它在遇水之后反而会变得更红。

随后，我们还看到了对其果实的最初描写：

有些果实的绿色壳斗看上去很像板栗，只不过个头要小得多，里面充满了红色的小种子，人们用手指将它们碾碎，便会得到一种鲜红的染料，他们涂在身上的应该就是这种染料。

除了在仪典时用于身体彩绘之外，印第安人还用它们漆染陶瓷、驱赶昆虫、为一些菜肴配色和调味、治疗支气管炎和烧伤等。将果实磨成粉后食用能够起到壮阳的效果。

红木上的冠蜡嘴鹀（*Paroaria coronate*）
贝尔纳和瓦努亚克，1842年

葡萄牙人将这种染色原料带回了欧洲，并称之为terra oriana或terra orellana。它曾一度被广泛用于为地面和地板上色以及为丝绸和棉布染色，不过，由于其在阳光照射下会褪色而渐渐被人们所放弃。

现代技术能够从中提取两种色素：红木橙和红木红，如今被广泛应用于食品工业中，为奶酪、油、人造黄油、冰淇淋和烘焙产品等着色，因为这些色素没有任何毒副作用。同时，这些色素在化妆品行业也有着大量应用，而在传统制药和医学领域中的运用则暂无实据可查。

关于葡萄牙人是如何将红木引进到其他大洲的，目前暂不得而知。但如今，我们至少在安哥拉和圣多美能够看到半野生状态的红木，它们的主要作用是替栽种的咖啡树和可可树挡风。

此外，人们也会在道路两侧或者相邻的种植园之间种植红木，红色的果实与深绿色的树叶形成鲜明对比，构成一道道美丽的树篱。如今，在非洲的大多数热带国家都能看到它的身影。弗雷·克里斯托旺·德利斯博阿（约1627年）曾提及在果阿也种植有红木，因为葡萄牙妇女非常喜欢其果实的颜色。现在，这些植物主要被种植在果阿的萨塔里地区，由印度教牧师负责照管。

学名：*Nicotiana tabacum*

茄科

葡萄牙语及西班牙语：Tabaco；英语：Tobacco

烟草

尼古拉斯·莫纳德斯，
1571年

烟草属包含五十多个品种的植物，主要都隶属于烟草（*Nicotiana tabacum*）、花烟草（*Nicotiana alata*）、光烟草（*Nicotiana glauca*）和黄花烟草（*Nicotiana rustica*）四种。

而在五十多个品种的烟草之中，哈瓦那烟草（havanensis）、巴西烟草（brasilensis）、弗吉尼亚烟草（virgínica）和紫花烟草（purpúrea）这四个主要品种，都被应用于商业用途。

在所有原生于新大陆的植物中，烟草被人类所认知和使用都经历了一段相当有趣而曲折的历史。简而言之，随着时间的推移，欧洲人对烟草的认知发生了天翻地覆的变化：它最初被认为是灵丹妙药，随后因其对健康有害而遭到抵制。长期以来，吸烟是一种自我标榜的方式。诗人博卡热（1765—1805年）用其尖锐犀利的风格批判了这种陋习以及仍想将其推而广之的人们，称"这种不雅而疯狂的时尚，使人们的嘴巴变成了烟囱"。

烟草是对欧洲影响最为深远的美洲植物，玉米、马铃薯和番茄在这方面都无法企及。后面提到的这几种都是可食用植物，而欧洲本身就拥有很多种食用植物，足以解决人口的温饱需求。但烟草则不同，它是作为一种"能够治愈所有疾病"的全新药用植物被引进到欧洲的。

关于烟草的原生地、传播路径和用途，我们收集了很多信息，但这些信息并不一致，甚至相互矛盾。

烟草一词最早出现在贡萨洛·费尔南德斯·德奥维多1535年所著的《西印度通史与自然研究》（第五卷，第二章）中，在西班牙语中写为tabaco：

> 这个岛（伊斯帕尼奥拉岛，即海地岛）上的印第安人有很多陋习，其中最糟糕的就是，当他们想要放松时，会吸一种我不知道是什么的烟雾，他们称之为tabaco。这些烟雾和气味源于某种灌木的叶片，我听他们用卡斯蒂利亚语将这种植物称为Veleño，俗称hanebane或jusquiame。

部族里的酋长和重要人物每个人都有一根空心的小木管，这些小木管大约有小拇指那么长，表面光滑，做工精细，就像右图中所示那样，小木管的下端为一个口，而上端则有两个分叉。在使用时，他们会把分叉分别放进两个鼻孔里，而另一端则对准叶片燃烧所产生的烟雾。他们将这些叶片卷好，点燃，然后便可以吸取蒸汽和烟雾了：一次，两次，三次，反反复复，直到他们失去意识，像喝醉酒一样长时间躺在地上昏昏沉沉地睡去。而那些无权拥有这种高级器具的人，会使用菖兰或芦苇的茎秆来吸取这些烟雾。大家都以为tabaco是这些植物叶片或是它们产生的令人昏昏欲睡的烟雾的名字，但其实，这是当地人对这些吸取烟雾香气的工具的称呼。

印第安人认为这种植物非常珍贵，他们将它种植在自家园子里，并悉心呵护。他们认为燃烧这种叶片所释放出的香气不仅对健康无害，还会带来很多益处。一旦酋长或部族长老吸取烟雾后睡倒在地上，如果他提前吩咐过，他的妻子们就会把他抬到床上去；否则，她们就会听任其躺在地上，直到自然苏醒为止。

就我而言，我可不认为他们这么做有什么乐趣，这就好像喝得酩酊大醉后睡倒在地一样；不过，据我所知，这里的基督徒都尝试过它，尤其是那些感染了天花的人。

因为他们说，这能使他们失去意识，也就不会感受到疾病的痛苦了；不过在我看来，他们用这种方法把自己变成了"活死人"，这比忍受病痛更糟糕，他们只是在麻痹自己，其实病情并没有任何好转。如今，在这座城市里甚至是整个岛上，许多黑人也养成了这样的习惯，他们在主人家的院中栽种这些植物，然后用同样的方法吸取烟雾，他们认为这能使他们在劳动后得到放松。在我看来，这是一种丑陋的恶习（……）

对于tabaco一词代指吸烟工具的这一说法，在很长时间内得到了大家的认可，但也有人持保留意见。

在《法语历史词典》中，阿兰·雷伊写道：

> （这个词应该是）对tsibalt一词的曲解，这是海地阿拉瓦克印第安人语言中的一个词，它指的是烟草植物的叶片统称，或是吸烟的动作，或是这些印第安人吸烟用的芦苇管。（1992年）

然而，我们很难解释从印第安语的tsibalt到西班牙语的tabaco的演变过程，因为二者看起来相去甚远。我们猜测这个词可能与胡安·德格里哈尔瓦1518年登陆的墨西哥塔瓦斯科地区（Tabasco）的名字有关，当地一位酋长也叫这个名字；或者也可能是和多巴哥岛的名字相关，但这个岛的名字是很晚才确认的，所以这个解释也很难成立。

从著名的词典编纂者霍安·科罗米纳斯那里，我们又得到了第二种解读：

> 这个词的起源目前无法确定。诸如tabacco、atabaca或一些类似的拼写（可能源自阿拉伯语的tabbâq或tubbâq）在西班牙和意大利似乎很早就人使用了，远在发现新大陆之前，最初是用来指代酸模、泽兰和其他一些药草，这些药草中有些会致人眩晕或困倦。因此，也有可能是西班牙人自己将这些美洲植物命名为tabaco的。16世纪印第安编年史学家们声称这个词源于海地原住民的语言，但由此引发的混淆已无法避免。（《卡斯蒂利亚语词源解析词典》1983年，第五卷，第351页）

科罗米纳斯援引了多条15世纪的资料来支持这个推论；而在如今的西班牙词典中，这一假设也得以保留。

欧洲人最早发现烟草或自认为发现了烟草的时间，可以追溯到哥伦布的首次航海探险之旅。 我们在拉斯·卡萨斯抄写的1492年10月17日的哥伦布日记中读到了这段注释：

> 我在一条从圣玛丽岛驶向费尔南迪纳岛的独木舟上看到了一个孤零零的人；他手里拿着一块面包（……）和几片干树叶，这些叶子应该是他们非常喜欢的东西，因为我在圣萨尔瓦多的时候，他们也送了我一些。

此处无法证明哥伦布提到的就是烟草，不过11月8日，他派遣两位同伴路易斯·德托雷斯和罗德里戈·德赫雷斯前往古巴，他们在那里得到了很好的接待。在途中，"这两位基督徒在路过村庄时遇到了很多当地人，无论男女，他们的手里都拿着一根点燃的木炭和一些草状植物的叶片。他们点燃这些叶片来吸取烟雾，就像是他们的一个习俗"。这个证据看上去更有说服力，而拉斯·卡萨斯在稍晚些时候也在他的《印第安人史》中证实了这一点：

> 人们总是手里拿着一根点燃的木炭和一些草状植物的叶片。他们把这些干草叶裹在一片较大的干树叶里，看上去有点儿像孩子们在五旬节时玩的鞭炮。他们用木炭点燃其中一头，然后用嘴反复吮吸另外一头。在吞云吐雾的同时，他们的身体慢慢松弛，心绪也渐渐陶醉，整个人也不再感觉到疲惫。这些"鞭炮"被当地人称为tabaco。（第一卷，第46页）

海罗姆隐修会修士拉蒙·帕内曾在1493年参与了哥伦布的第二次航海之行，并可能在1500年又跟随其第三次航行回到过这里。他留下的资料几乎是我们探寻伊斯帕尼奥拉岛上泰诺族印第安人的很多传说和习俗的唯一线索。

他曾三次提到当地人摄入一种名为cohoba的植物的粉末，它具有泻药和致幻的作用，皮特·马特·德安吉拉、拉斯·卡萨斯和乌略亚也提到过这一点。人们长期以来认为它是一种鼻烟或相似的混合物，但帕内并未提到任何有关点燃这些粉末的描述，而且烟草也不具备迷幻剂和泻药的特性。在大概几个世纪的时间里，人们一直无法分清它与烟草之间的区别，直到1916年，萨福德将它命名为大果柯拉豆（*Anadenanthera peregrina*）。

葡萄牙人在巴西发现了烟草，当地人对它的使用在当时已经很普及了。他们很快就对这种植物产生了很大兴趣，并发现印第安人为其赋予了很多药用特性，包括麻醉、镇静、发汗、催吐、驱虫、愈合伤口等。烟草一开始被称为erva-da-Índia，用于治疗癌性溃疡和脓疱，收获了很好的口碑，很快便被誉为"圣药草"，这个名字在很长一段时间内受到了广泛认可。按照历史学家达米昂·德戈伊斯（《曼努埃尔国王编年史》，1566年出版，但十年前开始写作）的说法，路易斯·德戈伊斯是最早从巴西带回烟草种子的人，时间大概可以追溯到1535年到1542年之间。该植物最初被种植在皇家花园中。

对于该植物最初的长篇描述出自法国。1555年到1556年间，安德烈·泰韦曾在里约海湾居住了一段时光。他写道：

他们总是会带上一种在当地语言中被称为 pétun 的草状植物，因为它有很多用途。这种植物看起来和我们的牛舌草很像。他们仔细地将这些叶片采摘下来，然后放在小屋里晾干。在使用时，他们会将一定量的干草叶放在一片大棕榈叶中，卷成像蜡烛一样大小的圆筒状，然后将一端点燃，然后用鼻子和嘴吸取烟雾。他们认为它对身体有益，能起到提神醒脑、排忧解闷的功效。

更有甚者，他们还认为这么做能在一段时间内缓解饥饿和口渴的状态。他们非常喜欢这种状态，甚至是在聊天时，他们也会一边吞云吐雾一边说话；即使在打仗的时候，他们也不忘要排着队依次来享受一番。不过，女人们从来不会享用这些烟雾。的确，如果摄入过多的烟雾或香气，人就会像饮用了烈酒一样醉倒。现在，连基督徒们也

昂古莫瓦药草
泰韦,《宇宙志》, 1575年

已经非常喜欢这种草叶和它们的香气了;最初并不会有什么危险,但一旦上瘾,便会出现盗汗和虚弱的症状,甚至会陷入晕厥;我自己就有过这样的经历。(《法国南端的独特性》, 1557年,第32章)

来自昂古莱姆的泰韦声称,将烟草引进法国这件事应该归功于他:

我可以毫不客气地说,我才是第一个把这种植物的种子带回法国并进行种植的人,我管它叫作昂古莫瓦药草。(……)在我从那个国家(巴西)回来十来年后,一位从未去过当地的"先生",却用自己的名字为它命了名。(《宇宙志》,第二十一卷, 1575年,第八章)

泰韦感到愤怒并非没有原因,毕竟确实有另一位"先生"将烟草引进到了法国——1559年被任命为驻里斯本特使的尼姆人让·尼科。他在那里发现了烟草并了解到这种植物在当地的声誉，便于1561年带回了一些可以吸的鼻烟粉，郑重其事地献给了患有偏头痛而久治未愈的王后凯瑟琳·德·梅第奇。尼科颂扬了这种植物的潜在功效，王后便下令收集种子，并在加斯科涅、布列塔尼和阿尔萨斯种植。这种曾短暂被称为Thevetia（拉丁语，源于泰韦的名字）的植物，很快就被命名为王后药草、凯瑟琳药草，甚至是朗格多克药草和尼科药草等（达莱尚，《植物通史》，1586年），其中最后一个名字（nicotiana）于1753年被林奈采用，成为了烟草的正式学名。这也相当于肯定了尼科和葡萄牙在引进烟草这件事上所发挥的重要作用，并让大家猜测泰韦带回来的并不是我们现在所认识的"真正的烟草"，而是一个相近的物种。夏尔·艾蒂安和让·利埃博已经在《农业与乡间房屋》（1567年，第二卷，第79页）中表示"二者不是同一种植物"。

同样在1561年，驻里斯本的朝廷大使、圣十字教堂红衣主教将烟草带到梵蒂冈并在那里种植，并为其取名为圣十字药草或红衣主教药草。烟草的热潮很快蔓延到了整个欧洲。

在大多数西方国家都以tabaco为原型确认了烟草的命名之前，它还曾经拥有过很多名字。在法国，泰韦借鉴了图皮语petyma和petym以及瓜拉蒂语pety，创造出了pétun一词。直到19世纪晚期，法国西部的一些地区还一直在沿用这个名字，并为其赋予了动词形式pétuner（1603年），表示"吸烟或抽烟"。现代法语中的tabac（烟草）一词直到1599年才出现，但已逐渐取代了其他所有名字。

我们已知弗朗西斯科·埃尔南德斯·德托莱多在1559年便把烟草及其种子带回了西班牙，但不知道他是否尝试种植并获得成功。不过，根据一个流传甚广的说法，这些种子被种植在托莱多附近一个被称为洛斯西加拉雷斯（Los Cigarrales）的地区，这里因为蝉（cigarra）鸣过盛而得名。据说这也是雪茄这个名字的起源（1610年出现了拉丁语形式cigarro，1772年出现了法语形式cigare）。当然，关于这个名字的由来也还有其他不同说法，最可靠的一种观点认为其来自玛雅语的 zicar

PETVM ANGVSTIFOLIVM.　　PETVM LATIFOLIVM.

尼伦贝格，1635年

（吸烟）一词。

　　不过，对烟草的使用并没有很快流行起来。当地有一个传说：上文中曾提到过的那位罗德里戈·德赫雷斯在1498年时带了好几箱烟草回西班牙并为大家演示了它的用法。

　　不过这为他带来了厄运，因为"只有魔鬼才能让一个人的嘴里冒出烟雾"，他因此被判处了七年徒刑。这个故事应该是杜撰的，但意义深远：从一开始，教会就认为吸食烟草是印第安人异教徒们的一种习俗，应该受到惩罚。

　　因此，对于伊比利亚半岛的居民来说，在很长一段时间内，他们都只会在出海时使用烟草，而且他们更青睐于嚼烟，因为更不容易被发现。烟草真正引起上层阶级的重视，并逐渐成为一种风尚，是源于其对于疾病治疗的意义。在葡萄牙，达米昂·德戈伊斯就曾夸赞道：

　　（人们使用它）主要是因为它拥有很多神奇的治疗功效，我就亲眼目睹过

一些，这些病人大多患有溃疡性脓肿、瘘、癌症、息肉、脑病性谵妄和其他一些令人绝望的病症。（1566年）

1571年，来自塞维利亚的医生兼植物学家尼古拉斯·莫纳德斯对它极尽溢美之词：

> 烟草的烟雾能有效对抗卡他性炎症、眩晕、眼屎过盛、头痛、视力模糊、耳聋、鼻溃疡、牙痛、牙龈溃疡、风湿、反复咳嗽、胃痛、晕厥、肠绞痛、水肿、蠕虫、痔疮、子宫疼痛、坐骨神经痛、肿瘤、重度溃疡、失血、静脉曲张性溃疡、坏疽、疥疮、淋巴腺结核、瘘、毒蛇咬伤、狂犬咬伤、毒箭创伤等。（《来自西印度群岛的新鲜事物（第二册）》）

在那个年代，你还能想出更好的烟草广告吗？在稍晚些时候，法国的奥利维耶·德塞尔也为之兴奋不已：

> 烟草的疗效如此之广，如此之多，以至于被称为'能治百病的灵药'。它能够治疗身体任何部位的烧伤、跌伤、骨折等各种新老伤口，以及头痛、牙痛、手臂和腿部疼痛、痛风、浮肿、疥癣、头癣、脱皮性皮疹、足跟痛、排尿困难、呼吸困难、久咳不愈、肠绞痛。
>
> 蒸馏出来的烟草汁以及加工而成的粉末也都具有同样的功效。而从中提炼的油脂更是吸收了植物的精华，用其制成的软膏能用于治疗多种创伤。以往，人们要清除掉床铺上的臭虫会花费大量的时间，现在只需用这种药草擦拭即可。清晨，在空腹状态下通过一种特制的圆锥形器具将雄性植株燃烧所产生的烟雾吸入嘴中，对大脑、视力、听力、牙齿、胃部都有好处，还有利于排痰。（《农业剧场与田园耕作》，1600年，第六卷）

在治疗病症时，烟草叶片经常会被放进一个火盆中点燃，并配有几根管子，病人可以用它吸取烟雾。至于平时，人们会使用烟斗来吸取各种药草的烟雾，这种器具的使用由来已久。在巴西，殖民者受到印第安人的启发，也尝试用干树叶将烟叶卷成"鞭炮"（拉斯·卡萨斯曾有过这样的描述）后点燃享用。1830年，现在流行的卷烟问世。

对于现代吸烟者来说，所谓的治疗用途越来越少，取而代之的是由此产生的快感和依赖性。在英国，沃尔特·雷利和弗朗西斯·德雷克是最早对外宣扬烟草的好处并使其在社会各界中迅速传播的人，丝毫没有受到伊比利亚教会偏见的影响。

在法国，莫里哀在《唐璜》首演（1655年）中也称赞了烟草，剧中人物斯卡纳赖尔在开场时说道：

> 不管亚里士多德和一切所谓哲学是怎么说的，反正没有比烟草更好的东西了：这是正人君子的嗜好，活在世上而没享受过烟草简直不配活着。它不但可以舒畅心情，清醒头脑，还能教育人们注重道德，烟草能教会人们变成正人君子。你们不是看得很清楚吗？一个人只要一用上烟草，待人便透着和气！不管走到哪儿，总是逢人便开心地邀他一同分享。总是不等别人来要，就迎合他们的意思先递过去：说真的，烟草能让所有人心生荣誉感和道德感。（第一幕，第一场）

但并非每个人都持相同观点。据拉斯·卡萨斯的逐字转述，费尔南德斯·德奥维多（1535年）很早就看出烟草会致人堕落。

> 我认识一些住在伊斯帕尼奥拉岛上的西班牙人，他们已经养成了吸烟的习惯，当我谴责他们说这是一种陋习时，他们回答说如果没有它，自己都不知道

Tabaco de Índias.

《巴伦西亚植物志》，约1590年

要如何生活；我不清楚他们究竟从中尝到了什么滋味或好处。

本佐尼（1565年）写道："只有恶魔才能发明出如此恶毒的毒药。"

从国家层面来看，对烟草的态度并非一味禁止，但时不时就会掀起一波抵制的浪潮。

在英国，亨利八世曾用鞭刑惩戒吸烟者；伊丽莎白女王曾下令没收烟斗和鼻烟盒；詹姆斯一世推出了一本拉丁文小册子——《仇恨烟雾》（1604年），谴责民众"对这种邪恶而令人作呕的植物有如此大需求"，并要求"摒弃这种影响视力、气味难闻、有损大脑和肺部健康，并向周围大量散发地狱般恶臭烟雾的陋习。"

对于宗教界来说也是如此。1575年，墨西哥国会宣布禁止在教堂内吸烟；1589年，神职人员被禁止在做弥撒之前及期间吸烟，基督教徒也被禁止在领圣体前吸烟。在意大利，教皇乌尔班八世在1642年颁布诏书，禁止在罗马的教堂内吸烟，并声称违反的教士将被逐出教会。1650年，这一禁令的范围扩展到了整个基督教。1729年，考虑到烟草已如此普及，不应再因此而进行惩戒，教皇本笃十三世废除了这一禁令。

后来，国家开始对烟草贸易征收重税。1629年，黎塞留成为了率先采取行动的那个人，他还下令烟草仅准许在药店出售，以便监控其流通。

在路易十四时期，财政大臣科尔贝先是完成了国家对烟草销售的垄断，继而在1681年又实现了对烟草制造的垄断。烟草的应用越来越普遍，它所带来的税收对皇家财政部来说也非常重要。

在被西班牙吞并期间（1580—1640年），葡萄牙执行的是与法国相同的政策，但在恢复独立后，政府于1674年颁布法令宣布烟草制造为国家垄断行业，但可授权给私人经营。为了帮助海关更好地控制贸易，在葡萄牙本土经常执行短期禁种政策。在同一时期，西班牙曾试图在欧洲大陆形成垄断，但因英国和荷兰船队的激烈竞争而并未获得成功。

将烟草带到非洲的可能是在这里开展奴隶贸易的葡萄牙人。至于印度，加西亚·达奥尔塔（1563年）和克里斯托旺·达科斯塔（1578年）都没有提到

烟叶压榨机
巴西，19世纪

过它，这表明烟草在当时还没有传播至此。不过，它当时应该已经出现在了亚洲大陆，传教士将其带到了中国和日本。但葡萄牙人似乎更倾向于在巴西生产烟草，并利用它与东部殖民地进行香料贸易。因此，果阿邦海关记录下了巴西烟草定期进口的情况。1600年前后，西班牙人也将烟草引进到了菲律宾。

烟草的毒性在1755年（多梅尼科·布罗吉亚尼）和1857年（克劳德·伯纳德）之间得到了证实。1809年，路易·尼古拉·沃克兰从中分离出了主要的活性生物碱，并称之为"尼古丁"。从19世纪末起，人们就强烈怀疑它与癌症的联系。而通过科学研究证明它在这方面的危害则要等到20世纪50年代（理查德·多尔）。近期的研究发现，烟草中还含有其他生物碱（哈尔满、去甲哈尔满、可替宁、去甲烟碱、安那巴碱、去氢毒藜碱），它们虽然仅占生物碱总含量的1.8％至6％，但极为有害。

俗名：蕃柿、西红柿

学名：*Lycopersicon esculentum*

茄科

葡萄牙语：Tomateiro；西班牙语：Tomatera；英语：Tomato

彼得罗·安德烈亚·马蒂奥利，1554年

番茄

《戈托普手抄本》，1649—
1659年

番茄和番薯一样，也起源于秘鲁、厄瓜多尔和玻利维亚等安第斯高原地区。新鲜的番茄很难保存，但似乎印第安人也并没有把它放在自己的日常食谱之中。因为叶子被触碰时会散发出一种难闻的气味，所以它很可能被划归到了人类不能接近的"恶魔草"之列。

西班牙人在中美洲发现了它，当时它早已适应了这里

　　改变人类历史的植物

的生长环境。tomatá一词源自纳瓦特尔语中的tomatl，1532年出现在由贝尔纳迪诺·德萨阿贡撰写的西班牙语文献之中。Tomatl的词根为toma，通常是指具有圆形果实的植物；酸浆属的多种茄科植物都以此为名，其中就包括番茄。事实上，我们现在所熟悉的番茄最初被称为xitomame。

据文献记载，西班牙人在1523年时就已经把番茄作为观赏植物引进到了欧洲，同时我们还注意到它在1544年便出现在了意大利，到1597年时又被引进到了英国。因为与果实有毒的颠茄属于同科植物，再加上果实吃起来和它气味难闻的叶片一样索然无味，番茄最初并没有引起人们多大的兴趣。

来自佛兰德地区的博物学家德登斯在1557年提到了番茄，但将其列入了"危险的植物"的范畴。正因如此，它最初被称为Mala insana，即"对健康有害的苹果"，这个名字是1550年植物学家安德烈亚·切萨尔皮诺赋予它的。不过，马蒂奥利在1554年又将它重新命名为Mala peruviana（秘鲁苹果）。进口到意大利的品种会结出小小的黄色果实，

所以被人们称为pomodoro（黄金果），这个名字在阿尔卑斯山之外（指意大利这一侧）流传甚广。而奥利维耶·德塞尔则称之为"爱情果"：

> 爱情果（番茄）、胶苦瓜和金铃子，（……）布满了小木屋和棚架，它们欢快地向上攀爬，又紧紧地依附在支架上。（《农业剧场与田园耕作》，1600年，第六卷）

在他看来，"它们的果实不好吃，只能被用作药物，或拿着把玩"。在法国，除普罗旺斯地区之外，番茄一直到18世纪末都还仅仅被视为观赏植物。

而意大利人从16世纪开始就率先将它用作蔬菜了。他们和西班牙人一起改良了番茄的品种，新品种无论是果实大小还是颜色，都对园艺家们更具吸引力。

在当时的葡萄牙著作中几乎都没有提及番茄。但加斯帕尔·弗鲁托索（约1590年）却指出番茄"既是水果，也是蔬菜和调味品"，并罗列了它的诸多食用方法。虽然我们无法确定番茄最初被

巴西利乌斯·贝斯勒,《艾希斯特的花园》,1613年

引进到葡萄牙的具体时间,但无论如何,它在这里已经被广泛用作蔬菜了。有趣的是,在巴西,罗沙·皮塔(1730年)将番茄归到了欧洲蔬菜之中,这说明一些改良后的番茄品种已经被重新带回了新大陆。

我们几乎没有找到太多关于番茄被引进到东方国家的资料,它应该是在17世纪时通过阿卡普尔科至马尼拉这条传统航线远渡重洋的。不过,乔治·梅泰利埃提到了1617

年由一位名叫赵崡的中国文人所写的《植品》，其中提及明朝万历年间（1573—1619年）西方传教士带来了一些种子，引得京城官员争相购买，但价格极其昂贵。其中一种被皇帝命名为西番柿（意为"来自西方番邦的柿子"）。到了1606年至1607年间，这些种子渐渐被分发给了百姓们，并在陕西省内大量种植。"（西番柿）蔓生，高四五尺，结实宛如柿，然不堪食，其蔓与叶臭不可近，（……）今亦无种者矣。"作者如此说道。

直到19世纪，番茄才真正被传播到了世界各地。19世纪50年代，人们在马格里布看到了它的身影；而在美国，最初是1789年由杰斐逊总统从法国带回并种植在他的庄园中。 1914年之后，番茄的命运终于迎来了突破性的一步，杂交技术的突破和变种植物的出现使机械化种植和采摘成为了可能。

俗名：鬼子姜

学名：*Helianthus tuberosus*

菊科

葡萄牙语：Tupinambo；巴西葡语：Girassol-patateiro；西班牙语：

Tupinambo, Topinambur, Aguarturma, Pataca；英语：Jerusalem artichoke

雅坎，1772年

Ce sont icy les vrais portraicts des sauuages de lisle de Maragnon appellez Topinambous amenez au tres-Chrestien Roy de France
et de Nauarre par le S.r de Razilly en la presente annee 1613. Où sont representees les postures quils tiennent en dansant.

这就是来自马拉尼昂岛的图皮南巴印第安人的肖像。1613年，他们被德拉济耶带回来面见法国和纳瓦拉国王。图中展现的是他们正在跳舞的场景。若阿基姆·迪维尔绘，1613年

菊芋是一种与向日葵相近的植物，是萨缪尔·尚普兰在第二次造访加拿大期间（1604—1607年）发现的。在阿尔冈昆海岸，他看到了"巴西蚕豆、大小各异但都很好吃的南瓜、烟草和当地人种植的味道像菜蓟一样的根块。"一位名叫马克·莱斯卡博的同伴将它们带回了巴黎，并在《新法兰西的真实》第三版（1617年）中描述了这种植物：

> 我们将一些根块带回了法国，现在这些根块已经大获丰收，所有花园里都种满了它们。但我不太愿意巴黎那些沿街叫卖的商贩将它们称为topinamboux。印第安

人管它们叫chiquebi，这些植物往往生长橡树附近。

其实，这些最初被称为"加拿大果"的根块的新名是源自一个巴西部落的名字。究竟是怎么回事呢？也是在那段时间，1613年，德拉济耶陪同克洛德·达布维尔一起从巴西回来，同行的还有六位来自马拉尼昂岛的图皮南巴印第安人，他们都身着欧洲人的服饰，这件事轰动了整个巴黎。

人们很快就把两件事联系在了一起，并认定这种"来自印第安的食物"与现身首都的"野蛮人"有关。于是，人们用这些印第安人所在部落的名字为这些根块命了名，不过名字已经被莱里法语化了，最初拼写为tououpinambaoult（1578年），随后被简化为topinambous（1615年），最终演变成了现在的topinambours（菊芋）（1645年）一词。林奈在1736年时也相信这种植物原生于巴西，不过在1753年时纠正了这个错误。

由于具有驱风作用，这些根块很快在法国传播开来，并且出现了很多民间的叫法：根块之王、土梨、加拿大松露、土蓟等。渐渐地，它在欧洲部分地区安家落户，菊芋这个名字也得到了广泛的认可。随后，它又被引进到了巴西南部。至于它的英文名称Jerusalem artichoke（字面意思为"耶路撒冷菜蓟"）也有一个奇怪的来历：它源自对意大利语中girasole（向日葵）一词的误读。

在第二次世界大战期间，由于马铃薯作为战时物资被征用，使得民间开始把球茎甘蓝和菊芋当作替代蔬菜来满足日常饮食需要。不过，重获和平后，作为战时困苦生活象征的菊芋，却还是失去了昔日的地位。

学名：*Helianthus annuus*

菊科

向日葵

葡萄牙语：Girassol；巴西葡语：Girasol, Coruna solar, Margarina-do-Peru；西班牙语：Girasol；英语：Sunflower

弗朗西斯科·埃尔南德斯，
1615年

科林，1602年

　　向日葵来自南美洲，它的原生地很可能是秘鲁。某些
人认为，这一区域应一直延伸到墨西哥甚至美国南部。在
欧洲人到来之前，向日葵已经遍布美洲大陆。费尔南德
斯·德奥维多在自己著作中描写"各种被称为太阳花的植
物"（1535年，第十一卷，第二章）时所提到的植物并不
是向日葵；事实上，在很长一段时间内，这些名字在欧洲
指代很多种不同植物，比如天芥菜（紫草科植物）和泽漆
（能用于制作蓝色染料的大戟科植物，被称为tournesol）；
这段描写出现在《伊斯帕尼奥拉岛上那些与西班牙本土植
物很相似的植物》这一章节，作者在此处明确说明了该植
物"尽管无法为人类提供任何果实或种子，但人们会用其
制作墨水，用当地特有的圆形字体来书写文字。第一位向

　　　　改变人类历史的植物

Flos Solis maior.

巴西利乌斯·贝斯勒,《艾希斯特的花园》，1613年

我们描述向日葵的人是胡安·弗拉戈索（《由东印度引进的医用芳香植物、树木、花卉及各种药品的论文集》，1572年），并在众多称谓中为它选择了"印度太阳花（Sol de las Indias）"这个名字。

没过多久，弗朗西斯科·埃尔南德斯·德托莱多（约1577年）写下了这样的描述："chimalacatl péruvien，其他人称之为'太阳花'。这些又大又圆的花朵看起来是那么与众不同，它的种子则像甜瓜的瓜子一样（……）；大量食用这些种子会引起头痛，但也能缓解喉咙不适，解热降温。有些人会将这些种子碾碎来制作一种面包或将它们烤熟食用。"

向日葵的花朵大而美丽，且花头会朝向太阳转动，因此最初是作为观赏植物被西班牙人引进欧洲的。它的种子一开始也只是被用来喂养农场里的牲畜和家禽。

1716年，英国人班扬获得授权，开始从向日葵种子中提取植物油来制造油漆和清漆，用来加工皮革制品，特别是马具，使其更加柔韧耐用。

到了19世纪，人们发现用向日葵种子榨出的油可以食用，便开始在温带的欧洲地区推广种植。1820年，俄罗斯人布卡罗夫开始尝试集中种植向日葵。在20世纪，它在苏维埃国家中占据了非常重要的地位。经过优化改良的向日葵品种，产油量更大，繁殖力更强，对于各种生态条件的适应力也更好。

对于葡萄牙及其殖民地来说，向日葵种植并未得到足够的重视，因为其本土以出产橄榄油著称，而非洲的葡属国家则盛产花生油。此外，还有一些宜耕土地被用于种植玉米等其他作物。

"二战"结束后，橄榄油的生产已无法满足新的需求，葡萄牙的农业也不得不面临多样化挑战，于是人们开始在一些地区尝试种植向日葵来代替玉米并获得了成效。不过直到欧盟开始实施专项补贴后，向日葵种植才获得了更多的重视。

20世纪时，人们开始在安哥拉的高原地区种植向日葵，一直长势良好。在莫桑比克，它在马尼卡和索法拉地区占据着非常重要的地位，主要被种植在前南罗得西亚的英国人所创建的著名的莫桑比克"农场"。

如今，向日葵已经被引进到了各大洲。但除阿根廷外，它在其他地区都并不是主要经济作物。葵花籽油是人们日常消费最多的食用油（占57%），此外，它也能用于制造油漆、洗涤剂和化妆品。

学名：*Vanilla planifolia*

兰科

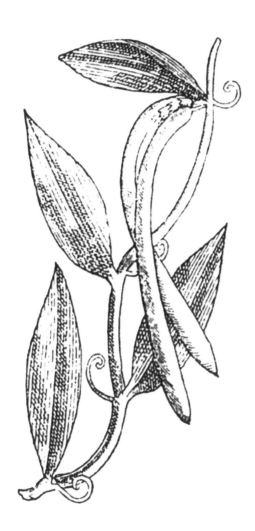

弗朗西斯科·埃尔南德
斯，1615年

香荚兰是一种原生于墨西哥西南部森林的藤本植物。当西班牙人登陆时，蒙特祖玛用"巧克力"来款待他们，这是一种将可可豆烘烤并磨碎后加入玉米粉混合制成的糊状饮料，因为制作过程中还加入了香荚兰来调味，让西班牙人发现了这种植物果实所具有的特殊香味。

为了防止征服者觊觎这些香料植物，当地原住民长期以来一直都是偷偷进行采摘，直到16世纪下半叶，欧洲人才发现了野生的香荚兰。当地人通常只是采摘果实，然后用极简单的处理方法来放大其独特的香味。

此后，香荚兰被引进到了欧洲，甚至有人在温室里成功培育出了几株，可惜只开花不结果。香荚兰的花拥有非常独特的形态，其雌性器官生长在一个袋状封闭物里，在正常条件下无法受粉。在它的原生环境中，有一种当地昆虫会啃食这个袋状物使其破裂，从而让花的子房暴露出来完成繁殖。

在欧洲人登陆美洲之后的这个时期，我们对于香荚兰是否被引进到其他地区知之甚少。然而，1667年时，有人提到在马拉尼昂见到了大量的香荚兰，皮塔将这些植物描述为"茎细长而翠绿，当地人称之为cipós，茎中间结节，每节生两片叶；在成熟时，豆荚变为黑色，里面满是细小的种子，其汁液呈油状，能散发出一种极其芳香的香气"。不过，我们无法确定这段描述指的究竟是香荚兰还是其他更为常见的当地植物。

香荚兰在很多热带地区都能茁壮生长。1836年，查尔斯·莫伦在列日的植物园温室中成功实现了它的第一次人

勒尼奥，1774年

工授粉；紧接着，法国园艺家约瑟夫-亨利·弗朗索瓦·诺伊曼在1837年再一次完成了人工授粉。1841年，在波旁岛（现留尼汪岛），12岁的年轻奴隶埃德蒙发现了一种人工授粉的简单方法，直到今天仍被广泛应用。此外，这种方法还能确定每株植物的产量，从而控制果实的大小和质量，因为对香荚兰来说，果实越小价值反而越高。1848年，这位奴隶拥有了正式的姓名——埃德蒙·阿尔比乌斯，这个姓氏还与香荚兰花的颜色有关。

最早尝试种植却未获成功的留尼汪岛，到了路易十四统治时期却迅速成为了世界第一大香草生产国。在20世纪30年代时，当地出产的香荚兰占据了全球产量的四分之三。在1925年殖民展览之际，留尼汪岛收获了一枚新的徽章，上边展示了一个由香荚兰组成的花环图案。1827年，香荚兰被从留尼汪传到了毛里求斯，1840年左右被传到了马达加斯加，1866年又被传到了塞舌尔；不过，直到1880年，来自留尼汪的种植者们才真正将它的种植方法引进到马达加斯加的贝岛，然后逐渐推广到该岛的其他地方，并最终实现了产量的飞跃。

目前尚不清楚香荚兰被引进到非洲大陆的具体时间，但这肯定是法国人的"杰作"，因为他们是最早对香荚兰的种植及其在香水制造业中的应用产生兴趣的欧洲人。

圣多美的香荚兰来自加蓬。在一次礼节性访问期间，圣多美政府的秘书长受托为法国驻加蓬总督颁发指挥官等级的基督勋章。之后，他参观了圣神会的农业试验园，在那里看到了很多株墨西哥香荚兰，便请求神父送给他一些。回到圣多美后，他试图在当地推广种植，但当时正值可可种植的繁荣期，所以这些香荚兰被种植到了他的私人花园里。而每天早上为那些因夜晚潮湿而膨胀的植物子房人工授粉，也成了他消磨时间的一大业余爱好。

在亚洲，1830年至1880年期间在著名的茂物植物园（爪哇，茂物）担任主管的约翰内斯·埃利亚斯·泰斯曼尝试种植香草并获得成功，使其迅速在整个群岛及周边地区落地生根。到了20世纪初，这些植物才被传播到孟买，随后又被引进到了果阿。

除了普通香荚兰之外，人们比较熟悉的还包括加勒比香荚兰和塔希提香荚兰；这两个品种在经济层面的贡献都很小，不过后者被认为是最芳香和果味最浓郁的品种。自2003年以来，波利尼西亚也一直在发展香荚兰的种植产业。

赋予香荚兰果实香味的主要成分叫作香草醛。1858年，它被成功分离提取；1874年，人们首次实现了它的人工合成。这也使生产成本更低的人造香草成为了可能。人们先从石油衍生物及某些树木的浆料中提取出香草醛，然后在其中添加许多其他成分（比如香料、糖、酒精、水）来制成人造香草。尽管如此，人们对清香宜人的天然香草的需求依然强劲。

徘徊在柑橘花枝间的辉紫耳蜂鸟（*Colibri coruscans*）

约翰·古尔德，《蜂鸟家族》，第四卷，1861年

参考文献

一、主要引用来源

A_{COSTA}, José, *Historia natural y moral de las Indias.* – Séville, 1590.

A_{LMADA}, A. A. de, « Tratado breve dos rios da Guiné e de Cabo Verde», Brásio, A., *Mon. Mis.*
Africa, 3, p. 231-383. – Lisbonne, 1954.

« Alvará de Matias de Alburquerque sobre o comércio do cravo», Goa 13/4/1597, dans S_Á,
Insulindia 6, p. 406-407. – Lisbonne, 1989.

Á_{LVARES}, P. Francisco, *Verdadeira Informação das Terras do Preste João.* – Lisbonne, 1540. A_{NCHIETA},
M. C., « Carta ao Padre geral, de São Vicente, ao último de Maio, 1560 », *Cartas,*
informações, fragmentos históricos e sermões. – Rio de Janeiro, 1933.

A_{NGHIERA}, Pietro Martire de (1457-1526), *De Orbe Novo.* – Séville, 1511 [les neuf premiers chapitres
de la première Décade]; 1516, Alcalá de Henares, A. Guillemi [les trois premières Décades]; 1530
[les huit Décades], Séville; éd. moderne : *Décadas del Nuevo Mundo*, Madrid, Polifema, 1989.

A_{NONYME}, *Navegação de Lisbonne à ilha de S. Tomé por um piloto português (1540-1541).* –
Lisbonne, 1938. Relation écrite par le pilote dit «de Vila do Conde».

— «Navigation de Lisbonne à île de São Tomé par un pilote portugais anonyme (v. 1545) », trad. S.
Sawageot, *Garcia de Orta* 9 (1), p. 123-138. – 1961.

A_{NONYME}, «Relação da costa da Guiné (*c.* 1606)». In Brasio. A. *M. M. A.,* 4, p. 208-217.

A_{NONYME}, « Tratado das Yslas de los Malucos e de los costumbres de los Indios y de todo lo de mas»,
dans S_Á. A. B. *Insulindia.* 6, p. 5-294. – 1988.

B_{ARBOSA}, Duarte, *Livro em que se dá a Relação do que se viu no Oriente (c.* 1516), introdução, texto
crítico e apêndice por Maria Augusta da Veiga e Sousa, 2 vol. – Lisbonne, Iict, 1996 et 2000.

B_{ARROS}, João de, *Ásia, Década I.* – Lisbonne, 1552. B_{ESLER}, Basilius, *Hortus Eystettensis.* – Eichstätt,
1613. B_{OYM}, Michal, *Flora Sinensis.* – Vienne, 1656.

Briefve relation de la Chine. – Paris, 1664.

C$_A$' $_{DA}$ M$_{OSTO}$, Alvise, de, *Voyages en Afrique noire 1455-1456.* – Paris, Chandeigne, 1997; 2e éd., 2003.

C$_{AMINHA}$, Pero Vaz de, *La lettre de P. V. de C. sur la découverte de la province de Santa Cruz autrement nommé Brésil (1500).* – Paris, Chandeigne, 2010.

C$_{ANTO}$, F. del, *Libro de agricultura que es de la labranza y de otras particularidades y provechos de las cosas del campo.* – Medina del Campo, 1569.

C$_{ARDIM}$, Fernão, *Tratados da Terra e Gente do Brasil (c. 1583-1601).* – Lisbonne, Cncdp, 1997.

— *Narrativa Espitolar de uma Viagem e Missão Jesuítica Escripta em duas Cartas ao Padre Provincial de Portugal [1590].* – Lisbonne, 1947.

C$_{ARLETTI}$, Francesco, *Voyage autour du monde (1594-1606).* – Paris, Chandeigne, 1999.

Rédigé en 1610-1615.

Carta de António Brito a El-Rei (Ternate, 28/2/1525), In Sá, A. B., *Insulindia,* 1, p. 192-196. – 1954.

Carta de Francisco Palha a El-Rei D. João III (20/11/1548), Sá, A. B., *Insulindia,* 1, p. 571- 578. – 1954.

Carta de Filipe I a D. Duarte de Meneses Vice-Rei da India (10/1/1587), Sá, A. B., *Insulindia,* 5, p. 46-60. – 1954.

Carta do Pe. Baltazar Barreira ao Provincial de Portugal (22/7/1604), Brásio, A., M. M. A., 4, p. 67-69. – 1958.

Carta do Bartolomeu André a El-Rei de Portugal (20/2/1606), Brásio, A., M. M. A., 4, p. 114-125. – 1958.

Carta de Diogo Ximenes F. Vargas a D. Francisco de Bragança (3/7/1619), Brásio, A., M. M. A., 4, p. 628-630. – 1968.

Carta do Colombino de Nantes a Peirsec (20/6/1634), Brásio, A., M. M. A., 8, p. 278-288. C$_{ASTRO}$, Xavier de (org.), avec Jocelyne Hamon et Luís Filipe Thomaz, *Le voyage de Magellan.*

La relation d'Antonio Pigafetta et autres témoignages. – Paris, Chandeigne, 2e éd. 1024 p., 2010. Première édition mondiale de l'intégrale des sources.

C$_{AVAZZI}$ $_{DE}$ M$_{ONTECÚCOLLO}$, Giovanni Antonio, *Istorica descrittione de'tre regni Congo, Matamba et Angola...* – Bologne, 1687.

— *Descrição histórica dos três reinos de Congo, Matamba et Angola...* , edição crítica de Graciano Maria de Leguzzano, 2 vol. – Lisbonne, JIU, 1965.

C$_{OBO}$, Bernabé (1580-1657) *Historia del Nuevo Mundo*, 4 vol. – Séville, 1890-1893.

C$_{OELHO}$, F. A., *Descrição da Costa da Guiné desde Cabo Verde até à Serra Leoa com Todas a Ilhas e Rios que os Brancos Assistentes nella Navegam.* – Lisbonne, 1669.

C$_{OLIN}$, Antoine, *Histoire des drogues, espiceries et de certains médicamens simples qui naissent ès Indes tant orientales qu'occidentales, divisée en deux parties : la première composée de trois livres, les deux premiers de M. Garcie du Jardin [Garcia da Orta], et le troisième de M. Christophle de La Coste [Crístóvão da Costa]; la seconde composée de deux livres de M. Nicolas Monard [Monardes], traitant de ce qui nous est apporté des Indes occidentales, autrement appelées les terres neuves, le tout fidèlement translaté en nostre vulgaire françois sur la traduction latine de Clusius, par Anthoine Colin...* — Lyon, 1602. Seconde édition augmentée de plusieurs figures et annotations, 1619.

C$_{ONTI}$, Nicolò de', *Le voyage aux Indes (1414-1439).* Préface de Geneviève Bouchon, présentation d'Anne-Laure Amilhat-Szary, traduction de Diane Ménard. – Paris, Chandeigne, 2004.

C$_{ORDEIRO}$, Padre, A., *Historia insulana das ilhas a Portugal sujeitas no Oceano ocidental.* – Lisbonne, 1717.

C$_{ORREIA}$, G., *Lendas da Índia.* – Lisbonne, 1858.

C$_{OSTA}$, Cristóvão da, *Tratado das drogas e medicinas das Índias orientais.* – Burgos, 1578.

— *Histoire des drogues, etc.*, 1602 : voir C$_{OLIN}$.

C$_{OUTINHO}$, Rodrigo de Sousa, *Memória escrita pelo senhor D. Rodrigo de Souza Coutinho de que se remete copia ao senhor D. João de Almeida, ao Rio de Janeiro, escrita em Octubro de 1797.* – A. H. U., R. Janeiro. S. Brasil cx 632.

C$_{RUZ}$, Martín de la, *Libellus de medicinalibus indorum herbis* (1552) – Mexico, fac-similé, 1964. Traité de médecine aztèque, dit aussi «Codex Cruz-Badiano».

D$_{ONELHA}$, A., *Descrição da Serra Leoa e dos Rios da Guiné de Cabo Verde (1625).* – Lisbonne, 1977.

D$_{U}$ T$_{ERTRE}$, R. P., *Histoire générale des Antilhes habitées par les Français.* – Paris, 1667. E$_{REDIA}$, Manuel Godinho de, *Suma de árvores e plantas da Índia Intra Ganges (c. 1612).* Estudo de José E. Mendes Ferrão. – Lisbonne, Cncdp, 2001.

F$_{ERNANDES}$, Valentim, *O manuscrito « Valentim Fernandes» (c. 1506)*, éd. d'A. Baião et de J. Bensaúde. – Lisbonne, 1940. Éditions bilingues : M$_{ONOD}$, Théodore & C$_{ENIVAL}$, Pierre de, *Description de la côte d'Afrique de Ceuta au Sénégal (1506-1507).* – Paris, 1938. M$_{ONOD}$, Théodore, M$_{OTA}$, Avelino Teixeira da, M$_{AUNY}$, Raymond, *Description de la côte occidentale d'Afrique* (Sénégal au cap de Monte, archipels, 1506-1510). – Bissau, 1951. F<small>ERNÁNDEZ DE</small> O<small>VIEDO</small>, Gonzalo, *Sumario de la Natural Historia de las Indias* (Séville, 1526). Estudio, edición y notas de Álvaro Baraibar. – Universidad de Navarra, Iberoamericana,

Vervuert, 2010.

Historia general y natural de las Indias. – Séville, 1535 (I) [rééd. aug.1547], 1551 (II), 1559 (III); édition complète de José Amador de los Ríos. – Madrid, 1851.

Singularités du Nicaragua (1529). Édition de Louise Bénat-Tachot. Traduction de Ternaux-Compans. – Paris, Chandeigne, 2002. Ce livre est la traduction du livre XLII de l'*Historia general...*, rédigé entre 1528 et 1548. On y trouve le premier traité écrit sur le cacao.

F<small>ERREIRA</small>, Alexandre Rodrigues, *Viagem philosophica pelas Capitanias do Grão-Pará, Rio Negro, Mato Grosso e Cuiabá (1783-1792)*. – São Paulo, Kapa, 8 vol., 2002-2004.

F<small>RUTUOSO</small>, Gaspar, *Saudades da Terra* [*c*. 1590]. – Porto, 1925.

G<small>ALVÃO</small>, António († 1557), *A Treatise on the Moluccas* (c. 1544). *Probably the preliminary version of António Galvão's lost « História das Molucas»*, edited, annotated, translated into English by Hubert Th. Jacobs, s. j., from the Portuguese manuscript in the AGI de Seville. – Rome/Saint-Louis (USA), 1972.

Carta de António Galvão à Rainha D. Catarina, pub. por Artur Basílio de Sá,

Insulíndia, II, p. 22 et dans *Gavetas da Torre do Tombo*, VIII, p. 256.

G<small>ÂNDAVO</small>, Pero Magalhães de, *Tratado da Terra do Brasil. História da provincia de Santa Cruz*. Ed. de Capistrano de Abreu. – Rio de Janeiro, 1932. Le premier des deux textes a été écrit autour de 1565, le second a été publié la première fois en 1576. Gândavo avait vécu à Bahia de 1558 à 1572

Histoire de la province de Santa Cruz que nous nommons le Brésil. Trad. H. Ternaux- Compans. – Nantes, Le Passeur, 1995

G<small>ODINHO</small>, Vitorino Magalhães, *Documentos sobre a expansão portuguesa*. – Lisbonne, 1956. G<small>ÓIS</small>, Damião de (c. 1502-1574), *Crónica do felicissimo rei D. Manuel*. – Lisbonne, 1566-1567; rééd. Coimbra, 1954-1955.

G<small>OMES</small> [de Sintra], Diogo, *Descobrimento das Ilhas dos Açores*. – Ponta Delgada, 1932.

— *Descobrimento Primeiro da Guiné* (*c*. 1492, éd. 1506) – Lisbonne, Colibri, 2002.

G<small>UAMÁN</small> P<small>OMA DE</small> A<small>YALA</small>, Felipe, *Nueva crónica y buen gobierno (1583-1615)*. Ed. de John V. Murra, Rolena Adorno y Jorge L. Urioste. – Madrid, 3 vol. 1987.

H<small>ERNÁNDEZ</small>, Francisco, *Quatro libros de la naturaleza, y virtudes de las plantas, animales que estan recevidos en el uso de medicina en la Nueva España...* Trad. Fr. Francisco Ximenez. – Mexico, 1615. Francisco Hernández de Toledo (1517?-1587), médecin du Roi, ornithologue et botaniste, rapporta de son voyage en Nouvelle-Espagne de 1574 à 1577 un très riche matériel qui fut publié partiellement après sa mort en 1615, puis de manière plus complète en 1651 avec des gravures. Ses notes, dessins et herbiers origi- naux brûlèrent dans l'incendie de l'Escurial en 1671.

— *Rerum medicarum novae Hispaniae thesaurus, seu Plantarum, ani malium, minera- lium mexicanorum historia...* – Rome, 1649.

— *De materia medica Novae Hispaniae Libri quatuor. Cuatro libros sobre la materia médica de Nueva España. El manuscrito de Recchi.* Ed. Raquel Álvarez Peláez. – Valladolid, 1998. Nardo Antonio Recchi (*c.* 1540-1594) était médecin de Philippe II.

— *La alimentación de los antiguos mexicanos en la Historia natural de Nueva España de Francisco Hernández* / selección y estudio preliminar de Cristina Barros, Marco Buenrostro. – México, 2007.

H_{ERRERA}, Antonio de, *Descripción de las Indias occidentales. Historia general de los hechos de los Castellanos en las islas y tierra firme del mar océano [1492-1552].* – Madrid, 1601-1615.

L_{ABORIE}, Jean-Claude, L_{IMA}, Anne, *La mission jésuite du Brésil 1549-1570. Lettres et documents* [Nóbrega & alii]. – Paris, Chandeigne, 1998.

L_{AS} C_{ASAS}, Bartolomé de (1474-1566), *Historia de las Indias...* – Madrid, 1875.

Histoire des Indes, traduction de Jean-Pierre Clément et Jean-Marie Saint-Lu, 3 vol. – Paris, Seuil, 2002.

L'E_{SCLUSE}, Charles de, dit C_{LUSIUS}, 1563 : voir O_{RTA}.

Rariorum aliquot stirpium per Hispanias... – Anvers, 1576.

Rariorum plantarum historia. – Amsterdam, 1601.

Histoire des drogues, etc. 1602 : voir C_{OLIN}.

Exoticorum libri decem: quibus animalium, plantarum, aromatum, aliorumque peregrin. fructuum historiae describuntur... – Leiden, 1605

L_{ISBOA}, Frei C. de, *História dos animais e árvores do Maranhão* (estudo e notas de J. Walter). – Lisbonne, 1967.

L_{OBEL}, Matias de, *Plantarum seu stirpium icones.* – Anvers, Christophe Plantin, 1581. L_{OCHNER}, Michael Friedrich (1662-1720), *Ananas, reine des plantes : l'état des connais-sances acquises en 1716 par les voyageurs, les botanistes, naturalistes et jardiniers sur cette plante-fruit exotique.* – Saint-Nazaire, Petit Génie, 2014.

L_{OPES}, Duarte & P_{IGAFETTA}, Filippo, *Le royaume de Congo et les contrées environnantes (1591).* – Paris, Chandeigne, 2002.

M_{ATTIOLI}, Pierandrea, *Compendium de plantis omnibus una cum earum iconibus.* – Venise, 1571.

M_{ONARDES}, Nicolás († 1588), *La historia medicinal de las cosas que se traen de nuestras Indias occidentales.* – Séville, 1565.

M_{ONARDES}, Nicolás, *Histoire des drogues, etc.,* 1602 : voir C_{OLIN}.

N_{IEUHOF}, J., *Memorável viagem marítima e terrestre ao Brasil,* S. Paulo. – 1940. N_{IEREMBERG}, Johannes, *Historia naturae* – Anvers, 1635.

N_{ÓBREGA}, Manoel de, *Informação das coisas da terra e necessidade que há para bem proceder nela,* 1558.

Cartas Jesuíticas. Cartas do Brasil (1549-1560), Rio de Janeiro. Vol. VI. – 1886.

O_{RTA}, Garcia de, *Colóquios dos simples e drogas da Índia, Ed. anot. do conde de Ficalho.* – Goa, 1563.

Aromatum et simplicium aliquot medicamentorum apud Indos nascentium historia, Primum quidem Lusitanica lingua per Dialogos conscripta, D. Garcia ab Horto, Proregis Indiæ Medico, auctore Traduction latine et commentaire de Charles de L'E_{SCLUSE} (Carolus Clusius), avec des illustrations. – Anvers, 1567.

Histoire des drogues, etc.. éd. 1602 : voir C_{OLIN}.

Colloques des simples et drogues de l'Inde. – Arles, Actes Sud, 2002. P_{EREIRA}, Duarte Pacheco, *Esmeraldo de Situ Orbis (c. 1508).* – Lisbonne, 1954.

P_{IRES}, Tomé, *The Suma Oriental (1512-1515) and the Book of Francisco Rodrigues,* edited and translated by Armando Cortesão, 2 vol. – Londres, Hakluyt Society, 1944; reprint New Delhi, AES, 1990.

P_{ISO}, Willem & M_{ARCGRAVE}, George, *Historia Naturalis Brasiliae* – Amsterdam, 1648.

Indiae utriusque re naturali et medica libri Quatuordecim. – Amsterdam, 1658.

História natural e médica na Índia Oriental (trad. e anot. M. L. Leal). – Rio de Janeiro, 1957.

R_{EBELO}, Gabriel, « História das ilhas de Maluco escripta no anno de 1561 », in Artur Basílio de Sá, *Documentação...* , vol. III. – Lisbonne, 1955, p. 193-344.

«Informação das cousas de Maluco (1569)», in Artur Basílio de Sá, *Documentação,* vol. III. – Lisbonne, 1955.

S_{AHAGÚN}, Bernardino de, *Historia general de las cosas de Nueva España [1577-1585].* – Mexico,

1985. Missionaire espagnol (1500?-1590), il compila un codex aztèque en nahuatl.

S_ANTOS, Frei João dos, *Ethiopia orientale (1609).* – Paris, Chandeigne, 2011. S_ERRES, Olivier de, *Le théâtre d'agriculture et mesnage des champs* – Paris, 1600.

S_OUSA, Gabriel Soares de, *Tratado descriptivo Brasil em 1587,* éd. de F. A. de Varnhagen, 2a éd. 1879.

S_OUTO, Fernando de, *Relaçam verdadeira dos trabalhos que o governador D. Fernando de Souto e certos fidalgos passaram no descobrimento da província da Florida (1557).* – Lisbonne, Cncdp, 1988.

T_HEVET, André, *Singularités de la France antarctique (1557).* – Paris, Chandeigne, 2011. V_AN L_INSCHOTEN, Jan Huygen, *Itinerario, Voyage ofte Schipvaert naer cost ofte Portugaels Indien* [1579-1592] – Amsterdam, 1596,

V_ARTHEMA, Ludovico di, *Itinerario*– Rome, 1510.

Voyage de Ludovico di Varthema en Arabie et aux Indes orientales (1503-1508). – Paris, Chandeigne, 2004.

V_IEIRA, P. A., « Carta a Duarte Ribeiro de Macedo (Roma 28/1/1675) In. Azevedo, L.», *Cartas de Pe. António Vieira.* – Coimbra, 1928.

Z_URARA, Gomes Eanes de, *Chronique de Guinée (1453),* traduction et notes de L. Bourdon, R. Mauny, T. Monod, R. Ricard, E. Serra Rafols. – Paris, Chandeigne, 2010.

二、其他来源和文献

A_DAM, Jean, *Les plantes à matière grasse, 4 : le ricin et le pourghère.* – Paris, Société d'édi- tions géographiques, maritimes et coloniales, 1953.

A_LLORGE, Lucile, avec Olivier Ikor, *La fabuleuse odyssée des plantes. Les botanistes voya- geurs, les jardins des plantes, les herbiers.* – Paris, 2003.

A_LMEIDA, G. d', *Manual do cultivador e manipulador do chá.* – Ponta Delgada, 1892.

A_LMEIDA, J. J. de, *Notícia sobre a palmeira do dendém e suas variedades, produtos e uso especialmente entre Dande e Cuanza.* – Lisbonne, 1906.

— *A palmeira de dendém.* – Lisbonne, 1922. A_MARAL, J. D., *Os citrinos.* – Lisbonne, 1977.

A_NDRADE, M. C., *Área do sistema canavieiro.* – Recife, 1988.

Á_VILA, L. G., *Noções gerais sobre a cultura da purgeira.* – Praia, 1949.

B_EIGBEDER, Jean, « Voyage dans l'histoire du maïs, du Mexique aux Pyrénées », *Bulletin de la Société*

Ramond. – Bagnères-de-Bigorre, 2012, p. 275-293.

B_{ONAFOUS}, M., *Histoire naturelle agricole et économique du maïs.* – Paris, 1836. B_{ONDAR}, G., *O cacau. Parte I. A cultura e preparo do cacau.* – Bahia, 1929.

B_{OTTE}, L. S., *A cultura do rícino em Portugal.* – Lisbonne, 1956.

B_{OUMEDIENNE}, Samir, *La colonisation du savoir. Une histoire des plantes médicinales du Nouveau Monde (1492-1750).* – Vaulx-en Velin, 2016.

B_{RAGA}, R., *Plantas do Nordeste especialmente do Ceará.* – Fortaleza, 1960.

B_{URKIL}, H., *Dictionary of the Economic Products of the Malay Peninsula.* – Londres, 1913. C_{ABIDO}, A. G. F., *A indústria do chá nos Açores.* – Coimbra, 1913.

C_{ADILLAT}, R. M., *Produccion y Corrientes de intercambio.* – Puerto de la Cruz, 1983. C_{ALZAVARA}, B. B. C., *Fruticultura tropical. A fruta-pão.* – Belém, 1987.

C_{AMPOS}, E. de, *A revalorização agrícola das Ilhas de S. Tomé e Príncipe.* – Lisbonne, 1920. C_{ARITA}, R., *História da Madeira (1420-1566). Povoamento e produção açucareira.* – Funchal, 1989.

C_{ASTRO}, D. de, *Guia do agricultor da ilha de S. Thomé accomadado ao continente da Africa ocidental e oriental.* – Lisbonne, 1827.

C_{ASTRO}, Josué de, *Géopolitique de la faim (1951).* – Paris, 1952.

C_{ASTRO}, M. T. & P_{OZAS} J. J., *La agricultura em tiempos de los reys catolicos.* – Madrid, 1968. C_{AVALCANTE}, P. B., *Frutas comestíveis da Amazónia.* – Belém, 1988.

C_{HAUVET}, Michel, *Des céréales : l'histoire, la culture et la diversité.* – La Rochelle, 2003. — *L'Encyclopédie des plantes alimentaires.* – Paris, 2017.

C_{HELMICHI}, J. C. C. & V_{ARNHAGEN}, F. A., *Chorographia cabo-verdiana ou Descrição geographica historica da provincia das ilhas de Cabo Verde e Guiné.* – Lisbonne. 2 vol., 1841-1842.

C_{OLLINS}, J. L., *The pineapple.* – Londres, 1960.

C_{OMES}, O., *Histoire géographique et statistique du tabac.* – Paris, 1906.

Consulta do Conselho Ultramarino sobre as informações dadas pelo Governador da nova colónia do Sacramento acerca do seu Governo (António Pedro de Vasconcelos), nomeadamente sobre a colheita do trigo, dizimos de peixe e quitos de oura e ainda sobre a necessidade de terem médicos e parteira, A.H.U.R.J. Cx 17 Doc. 7675. – 1773.

C_{ORREIA}, A. R., *A industrialização da castanha de cajú. O cajueiro e os seus produtos.* – Lourenço Marques, 1963.

C_{ORRÊA}, Pio, *Dicionário das plantas úteis do Brasil e das plantas exóticas cultivadas.* – Rio de

Janeiro, 5 vol., 1926-1978.

C~OURSEY~, D. G., *Yams.* – Londres, 1967.

C~OUTINHO~, C., *Crise de subsistências em Portugal.* – Lisbonne, 1917. D~ALGADO~, S. R., *Flora de Goa e Savantvadi.* – Lisbonne, 1898.

Glossário Luso-Asiático, 2 vol. – Coimbra, 1913.

D~EBRET~, Jean-Baptiste, *Voyage pittoresque et historique au Brésil.* – Paris, 1834-1839.

Rio de Janeiro, la ville métisse. – Paris, Chandeigne, 2001.

Les Indiens du Brésil. – Paris, Chandeigne, 2004.

D~E~ C~ANDOLLE~, A., *L'origine des plantes cultivées.* – Paris, 1904. D~ESCOURTILZ~, M. E., *Flore médicale des Antilles*, 8 vol. – Paris 1821-1829. D~IAS~, S. S., *Relações de Angola.* – Coimbra, 1934.

G~AY~, J. P., *Fabuleux maïs.* – Pau, 1984.

E~SPÍRITO~ S~ANTO~, J., *Nomes vernáculos de algumas plantas da Guiné portuguesa.* – Lisbonne, 1963.

F. A. O., *Utilisation des aliments tropicaux, Céréales.* – Rome, 1990.

F. A. O., *Roots tubers plantains and bananas in human nutrition.* – Rome, 1990. F~ARO~, C. N. S., *A Ilha de S. Thomé e a Roça Agua Izé.* – Lisbonne, 1908.

F~ARIA~, D. L., *A mamona sob o aspecto cultural, industrial e económico.* – Rio de Janeiro, 1939. F~ERRÃO~, J. E. Mendes, *Cacaus de S. Tomé e Príncipe. Dos polifenois durante a fermentação.* – Lisbonne, 1963.

A industrialização do ananas apontamento para o seu estudo em S. Tomé e Príncipe. – São Tomé, 1967.

Flora de S. Tomé e Príncipe. – Lisbonne, 1979.

Da influência portuguesa na difusão das plantas no mundo. – Lisbonne, 1980.

& Ferrão, A. M. B. C., *Purgeira da Ilha do Fogo. Composição da semente. Algumas características da Gordura.* – Lisbonne, 1982.

Transplantação de plantas de continentes para continentes no século XVI. – Lisbonne, 1986.

Especiarias : cultura, tecnologia e comércio. – Lisbonne, 1993.

O cajueiro. – Lisbonne, 1995.

Fruticultura tropical, 3 vol. – Lisbonne, 2000-2002.

O ciclo do cacau nas ilhas de S. Tomé e Príncipe. – 2003.

— *A aventura das plantas e os descobrimentos portugueses.* – Lisbonne, Cncdp, 1992; nova edição, Chaves Ferreira, 2005. Notre édition en français (2015) est une nouvelle version entièrement remaniée et augmentée.

F_{ICALHO}, Conde de, *Plantas úteis da África portuguesa.* – Lisbonne, 1947. F_{REITAS}, A. B., *A purgeira.* – Lisbonne, 1906.

G_{ARCIA}, C.F.X., *Catalogo descritivo dos produtos económicos industriais da flora da Índia portuguesa.* – Lisbonne, 1922.

G_{ARDÉ}, A. & N., *Culturas hortícolas.* – Lisbonne, 1971. G_{OMES}, P., *Fruticultura brasileira.* – São Paulo, 1977.

G_{OMES}, B. A., *Observação sobre a canella do Rio de Janeiro.* – Rio de Janeiro, 1809. G_{OSSWEILER}, J., *Nomes indígenas das plantas de Angola.* – Luanda, 1952.

G_{OSSWEILER}, J., *Flora exótica de Angola.* – Luanda, 1953. G_{RACE}, M. R., *Traitement du manioc.* – Rome, 1978.

G_{UERREIRO}, I. J., *A epopeia das especiarias.* – Lisbonne, 1999.

G_{UYOT}, Lucien, G_{IBASSIER}, Pierre, *Les noms des plantes.* – Paris, Puf, 1967. H_{ARWICH}, Nikita, *Histoire du chocolat.* – Paris, Desjonquères, 2e éd., 2008.

H_{ENRIQUES}, J., *Catálogo das plantas cultivadas no Jardim botânico da universidade de Coimbra no anno de 1878.* – Coimbra, 1879.

— *A cultura do chá.* – Coimbra, 1905.

H_{OME}, A. K. O., *Oferta e demanda de pimenta do reino a nível mundial; perspectivas para o Brasil.* – Belém, 1981.

L_{ACERDA}, F.G. de, *A cultura do Chá feita pelos portuguese na Zambézia.* – Lisbonne, 1948. L_{EITE}, J. D., *Descobrimento da ilha da Madeira.* – Lisbonne, 1989.

L_{EON}, J., *Fundamentos botanicos dos cultivos tropicales.* – S. José, 1968.

L_{IMA}, J. J. Lopes de, *Ensaios sobre a estatistica das possessões portuguesas na Africa occidental e oriental, na Asia occidental, na China e na Oceania.* – Lisbonne, 1884.

L_{IPPMAN}, E. D. von, *História do açúcar* – Rio de Janeiro, 1942.

L_{ÓPEZ} P_{IÑERO}, José Maria, et al., *Medicinas, drogas y alimentos vegetales del Nuevo Moundo. Textos e imágenes españolas que los introdujeron en Europa.* – Madrid, 1992.

& L_{ÓPEZ} Terrada, Maria Luz, *La influencia española en la introducción en Europa de la plantas americanas (1463-1623).* – Valence, 1997.

& P_{ARDO} T_{OMÁS}, José, *Nuevos materiales y noticias sobre la « Historia de la plantas de Nueva España» de Francisco Hernandez.* – Valence, 1996.

M_{ACEDO}, D. R., *Obras inéditas. Observações sobre a transplantação dos fructos da India ao Brasil.* – Lisbonne, 1817.

M_{ACEDO}, J. T. de, *Estudo historico sobre a cultura da laranjeira em Portugal e sobre o comércio da laranja.* – Lisbonne, 1854.

M_{AGALHÃES}, Eduardo, *Higiene alimentar.* – Rio de Janeiro, 1908. M_{ARTINEZ}, L., *Cultivo y beneficio del cacao.* – Mexico, 1912.

M_{ATTOS}, R. J. C., *Chorographia historica das ilhas de S. Thomé e Principe, Ano Bom e Fernando Pó.* – S. Thomé, 1905.

M_{AURO}, Frédéric, *Le Brésil du _{XV}e à la fin du _{XVIII}e siècle.* – Paris, Sedes, 1977.

Histoire du Café. – Paris, Desjonquères, 2002.

M_{ILTON}, Giles, *La guerre de la noix muscade.* – Paris, Libretto, 2011. M_{ONIZ}, C., *A cultura do chá na lha de S. Miguel,* Lisbonne. – 1895.

M_{OREL}, Jean-Pierre, «Juin 1770. Introduction du muscadier et du giroflier à l'Isle de France », *Revue Historique et littéraire de l'île Maurice,* 6 déc. 1891, n°27 (p. 313 -319).

M_{OTA}, M., *O cajueiro nordestino.* – Recife, 1982.

N_{OGUEIRA}, A. F., *A ilha de S. Tomé sob o ponto de vista de sua exploração agrícola.* – Lisbonne, 1885.

O_{CHSE}, J. J. & Soule, M. J. & D_{IJKMAN}, M. J. & W_{EHLBUR}, C., *Cultivo y mejoramiento de plantas tropciales y subtropicales,* 2 vol. – Mexico, 1972.

Ofício do Governador das ilhas de Cabo Verde Marcelino António Basto para D. Rodrigo de Sousa Coutinho sobre as medidas tomadas para o desenvolvimento de várias culturas e criação de gado, AHU. C. V. cx 50. Doc. 21.

P_{ARDO} T_{OMÁS}, José, *El tesoro natural de América : Oviedo, Monardes, Hernández : colonialismo y ciencia en el siglo XVI, prólogo de José María López Piñero.* – Madrid, 2002.

P_{ARDO} T_{OMÁS}, José & López Terrada, Maria Luz, *Las primeras noticias sobre plantas ameri- canas en las relaciones de viajes y cronicas de Indias (1493-1553).* – Valence, 1993.

P_{ECKOLT}, A., *História das plantas alimentares e de gozo do Brasil.* – Rio de Janeiro, 1871. P_{ELT}, Jean-Marie, *Des légumes.* – Paris, 1993.

— *Des fruits.* – Paris, 1994.

— *La cannelle et le panda : les naturalistes explorateurs autour du monde.* – Paris, 1999.

— *Les épices.* – Paris, 2002.

P_{EQUENO} R_{EBELO}, *As ilhas do cacau.* – Lisbonne, 1930.

P_{INA}, L. G., *Aspectos do problema do caju na província da Guiné.* – Lisbonne, 1968.

P_{ITTA}, Sebastião da Rocha, *História da América portuguesa desde o ano de mil quinhentos do seu descobrimento até o de mil setecentos e vinte e quatro.* – Lisbonne, 1730.

P_{URSEGLOVE}, J. W., *Tropical crops,* 4 vol. – Londres, 1968.

R_{ATO}, J. D. J., *Como foi feita a província de S. Tomé e Príncipe. Os caminhos do futuro.* – Lisbonne, 1971.

R_{AU}, Virginia & M_{ACEDO}, J. de, *O açúcar da Madeira nos fins do século* $_{XV}$. – Lisbonne, 1971. R_{AU}, Virginia, *O açúcar de S. Tomé no segundo quartel do século* $_{XVI}$. – Lisbonne, 1971.

R_{IBEIRO}, F., *O barão de Agua Izé e seu filho Visconde de Malanza.* – Lisbonne, 1901. R_{ISSO}, A., & P_{OITEAU}, A., *Histoire et culture des orangers.* – Paris, Plon, 1872.

R_{ITCHIE}, C. I. A., *Comida e civilização.* – Lisbonne, 1978.

R_{OCCO}, Fiametta, *L'écorce miraculeuse. Le remède qui changea le monde.* – Paris, Noir sur Blanc, 2006.

S_{ALAMAN}, Redcliffe Nathan, *The History and Social Influence of the Potato.* – Cambridge, 1949.

S_{ENA}, M. R. L. de, *Dissertação sobre as ilhas de Cabo Verde 1818 (Anotações e comentários de António Carreira).* – Praia, 1987.

S_{ERIER}, Jean-Baptiste, *Histoire du caoutchouc.* – Paris, Desjonquères, 1993.

S_{ILVA}, A. J., « O chá. Sua historia, cultura e preparação», *Jor. Hort. Prát,* 6, p. 127-130;151- 152;168-170. – 1878.

S_{ILVA}, J. L., *O Zea Mays e a expansão portuguesa.* – Lisbonne, 1998.

S_{ILVA}, T., *Relatório do governador de S. Thome e Principe.* – Lisbonne, 1883.

S_{ILVA}, L. R., *A cultura da cana do açúcar no Algarve na Herdade da Quarteira,* Porto. – 1885. S_{ILVA}, H. L., *Plano de desenvolvimento da cultura do cajueiro na Guiné portuguesa.* – Lisbonne, 1963.

— *S. Tomé e Príncipe e a cultura do café.* – Lisbonne, 1956.

S_{ILVEIRA}, J. C., *Portugal no mundo e a soberania do açúcar.* – Lisbonne, 1968.

S_{IMON}, W. J., *Scientific expéditions in the portuguese overseas territories (1783-1808).* – Lisbonne, 1983.

S_{INGH}, L. B. & Singh, U. P., *The Litchi.* – Allahabad, 1954. S_{INGH}, L. B., *The mango.* – Londres, 1960.

S_{OUZA}, Julio Seabra Inglez, *Enciclopédia agricola brasileira.* – São Paulo, 2004. T_{ENREIRO}, F., *A Ilha de S. Tomé.* – Lisbonne, 1961.

T_{EIXEIRA}, A. J. & B_{ARBOSA}, L. G., *A agricultura do arquipélago de Cabo Verde.* – Lisbonne, 1958.

T_{HADIM}, M. S., *Diário bracarense das epocas, fastos e annaes mais demarcáveis, e sucessos dignos de mençam, que sucedaram em Braga, Lisbonne e mais partes de Portugal, e cortes da Europa. Braga. Anno* 1764. Ex. man, 1764.

T_{HOMAZ}, Luís Filipe, « Especiarias do Velho e do Novo Mundo. Notas histórico-filológicas », *Arquivos do Centro Cultural Calouse Gulbenkian*, vol. 34. – Paris, 1995, p. 219-345.

— *A questão da pimenta em meados so século* _{XVI} : *um debate político do governo de D. João de Castro.* – Lisbonne, Universidade Católica Portuguesa, 1998.

T_{ONELLI}, Nicole, G_{ALLOUIN}, François, *Des fruits et des graines comestibles du monde entier.* – Lavoisier, 2013.

U_{PHOF}, J. C., *Dictionary of economic plants.* – New York, 1968.

V_{IDAL}, J. P., *Palabras de la exposición fotográfica itinerante sobre la difusión de las plantas tropicales y los descobrimientos portugueses.* – Bogotá, 1988.

V_{IDAL}, V. A. C., & F_{ERRÃO}, J. E. M. & Coutinho, L. P. & Xabregas, J., *Oleoginosas do ultramar português,* 3 vol – Lisbonne, 1961-1964.

V_{ITERBO}, S., *Artes e indústrias portuguesa. A indústria sacarina.* – Coimbra, 1909-1910. V_{OLPER}, Serge, *Du cacao à la vanille, une histoire des plantes coloniales.* – Quae, 2011. W_{ATT}, G., *The commercial products of India.* – Londres, 1908.

W_{ILDEMAN}, E. de, *Mission Émile Laurent* (1903-1904). – Bruxelles, 1905-1907.

三、文章摘选

A_{LMEIDA}, A. de, « Presenças etnobotânicas em Timor», *Mem. Acad. Cien. Lisbonne. C. Cien*, 19, p. 157-183. – Lisbonne, 1976.

A_{LMEIDA}, F. J., «Memória do Tabaco», *J. Off. Agric*, 445-453; 647-649. 1, p. 292-293. – 1887.

A_{LMEIDA}, J. M. S., «Fruta-Pão», *Bol. Of. Prov. S. T. e Príncipe.* – 1868.

A_{LMEIDA}, L. F., « Aclimatação de plantas do Oriente no Brasil», *Rev. Port. Hist.*, 15, p. 341-475. – Lisbonne, 1975.

A_{NDRADE}-L_{IMA}, D., «A botânica na carta de Pêro Vaz de Caminha », *Rodriguesia* (R.J.), 36 (58), p. 5-8. – 1984.

A_{SCENSO}, J. C., «A introdução de fruteiras em Moçambique», *Agron. Moç.* 4 (1), p. 1-14. – 1970.

A_{USTIN}, D. F., « Another Look at the Origin of the Sweet Potato *(Ipomoea batatas)* », 18th *Ann. Meet. Soc. Econ. Bot.* – Univ. Miami, 1977.

A_{YENSU}, E. S. & C_{OURSEY}, D. G., « Guinea yams. The Botany Ethnobotany Use and Possible Future of Yams in West Africa», *Econ. Bot,* 26, p. 301-318. – 1972.

B_{ARBOSA}, L. A. G., « Subsídios para um dicionário utilitário e glossário dos nomes vernáculos das plantas do arquipélago de Cabo Verde», *Estud. Agron,* 2 (1), p. 3-57 + An. – 1961.

B_{AUDOUIN}, Luc, Bee F. G_{UNN} and Kenneth M. O_{LSEN}, « The presence of coconut in southern Panama in pre-columbian times : clearing up the confusion ». – Annals of Botany, 2004.

B_{RIGIER}, F. C., « Estudos experimentais sobre a origem do milho », *An. ESC. Sup. A. « Luís de Queirós »,* 1, p. 225-278. – 1944.

B_{RUMAN}, H. J., « Some observations on the early history of the coconut in the New World», *Acta Amer,* 2 (2), p. 220-243. – 1944.

图片来源

海外历史档案馆，里斯本 扉页，23, 56, 143, 151, 152, 155, 182, 203, 217, 229,242, 245, 249, 279, 280, 284, 286, 288, 292,297, 299, 322, 330, 336, 347, 349, 382, 398,415

拜内克古籍善本图书馆，耶鲁大学，美国 19

巴伦西亚大学图书馆396

埃斯滕斯图书馆，摩德纳6

美第奇－洛伦佐图书馆，佛罗伦萨316

巴西国家图书馆374

通厄洛修道院图书馆，比利时78,88, 100, 111, 124, 134, 177,231, 338

法国国民议会图书馆，巴黎10, 13

斯特拉斯堡大学图书馆24, 158, 197,210, 383

法国国家图书馆132, 207

让-保罗·迪维奥尔学院5, 58, 68, 166, 215, 226, 328,391, 406

丹麦皇家图书馆，哥本哈根318, 319

密苏里植物园，圣路易斯市，美国 20, 27, 38, 42, 47, 61,73, 81, 128, 136, 137, 145, 147, 149, 172,175, 179, 183, 188, 192, 194, 239,241, 243, 251, 257, 261, 272, 276, 290上,303, 306, 367, 375, 405

比利时皇家美术馆，布鲁塞尔17

帕拉丁－莫瑞图斯博物馆，安特卫普，比利时 359

日耳曼国家博物馆，纽伦堡305

美洲博物馆，马德里265

英国自然历史博物馆，伦敦138

纽约植物园，美国187, 239

白金汉宫女王美术馆，伦敦233

皇家植物园，马德里161, 255

史密森学会，美国418

丹麦国家美术馆，哥本哈根，丹麦31,325, 400

泰勒博物馆，哈勒姆，荷兰,41, 96, 148,353, 365, 402,411

图书在版编目（CIP）数据

改变人类历史的植物 /（葡）若泽·爱德华多·门德斯·费朗著；时征译. — 北京：商务印书馆，2020（2023.10重印）

ISBN 978 - 7 - 100 - 19113 - 5

Ⅰ.①改⋯　Ⅱ.①若⋯ ②时⋯　Ⅲ.①植物　Ⅳ.①Q94

中国版本图书馆 CIP 数据核字（2020）第182493号

改 变 人 类 历 史 的 植 物

〔葡〕若泽·爱德华多·门德斯·费朗　著

时　征　译

商 务 印 书 馆 出 版
（北京王府井大街36号　邮政编码 100710）
商 务 印 书 馆 发 行
山 东 临 沂 新 华 印 刷 物 流
集 团 有 限 责 任 公 司 印 刷
ISBN　978 - 7 - 100 - 19113 - 5

2022年1月第1版　　　　　开本 720×1020　1/16
2023年10月第3次印刷　　　印张 27½

定价：108.00元